特种作业人员安全技术培训考核统编教材

焊　工

（第二版）

国家《特种作业人员安全技术培训
大纲及考核标准》起草小组专家修订

中国劳动社会保障出版社

图书在版编目(CIP)数据

焊工/别凤喜等编. —2 版. —北京：中国劳动社会保障出版社，2004

特种作业人员安全技术培训考核统编教材

ISBN 978-7-5045-4073-7

Ⅰ. 焊… Ⅱ. 别… Ⅲ. 焊接-技术培训-教材 Ⅳ. TG4

中国版本图书馆 CIP 数据核字(2004)第 123620 号

中国劳动社会保障出版社出版发行

(北京市惠新东街 1 号 邮政编码：100029)

出 版 人：张梦欣

*

北京谊兴印刷有限公司印刷装订 新华书店经销

850 毫米×1168 毫米 32 开本 9 印张 233 千字

2005 年 4 月第 2 版 2018 年 7 月 第 12 次印刷

定价：19.00 元

读者服务部电话：(010) 64929211/64921644/84626437

营销部电话：(010) 64961894

出版社网址：http://www.class.com.cn

编委会

主　任　闪淳昌

委　员　施卫祖　吕海燕　杨国顺　牛开健

徐洪军　崔国璋　时　文　邢　磊

王铭珍　王海军　马恩远　杨有启

王琛亮　洪　亮　曹希桐　杨泗霖

冯维君　甘晓东

本书编写人员

别凤喜　杨泗霖　董丽娟　马宏发

王振中　尚卫东　杨长江　常安全

周庆辉　张彩华

内容提要

本书根据国家安全生产监督管理局于 2002 年 10 月颁布的《金属焊接与切割安全技术培训大纲及考核标准》编写，是金属焊接与切割作业人员安全技术培训考核用书。

本书系统介绍了金属焊接与切割作业人员应学习掌握的安全技术理论知识。全书共分两部分。第一部分是焊工安全技术培训内容，包括焊接与切割基础、焊接与切割安全基础知识、焊接与切割作业劳动卫生防护、气焊与气割安全、焊条电弧焊、氩弧焊、CO_2 焊、埋弧焊、钎焊与电阻焊安全。第二部分是焊工安全技术考核复习题及试卷实例。

本书可作为焊工安全技术考核培训教材，还可作为企事业单位安全管理干部及相关技术人员的参考用书。

本书的编写得到北京朝阳职业技术学校和北京服装学院崔瑾老师的协助。

前言

我国《劳动法》规定："从事特种作业的劳动者必须经过专门培训并取得特种作业资格。"我国《安全生产法》还规定："生产经营单位的特种作业人员必须按照国家有关规定经专门的安全作业培训，取得特种作业操作资格证书，方可上岗操作。"

为了进一步落实《劳动法》《安全生产法》的上述规定，配合国家安全生产监督管理局依法做好特种作业人员的培训考核工作，中国劳动社会保障出版社根据国家安全生产监督管理局颁布的《安全培训管理办法》《关于特种作业人员安全技术培训考核工作的意见》《特种作业人员培训考核管理办法》，组织《特种作业人员安全技术培训大纲及考核标准：通用部分》起草小组的有关专家，对由原劳动部组织的我国第一套《特种作业人员培训考核统编教材》及《特种作业人员复审教材》，进行全面的修订。

修订后的《特种作业人员安全技术培训考核统编教材》（第二版）共计以下 9 种：（1）电工；（2）焊工；（3）起重机司机；（4）起重指挥司索工；（5）电梯维修与操作；（6）企业内机动车辆驾驶员；（7）登高架设工；（8）制冷空调设备维修与操作；（9）压力容器操作工。修订后的《特种作业人员安全技术复审教材》（第二版）共计以下 9 种：（1）电工作业；（2）金属焊割作业；（3）起重作业；（4）起重指挥司索作业；（5）电梯作业；（6）企业内机动车辆驾驶；（7）登高架设作业；（8）制冷与空调作业；（9）压力容器操作。第二版统编教材具有以下几方面特点：

一、突出科学性、规范性。本版统编教材是根据国家安全生产监督管理局统一制定的特种作业人员培训大纲和考核标准，由该培训大纲和考核标准起草小组的有关专家对全国第一套《特种作业人员培训考核统编教材》及《特种作业人员复审教材》进行全面修订的最新成果。因此，本版统编教材具有突出的科学性、规范性。

二、突出适用性、针对性。专家在修订编写过程中，根据国家安全生产监督管理局关于教材建设要在安全生产培训工作指导委员会的统一指导和协调下，本着“少而精”“实用、管用”的原则，对第一版统编教材进行全面修订。因此，本版统编教材具有突出的适用性、针对性。

三、突出实用性、可操作性。根据国家安全生产监督管理局关于“努力做好培训机构、培训大纲、考核标准、考试题库建设，构建安全培训的标准化体系”的要求，以及“统一规划，归口管理，分级实施，教考分离”的原则，有关专家在修订中，为以上 9 种培训教材和 9 种复审教材分别配套编写了复习题库和答案，并提供了相应的考核试卷样式。因此，本版统编教材又具有突出的实用性、可操作性。

总之，本版统编教材反映了国家安全生产监督管理局关于全国特种作业人员培训考核的最新要求，是全国各有关行业、各类企业准备从事特种作业的劳动者，为提高有关特种作业的知识与技能，提高自身安全素质，取得特种作业人员 IC 卡操作证的最佳培训考核与复审教材。

目录

第一部分　焊工安全技术培训内容

第一部分　焊工安全技术培训内容

第一章

焊接与切割基础

第一节　焊接与切割原理和分类

一、焊接原理和分类

1. 焊接原理

焊接是通过加热或加压，或两者并用，并且用或不用填充材料，使焊件达到结合的一种加工工艺。在焊接过程中，对焊件进行加热加压，促使原子间的相互扩散，减小原子间的距离，使焊件彼此接近到原子间的力能够相互作用的程度，以实现原子的相互结合，利用原子结合力把两个零件连接固定成为一个整体。

2. 焊接的分类

焊接可分为熔焊、压焊和钎焊三类。

熔焊是将待焊处的母材金属熔化，但不加压力以形成焊缝的焊接方法。如焊条电弧焊（原称手工电弧焊）、气焊、氩弧焊、电渣焊等。

压焊是在焊接过程中，在对焊件加热至塑性状态时施加压力以完成焊接的方法，如锻焊、电阻焊和摩擦焊等；也有只加压不加热的压焊，如冷焊。

钎焊是被焊零件本身不熔化，而比焊件熔点低的钎料熔化并润湿母材的焊接方法。如烙铁钎焊、火焰钎焊（如铜焊、银焊）、真空钎焊等。

3. 焊接的应用

焊接主要用于制造，如锅炉、桥梁、造船、化工和炼油的设备（各类贮罐、球罐、箱体、管道等）、起重设备、建筑、飞机和其他工业部门。

焊接还用于维修焊补等。

二、切割原理和应用

1. 热切割

利用热能使金属材料分离的工艺称热切割。热切割主要有以下两种方法。

（1）将金属材料加热到尚处于固相状态时进行的切割，目前此方法应用最为广泛。

气割是利用气体燃烧的火焰将钢材的切割处加热到着火点(此时金属尚处于固态)，然后切割处的金属在氧气射流中剧烈燃烧，而将切割件分离的加工工艺。常用氧—乙炔火焰作为气体火焰，也称氧—乙炔气割。可燃气体亦可采用液化石油气、雾化汽油等。

（2）将金属材料加热到熔化状态时进行的切割，亦称熔割。这类热切割的方法很多，目前广泛应用的是电弧切割，即利用电弧热量熔化切割处的金属以实现切割的方法。此外还有氧气（或空气）电弧切割、碳弧切割、等离子弧切割、激光切割等。

2. 冷切割

冷切割是在分离金属材料过程中不对材料进行加热的切割方法。目前应用较多的是高压水射流切割，其原理是将水增压至超高压（100～400 MPa）后，经节流小孔（ϕ 0.15～0.4 mm）流出，使水压势能转变为射流动能（流速高达 900 m/s）。用这种高速高密集度的水射流进行切割。磨料水流切割则是再往水射流中加入磨料粒子，其射流动能更大，切割效果更好。

3. 应用

切割工艺在生产中有广泛的应用，如备料、改变材料的尺寸、制成不同形状的零件（或毛坯）、切割铸件的浇冒口、拆卸旧设备（如解体旧的金属结构、旧的船只）等。

第二节　金属学与热处理基本知识

一、金属学的基本知识

金属学不仅研究金属及合金的成分、组织和性能，以及它们三者之间的关系，同时还研究金属及合金的组织和性能与外界条件（如温度、加热及冷却速度等）之间的关系。

1. 金属的结构

金属和其他物质一样，是由原子构成的。原子在金属内部的排列是有规则和有秩序的，所以金属的构造属于晶体。与非晶体不同，金属具有固定的熔点，例如，纯铁的熔点是 1 535℃，铜的熔点是 1 083℃等。金属原子按一定的排列规则形成了所谓的“空间晶格”，如图 1—1 所示。

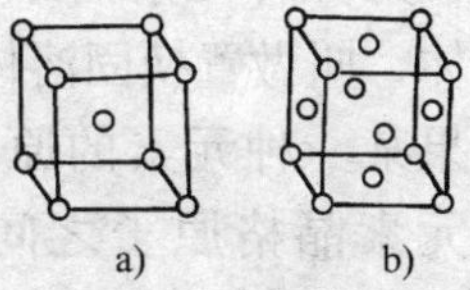

图 1—1　常见的金属晶格

a）体心立方晶格

b）面心立方晶格

体心立方晶格的八个角上各有一个原子，而且立方体中心还有一个原子；面心立方晶格的立方体八个角上和六个面中心各有一个原子。

纯铁在常温下是体心立方晶格（称 α—Fe），在 910℃时则转变为面心立方晶格（称 γ—Fe），再升温到 1 300℃时，又转变为体心立方晶格（称 δ—Fe），然后一直保持到熔化温度。纯铁的晶格随温度而变化，是钢铁所以能够通过热处理获得不同性能的基础之一。

随着温度的升高，在晶格节点上的原子振动范围也就增大，因而晶格发生膨胀，这就是金属热胀冷缩的原因。

2. 合金组织

两种或两种以上的元素（其中至少一种是金属元素）的原子熔合在一起的物质，叫做合金。例如，普通黄铜是锌和铜的合金；普通钢和铸铁是铁和碳的合金。

根据合金元素之间相互作用的关系，以及形成晶体结构和显微组织的特点，可将合金的组织分为三类：

（1）固溶体。固溶体是一种物质的原子均匀地分布在另一种物质的晶格里而构成的固态的复合体。根据原子在晶格上分布的形式，固溶体分为置换固溶体和间隙固溶体两类，如图 1—2 所示。

某一种元素晶格上的原子部分地被另一种元素的原子所取代的固溶体，叫做置换固溶体（图 1—2a）；如果某一种元素的原子挤塞到另一种元素晶格原子之间的空隙中去，这种固溶体叫做间隙固溶体（图 1—2b）。

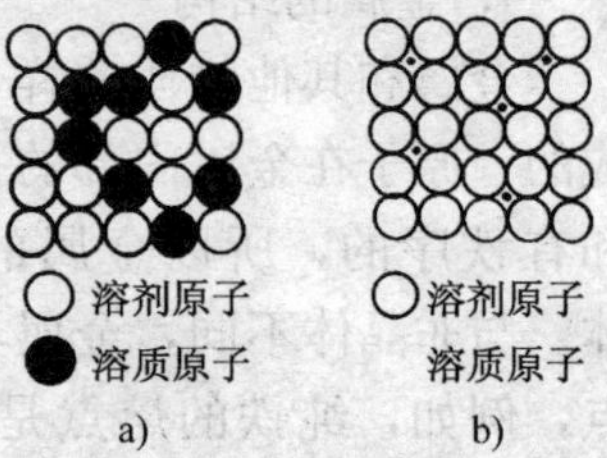

图 1—2　固溶体示意图
a）置换固熔体　b）间隙固溶体

两种元素的原子大小的差别越大，形成固溶体后引起的晶格扭曲的程度也就越大。扭曲的晶格增加了金属塑性变形的阻力，因此，固溶体较纯金属硬度高、强度大。

（2）化合物。两种元素按一定的原子数比例化合，形成与元素晶格类型及性质完全不同的复合体，在晶格中各元素原子的相互位置是固定的，称为化合物。例如碳化铁（Fe_3C），也叫渗碳体，是按铁原子和碳原子化合所组成的复杂的八面体晶格。金属与金属或金属与非金属之间的化合物，一般情况下有较高的硬度和脆性，并有较高的熔点和比纯金属大的电阻。

（3）机械混合物。固溶体和化合物均为单相合金，若合金由两种不同的晶体结构彼此机械混合组成，则称为机械混合物。它往往比单一的固溶体合金有更高的强度、硬度和耐磨性；塑性和压力加工性能则较差。

二、钢的显微结构和铁—碳合金平衡状态图

钢和铸铁都是铁碳合金，其中含碳量小于 2.11%的铁碳合金，称为钢；含碳量 2.11%～6.67%的铁碳合金称为铸铁。工业上用的钢，含碳量很少超过 1.4%，而其中用于制造焊接结构的钢，含碳量需要更低些。因为随着含碳量提高，钢的塑性和韧性变差，致使钢的加工性能降低。特别是焊接性能，随着结构钢含碳量的提高而变得较差。

1. 钢的常见显微结构

不同含碳量的钢具有不同的力学性能，这主要是由于含碳量不同则钢的微观组织亦不同的缘故。钢的微观组织主要有铁素体、渗碳体、珠光体、马氏体、奥氏体和魏氏组织等。

(1) 铁素体 (F)。铁素体是含碳量很低的铁。它是由少量的碳和其他元素固溶于 α—Fe 中形成的体心立方晶格的固溶体，在低于 910℃时出现。铁素体的强度和硬度较低，但塑性和韧性很好。

(2) 渗碳体 (Fe_3C)。渗碳体是铁和碳的化合物，其分子式是 Fe_3C。它的性质与铁素体相反，硬度高，但强度低，脆性大，延伸率和冲击韧性都极差。随着钢中含碳量的增加，钢中渗碳体的量也增多，钢的硬度、强度增加，塑性、韧性则下降。

(3) 珠光体 (P)。珠光体是铁素体和渗碳体混合在一起的结构，即铁素体和渗碳体晶体的机械混合物。它只在低于 723℃才存在，这一混合结构的平均含碳量是 0.8%。珠光体的性能介于铁素体和渗碳体之间，也就是说其硬度和强度比铁素体高，塑性和韧性比铁素体低，这是由于渗碳体梗塞在铁素体晶粒上，阻碍着铁素体的变形所致。

(4) 奥氏体 (A)。奥氏体具有面心立方晶格。它是碳在 γ—Fe 中的固溶体。碳钢中的奥氏体只出现在高温区域内，在低于 723℃以后，奥氏体就随钢合金中含碳量的不同，分别转变为铁素体、珠光体和渗碳体。

奥氏体具有低的硬度和强度，但是它的塑性和韧性极为良好。另一个特点是没有磁性。

(5) 马氏体（M）。马氏体是碳在 α—Fe 中的过饱和固溶体，一般可分为低碳马氏体和高碳马氏体。马氏体的体积比相同重量的奥氏体的体积大，因此，由奥氏体转变为马氏体时体积要膨胀，局部体积膨胀后引起的内应力往往导致零件变形、开裂。高碳淬火马氏体具有很高的硬度和强度，但是脆性大，延展性很低，几乎不能承受冲击载荷。低碳回火马氏体则具有相当高的强度和良好的塑性与韧性相结合的特点。

(6) 魏氏组织。魏氏组织是一种过热组织，是由彼此交叉约60°的铁素体针嵌入基体的显微组织。碳钢过热，晶粒长大后，高温下晶粒粗大的奥氏体以一定速度冷却时，很容易形成魏氏组织。粗大的魏氏组织使钢材的塑性和韧性下降，使钢变脆。

2. 铁—碳合金状态图

以上各种组织结构并不同时出现在组织结构中。它们各自出现的条件除取决于钢中的含碳量外，还取决于钢本身所处的温度范围。为了全面了解不同含碳量的钢在不同温度下所处的状态及所具有的组织结构，现用铁碳合金状态图来表示这种关系。

铁碳合金状态图是表示在平衡状态下，不同成分的铁碳合金在不同温度下所得到的晶体结构和显微组织的图形，因此又称为铁碳平衡图，如图 1—3 所示。

图中纵坐标表示温度，横坐标表示铁碳合金中碳的含量数。例如，在横坐标左端，含碳量为零，即为纯铁；在右端，含碳量为 6.67%，全部为渗碳体（Fe_3C）。

图中 ACD 线为液相线，在 ACD 线以上的合金呈液态。这条线说明纯铁在 1 534℃凝固，随含量碳的增加，合金凝固点降低。C 点合金的凝固点最低，为 1 147℃。当含碳量大于 4.3%以后，随含碳量的增加，凝固点增高。

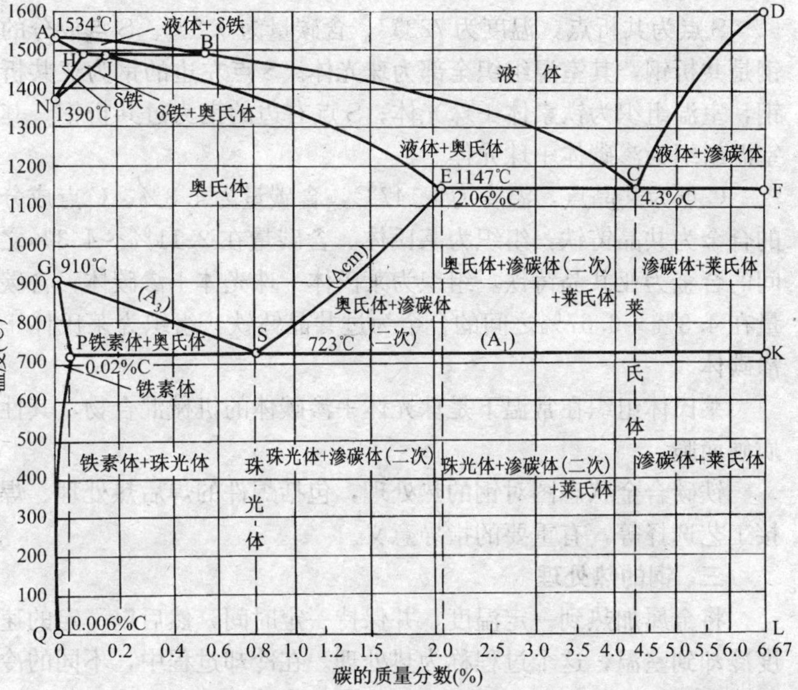

图 1—3 Fe—C 平衡状态图

AHJEF 线为固相线。在 AHJEF 线以下的合金呈固态。在液相线和固相线之间的区域为两相（液相和固相）共存。

GS 线又称 A_3 线，表示含碳量低于 0.8%的钢在缓慢冷却时由奥氏体开始析出铁素体的温度。

ECF 水平线，1 147℃，为共晶反应线。液体合金缓慢冷却至该温度时，发生共晶反应，生成莱氏体组织。

PSK 水平线，723℃，为共析反应线，又称 A_1 线，表示铁碳合金在缓慢冷却时，奥氏体转变为珠光体的温度。

ES 线为 A_{cm} 线。是从奥氏体中析出渗碳体的开始线。

E 点是碳在奥氏体中最大溶解度点，也是区分钢与铸铁的分界点，其温度为 1 147℃，含碳量为 2.11%。

S 点为共析点，温度为 723℃，含碳量为 0.8%。S 点成分的钢是共析钢，其室温组织全部为珠光体。S 点左边的钢为亚共析钢，室温组织为铁素体＋珠光体；S 点右边的钢为过共析钢，其室温组织为渗碳体＋珠光体。

C 点为共晶点，温度为 1 147℃，含碳量为 4.3%。C 点成分的合金为共晶铸铁，组织为莱氏体。含碳量在 2.11%～4.3%之间的合金为亚共晶铸铁，组织为莱氏体＋珠光体＋渗碳体；含碳量在 4.3%～6.67%之间的合金为过共晶铸铁，组织为莱氏体＋渗碳体。

莱氏体组织在常温下是珠光体＋渗碳体的机械混合物，其性质硬而脆。

铁碳合金状态图对钢的热处理，包括焊件的焊后热处理、焊接工艺选择等，有重要的指导意义。

三、钢的热处理

将金属加热到一定温度，并保持一定时间，然后以一定的速度冷却到室温，这个过程称为热处理。在冷却过程中，不同的冷却速度对钢的组织变化，会产生很大的影响。

常用的热处理工艺大致有以下几种：

1. 淬火

将钢（高碳钢或中碳钢等）加热到 A_1（对过共析钢）或 A_3（对亚共析钢）以上 30～70℃，在此温度下保持一段时间，使钢的组织全部变成奥氏体，然后在水中或油中快速冷却，而形成马氏体组织，这个过程称为淬火。但是含碳量小于 0.25%的低碳钢因含碳量低，不易淬火形成马氏体。

淬火后可以提高钢的硬度及耐磨性。

在焊接中碳钢和某些合金钢时，近缝区可能发生淬火现象而变硬，易形成冷裂纹，这是在焊接过程中要设法防止的。

2. 回火

淬火后进行回火，可以在保持一定强度的基础上恢复钢的韧性。将淬火后的钢件，加热到 A_1（723℃）以下，保温一定时间后，在空气或油中冷却，以便得到稳定的组织，这一工艺过程叫回火。按回火温度的不同可分为低温回火（150～250℃）、中温回火（350～450℃）和高温回火（500～650℃）。低温回火后得到回火马氏体组织，硬度稍有降低，韧性有所提高。中温回火后得到回火托氏体组织，提高了钢的弹性极限和屈服点，同时也有较好的韧性。高温回火后得到回火索氏体组织，可消除内应力，降低钢的强度和硬度，提高钢的塑性和韧性。

钢在淬火后再进行高温回火，这一连续的热处理操作称为调质。调质能得到良好的韧性和高强度，获得良好的综合力学性能。

3. 正火

将钢加热到 A_3 或 A_{cm} 以上 30～50℃，保温一定时间后，在空气中冷却，这一工艺过程称为正火。许多碳素钢和低合金结构钢经正火后，各项力学性能均较好，可以细化晶粒。对于焊接结构，经正火后，能改善焊接接头性能，可消除粗晶组织及组织不均匀等。

4. 退火

将钢加热到 A_3 以上或 A_1 左右一定范围的温度，保温一定时间后，随炉缓慢而均匀地冷却，这一过程称为退火。

退火可降低硬度，使材料便于切削加工，能消除内应力等。

焊接结构焊接以后会产生焊接残余应力，容易导致产生延迟裂纹，因此重要的焊接结构焊后应该进行消除应力退火处理。消除应力的退火属于低温退火，加热温度在 A_1 以下，一般采用 600～650℃，保温一段时间，然后随炉缓慢冷却，亦称焊后热处理。

第三节 常用金属材料的一般知识

一、金属材料的力学性能

金属材料的力学性能是金属受力时表现出来的性能，包括强度、塑性、硬度和韧性等。即金属材料从开始受力直至材料破坏的全部过程中所呈现的力学特征，是衡量金属材料使用性能的重要指标。

1. 强度

金属材料的强度性能表示金属材料抵抗变形和断裂的能力，它用单位截面上所受的力（称为应力）来表示。常用的强度指标有屈服点及抗拉强度等。

（1）屈服点 钢材在拉伸过程中，先是变形随拉力的增大而增加，但当拉应力达到某一数值而不再增加时，其变形却继续增加，这个拉应力值称为屈服点。

（2）抗拉强度 金属材料在破坏前所承受的最大拉应力。

强度越高，金属材料抵抗变形和断裂的能力越大。

2. 塑性

塑性是指金属材料在外力作用下产生塑性变形的能力。表示金属材料塑性性能有伸长率、断面收缩率及冷弯角等。

检验金属材料的塑性通常采用弯曲试验。把金属材料或焊接接头试样绕一定直径的轴（压头）按规定的弯曲半径进行弯曲，在受拉面出现裂纹时试件与原始平面的夹角称弯曲角。在室温下进行这项试验时称冷弯试验，弯曲角亦称冷弯角。冷弯角越大说明材料的塑性越好。

3. 冲击韧性

冲击韧性是衡量金属材料抵抗动截荷或冲击力的能力，冲击试验可以测定材料在突加截荷时对缺口的敏感性。

4. 硬度

硬度是衡量金属材料抵抗表面变形的能力。根据测定的方法不同，可分为布氏硬度、洛氏硬度、维氏硬度和肖氏硬度等。

常用的硬度有布氏硬度 HB 和洛氏硬度 HR 两种。

二、金属材料的焊接性能

1. 焊接性

焊接性是指一种金属材料采用某种焊接工艺获得优良焊缝的难易程度。焊接性包含焊接接头出现焊接缺陷的可能性，以及焊接接头在使用中的可靠性（如耐磨、耐热、耐腐蚀等）。

2. 影响金属材料焊接性的因素

影响金属焊接性的因素很多，主要有材料、工艺、设计和服役条件等，例如，含碳量、合金元素及其含量、采用的焊接工艺。低碳钢的焊接要比铸铁的焊接容易，铝和不锈钢用焊条电弧焊时，焊接性较差，而改用氩弧焊时，焊接性则较好。由此可见，金属材料的焊接性不仅决定于被焊金属本身固有的性质，而且还与采用的焊接方法有关。

设计因素主要指焊接结构及焊接接头形式。接头断面的过渡、焊缝的位置、焊缝的集中程度等。

服役条件因素主要指焊接结构的工作温度，受载类型（如动载、静载、冲击或高速等）和工作环境（如化工区、沿海及腐蚀介质等）。

三、钢材的分类和焊接性

1. 钢材的分类

钢材有不同的分类方法。

（1）按化学成分不同可分为碳素钢和合金钢。钢和铸铁的主要元素都是铁和碳，钢的含碳量＜2.11%，铸铁的含碳量为2.11%～6.67%。

钢材中除含有铁和碳元素外，还含有少量锰和硅（这是在炼钢时作为脱氧剂加入的），以及极少量的硫和磷（炼钢原料的杂质），这种钢就是碳素钢。

为提高钢材的力学性能（如强度、塑性等）以及获得某些特殊性质（如耐腐蚀、耐磨等），在钢材中加入某些合金元素，如铬、镍、钛、钼、钨、钒、锰等，这种钢就是合金钢。按合金元素总含量的不同，又可分为低合金钢（合金元素总含量<5%），中合金钢（合金元素总含量 5%～10%）和高合金钢（合金元素总含量>10%）。

(2) 按含碳量的不同，分为低碳钢（w（C）<0.25%）、中碳钢（w（C）0.25%～0.6%）和高碳钢（w（C）>0.6%）。

(3) 按用途不同分为结构钢（用于工程结构和机械零件，如桥梁、船舶、建筑、轴、箱体、齿轮等）、工具钢（用于刀具、量具、模具等）及特殊用途钢（用于需要具备特殊性质处，如不锈钢、耐热钢、耐磨钢等）。

(4) 按品质不同分为普通钢：含硫量小于 0.055%～0.065%，含磷量小于 0.045%～0.085%；优质钢：含硫量小于 0.030%～0.045%，含磷量小于 0.035%～0.040%；高级优质钢：含硫量小于 0.020%～0.030%，含磷量小于 0.027%～0.035%。

对某种钢材的性质特征的表述，往往就是对其品质、成分、用途或含碳量的综合表达，如普通碳素结构钢或优质低合金结构钢。

2. 钢材的牌号

钢材的牌号比较复杂，下面简要介绍焊接常见的钢材牌号，如 10、20g、Q235A 和 16MnR 等几种牌号的含义。

首先是表示钢材的平均含碳量，如上列牌号中的 10、20 g、16MnR 等。钢材平均含碳量是以万分之一（0.01%）作单位的。例如，钢材牌号“10”，即表示优质碳素结构钢，平均含碳量为 0.1%（10×0.01%=0.1%）。

第二是表示钢材的用途。如上列牌号中的“g”表示锅炉钢，“R”表示压力容器用钢。

第三是表示钢材的主要合金元素。如上列牌号中的“Mn”，即表示平均含锰量<1.5%。

通过以上讨论可以看出牌号 16MnR 各部分的含义是：“16”表示平均含碳量为 0.16%，“Mn”表示平均含锰量<1.5%，“R”表示压力容器用钢。

第四是表示钢材的力学性能和质量。如上述牌号中的 Q235A，“Q”表示屈服点字母，“235”表示屈服点为 235 MPa，“A”表示质量等级为 A 级。

3. 钢材焊接性的评价——碳当量法

各种钢材所含合金元素的种类和含量不同，其可焊性也就有差别。但是，生产实践的经验证明，钢中含碳量的多少对焊接性影响很大。碳当量法就是把钢中各种元素都分别按照相当于若干含碳量的办法总合起来，作为判断钢材可焊性的标志。如钢中每增加含锰量 0.6%，则相当于增加含碳量 0.1%对钢材可焊性的影响效果，这样，就可以把锰的含量以 1/6 计入碳当量。

由国际焊接学会推荐的碳当量法计算公式如下：

$$C_{当量}=w(C)+\frac{w(Mn)}{6}+\frac{w(Cr)+w(Mo)+w(V)}{5}+\frac{w(Ni)+w(Cu)}{15}+\frac{w(Si)}{24}+\cdots$$

式中元素符号表示该元素在钢中的质量分数。

按照碳当量可以把钢材的可焊性分成良好、一般和低劣。

(1) $C_{当量}$<0.4%，焊接性良好。一般不必采取预热等措施，就可以获得优良的焊缝。低碳钢和低合金钢（如 15Cr、20Cr、15Mn 等）属于这一类。

(2) $C_{当量}$=0.4%～0.6%，焊接性一般。这类钢材在焊接过程中淬硬倾向逐渐明显，通常需采用焊前预热（150～200℃），焊后缓冷等措施。中碳钢和某些合金钢（如 18CrNiMo、20CrMnSi、40Cr、30CrMnSi 等）属于这一类。

(3) $C_{当量}$>0.6%，焊接性差。这类钢材产生裂纹倾向严重，不论周围气温高低，焊件刚性和厚度如何，必须预热到 200～450℃。焊后应采取热处理等措施，如弹簧钢等。

4. 碳素钢的焊接特点

低碳钢是焊接钢结构中应用最广的材料。它具有良好的焊接性，可采用交直流焊机进行全位置焊接，工艺简单，使用各种焊法施焊都能获得优质的焊接接头。不过，在低温（零下 10℃以下）和焊厚件（大于 30 mm）以及焊接含硫磷较多的钢材时，有可能产生裂纹，应采取适当预热等措施。

中碳钢和高碳钢在焊接时，常发生下列困难：①在焊缝中产生气孔；②在焊缝和近缝区产生淬火组织甚至发生裂缝。这是由于中碳钢和高碳钢的含碳量较高，焊接时，若熔池脱氧不足，FeO 与碳作用生成 CO，形成 CO 气孔。

另外，由于钢的含碳量大于 0.28%时容易淬火，因此焊接过程中，可能出现淬火组织。有时由于高温停留时间过长，在这些区域还会出现粗大的晶粒，这是塑性较差的组织。当焊接厚件或刚性较大的构件时，焊接内应力就可能使这些区域产生裂缝。

焊接碳素钢时应加强对熔池的保护，防止空气中的氧侵入熔池，在药皮中加入脱氧剂等。焊接含碳量较高的碳素钢时，为防止出现淬硬组织和裂纹，应采取焊前预热和焊后缓冷等措施，以及后面讨论的减小焊件变形和应力的其他措施。

5. 合金钢的焊接特点

主要特点是，在热影响区有淬硬倾向和出现裂纹，随着强度等级的提高；或采用过快的焊接速度、过小的焊接电流；或在寒冷、大风的作业环境中焊接，都会促使淬硬倾向和裂纹的增加。

因此，焊接合金钢时，应尽可能减缓焊后冷却速度和避免不利的工作条件。用电弧焊接时，最好进行 100～200℃的低温预热，采用多层焊。要尽可能采取前述减小应力的措施，特别重要的工件可以在焊后进行热处理。

四、铸铁和有色金属的焊接性

1. 铸铁的焊接

铸铁比钢材的焊接性较差。铸铁在焊接时只要冷却速度稍快就会产生脆硬白口组织，它的硬度很高，很难进行机械加工。另外，片状石墨把金属组织分割开来，使得铸铁的塑性很差，延伸率几乎等于零，在焊接应力作用下，易产生裂缝。铸铁的熔化和凝固过程，没有经过半流体状态，因此在凝固时气体往往来不及析出而生成气孔。这一性质使得铸铁只宜平焊。

目前在生产中铸铁的焊接常采用下列方法：

(1) 热焊。把焊件预热到600～700℃再进行焊接。工件在焊接前应很好地清理。焊条涂料的成分主要有石墨、硅铁、白垩等，以增加石墨化元素的含量，改变焊缝的化学成分，使焊缝形成灰口组织。小件可以采用气焊。焊后埋入热灰中或砂中缓冷，使石墨容易析出，防止产生白口组织。

热焊的缺点是工作繁重，成本高；表面经过机械加工的铸件，在高温下预热会发生氧化。此外，由于石墨的析出还往往引起工件尺寸的变化。

(2) 冷焊。在焊接之前工件不预热或预热温度低于300～350℃的铸铁焊补冷焊。可采用各种不同焊条的焊条电弧焊进行冷焊。铸铁冷焊效果不如热焊，但焊接过程简单方便，常用于焊补不要求加工的零件或焊补缺陷较小的铸件。

(3) 钎焊。采用以黄铜为钎料的钎焊，母材不熔化，可避免产生白口组织。

2. 有色金属的焊接

(1) 铜和铜合金的焊接。铜和铜合金的焊接性差，其原因是：

① 铜的导热性良好，所以焊接过程的热量散失较大，使加热效率降低。

② 液态铜对氢有很大的溶解度。温度下降时，溶解度则大大下降，尚未析出的氢原子的集结容易生成气孔和表面气孔。

③ 铜的化学性质活泼，在高温下容易氧化成 Cu_2O，Cu_2O 易与 Cu 组成脆性组织；同时铜热膨胀系数较大，焊接时常造成较大内应力。这是铜的焊接接头容易出现裂缝的原因。

目前铜及铜合金的焊接以气焊比较适用。进行气焊时应采用严格的中性焰，并采用硼砂或硼砂与硼酸的混合物作为焊剂。

焊接黄铜时，常用氧化焰，氧化焰使熔池表面生成一层氧化锌保护膜，因而防止了锌的过量蒸发。

（2）铝及铝合金的焊接。铝及铝合金的可焊性差，其原因是：

① 铝的导热性良好，而且其熔点只有 658℃，焊接时很容易烧穿。

② 铝在热状态下很脆，在焊接应力作用下很容易发生裂缝。

③ 铝的化学性质活泼，特别容易氧化生成氧化铝，其熔点为 2 050℃，比纯铝的沸点 1 800℃还高；Al_2O_3 的相对密度也比纯铝大，产生 Al_2O_3 以后将妨碍焊接操作，容易产生夹渣。

因此，铝的焊接最好采用氩弧焊，也常采用气焊。焊前应仔细清理工件表面，去除氧化层。焊接厚的工件时应适当预热，为了去除焊接时产生的氧化铝，要使用氯化物或氟化物的焊剂。焊后应将残余焊剂洗净，以免工件金属被继续侵蚀。

第四节 焊接与切割工艺基础

一、焊接接头和坡口形式

焊件的厚度、结构形状和使用条件等不同，焊接接头和坡口形式亦不相同。常用焊接接头形式有对接接头、搭接接头和 T 形接头、角接接头等（见图 1—4）。

如图 1—4 所示，焊件两端面平行相对的接头，称为对接接头；两焊件部分重叠构成的接头，称为搭接接头；两焊件端面间构成大于 30°、小于 135°夹角的接头，称为角接接头；焊件的端面与另一焊件表面构成直角或近似直角的接头，称为 T 形接头。

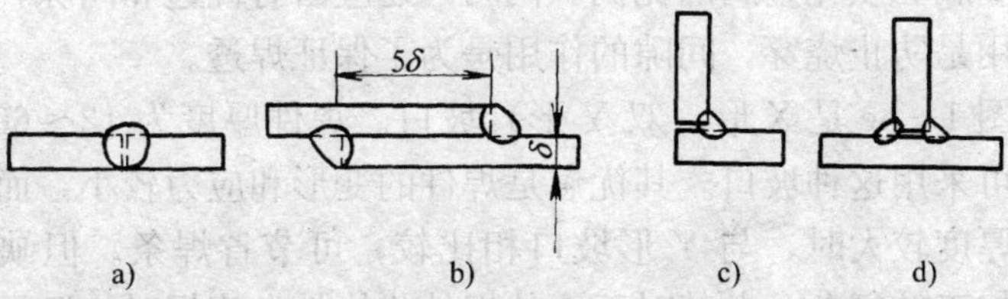

图 1—4　常见焊接接头形式

a）对接接头　b）搭接接头　c）角接接头　d）T 形接头

常见焊接接头的坡口形式有 I 形坡口、Y 形坡口（或 V 形坡口）、X 形坡口和 U 形坡口等。

图 1—5 所示为对接接头的坡口形式。

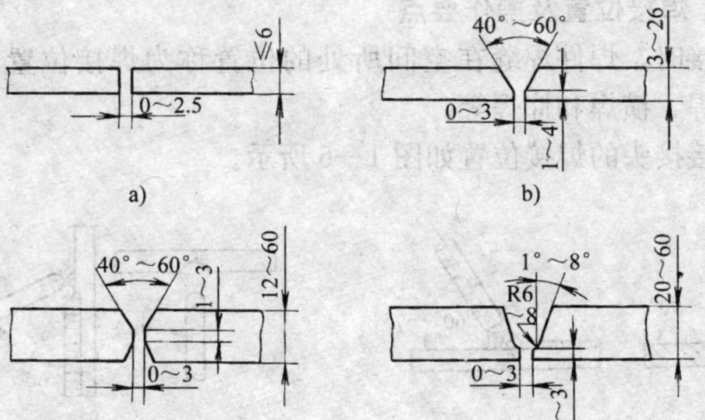

图 1—5　对接接头的坡口形式

a）I 形坡口　b）Y 形坡口　c）X 形坡口　d）带钝边 U 形坡口

图 1－5a 为 I 形坡口。当焊件厚度为≤6 mm 时，可采用这种坡口形式。为了使电弧能深入根部，保证焊透，所以两焊件端面之间应留有间隙。

图 1－5b 为 Y 形坡口。当焊件厚度为 3～26 mm 时，可采用这种坡口形式。一般要加工坡口为 40°～60°，其作用是：①使电弧深入根部，保证焊缝焊透；②多层多道焊时便于清渣；③调整

基本金属和填充金属的比例。同时，还应留有钝边和间隙，钝边的作用是防止烧穿，间隙的作用是为了保证焊透。

图 1—5c 是 X 形（双 Y 形）坡口。焊件厚度为 12～60 mm 时，可采用这种坡口。其优点是焊件的变形和应力较小，而且当焊件厚度较大时，与 Y 形坡口相比较，可节省焊条。但缺点是坡口加工较复杂，尤其对于大的焊件或构件在施焊时，还需翻转焊件，增加施工困难。

图 1—5d 为 U 形（带钝边 U 形）坡口。厚度较大（20～60 mm）和重要的构件可采用这种坡口。其优点是与 Y 形坡口相比，可节省焊条，而且焊缝根部空间较大，便于保证焊缝强度。但缺点是变形较大，坡口加工（圆弧处）较复杂。

二、焊接位置及操作要点

焊接时，焊件焊缝在空间所处的位置称为焊接位置，有平焊、立焊、横焊和仰焊等。

对接接头的焊接位置如图 1—6 所示。

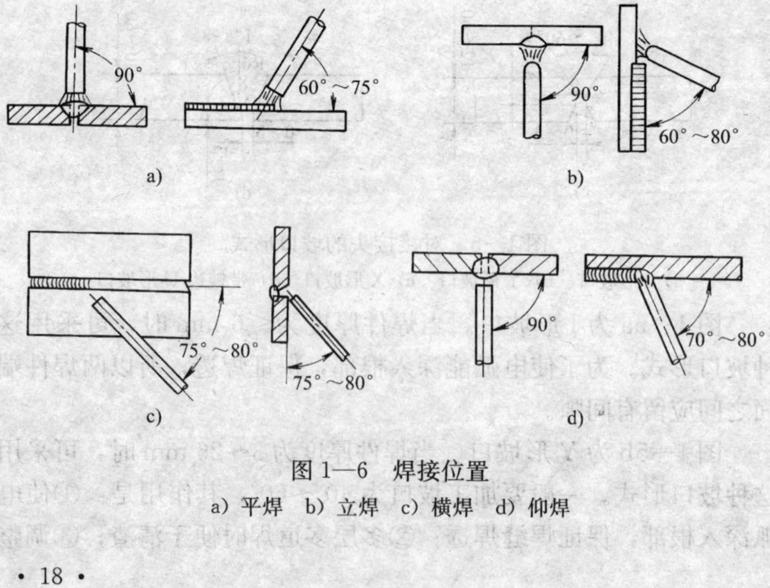

图 1—6　焊接位置

a）平焊　b）立焊　c）横焊　d）仰焊

1. 平焊位置及操作特点

平焊位置如图 1－6a 所示，焊件放在水平位置，焊接电弧（或火焰）在焊件之上，焊工俯视焊件，这种位置的焊接称为平焊。平焊是焊接技术的基础，它的劳动条件相对较好、易操作、生产率高，焊接质量容易保证。在比较熟练地掌握平焊的基本操作方法的基础上，再练习其他各种比较复杂位置的焊接，也就不困难了。

平焊的操作特点：

（1）与其他空间位置的焊接比较，允许用较大直径的焊条和较大的焊接电流或火焰，生产率较高。

（2）熔渣和铁水易出现混在一起分不清的现象，焊条角度不正确时，会出现熔渣超前形成夹渣。

（3）根据平焊的特点，为获得优良焊缝，焊条角度必须掌握正确（参见图 1—6a）。

2. 立焊位置及操作特点

立焊位置如图 1—6b 所示，在焊件立面或倾斜面上（倾斜角度大于 45°）进行纵方向的焊接，这种位置的焊接称为立焊（又称为竖焊）。立焊的方法有两种，一种是从上向下焊；另一种是从下向上焊。最常用的是后一种立焊方法。立焊时，由于熔池的液态金属受重力的作用容易往下淌，焊缝表面不易形成均匀的鱼鳞状焊波，甚至造成焊缝成形困难等。

立焊的操作特点：

（1）焊条的熔滴和熔池内金属容易下淌，操作较困难，因此宜采用较细直径的焊条和较小的焊接电流或火焰，减小熔池的体积和使熔池温度不会过高，从而减少熔池内金属的下淌（横焊和仰焊亦同此道理）。

（2）采用短弧焊接，缩短熔滴向熔池过渡的距离。

（3）焊接时尽量缩短电弧或火焰对工件加热的时间，不要过长地停留在某点上。可采用挑弧运条法，当电弧或火焰在焊件上形成熔池后，把焊条向上或向两侧移开，使电弧或火焰暂时移开熔池（不灭弧），有利于熔敷金属的冷却凝固，然后再把焊条移回来。

（4）正确选择焊条角度（左右方向为 90°，与下方垂直平面成 60°～80°，见图 1—6b）。利用电弧或火焰的吹力对熔池有向上推的作用，有利于熔滴过渡和托住熔池金属。

（5）一般是采用由下向上焊，焊薄件时（小于 3 mm）也可由上向下焊。气焊一般由下向上焊，但水下电焊时，则应从上向下焊。

3. 横焊位置及操作特点

横焊位置如图 1—6c 所示，在焊件的立面或倾斜面上（倾斜度大于 45°）进行横方向的焊接，称为横焊。横焊时，由于熔池里的液态金属受重力作用容易外溢而产生焊瘤，尤其容易产生焊缝上侧咬边及未焊透等缺陷。

横焊的操作特点：

（1）熔池内的熔化金属受重力作用而外溢往下流，易造成未熔合、夹渣和焊瘤等缺陷，应选用较小直径的焊条和采用短弧焊接。

（2）选择合适的焊条角度（见图 1—6c）。焊条与垂直焊件平面保持角度（75°～80°）。由于上坡口的温度高于下坡口，当熔滴加在上坡口时，上坡口处不作稳弧动作，应迅速带至下坡口根部上而形成焊缝，则做微小的横移稳弧动作。

（3）坡口应留有间隙。因为无间隙铁水易下淌且不易焊透，但间隙不宜过大，否则铁水不易填满且不好焊。

坡口的间隙小时，可增大焊条倾角；间隙大时，可减小倾角；如间隙太大，可采用两道焊。

4. 仰焊位置及操作特点

仰焊位置如图 1—6d 所示，焊接电弧（或火焰）位于焊件下方，焊工仰视焊件进行的焊接，这种焊接称为仰焊（又称为顶焊、过头焊等）。仰焊时，由于熔池的液体金属受地心引力的作用容易往下滴，使焊缝成形困难。此外，仰焊的劳动条件差，焊工操作时容易疲劳，并且有强烈的电弧及火花、熔渣飞溅，熔化金属下滴，稍有不慎会造成焊工的人身伤害。仰焊的生产率低，是各种焊接位置中最难施行的一种焊接方法。

仰焊位置的操作要点：

(1) 熔池的熔化金属倒悬在焊件下面，没有固体金属的承托，焊缝成形困难。所以应选用较小直径的焊条和较小焊接电流或火焰，尽量缩小熔池的体积；否则熔池体积过大，容易造成熔化金属向下垂落。

(2) 采用短弧焊接，使熔滴尽快过渡，并依靠表面张力与熔化的基本金属熔合，促使形成焊缝。

(3) 焊条的角度（见图 1—6d)。焊条与焊接方向保持70°～80°角，与焊缝两侧成 90°角。

第五节　焊接变形和应力

一、焊接发生变形和应力的原因和危害

焊接过程中对焊件不均匀的加热和冷却，是导致焊件产生变形和应力的主要原因。另一个原因是当熔池的金属由液态变为固态时，或从高温降为常温时，由于焊缝的收缩，体积缩小。

其危害主要有：

(1) 焊件报废。严重的变形和应力有可能导致整个焊件或构件报废，造成经济损失。

(2) 矫正费工时。有些变形可以采取矫正措施来消除。但较费工时，而且有些矫正工艺因达不到理想的效果，最终也还会使构件报废。

(3) 工伤事故。严重的变形和应力会造成断桥、沉船、锅炉或受压容器的爆炸等工伤事故。

二、焊接变形的类型及其影响因素

1. 焊接变形的类型

（1）纵向或横向变形。

（2）弯曲变形。

（3）角变形。

（4）波浪变形。

（5）扭曲变形。

其中，装配质量不好以及焊接顺序和方向不当等，容易产生扭曲变形；薄板焊接容易产生波浪变形。V（Y）形坡口易产生角变形；焊缝在焊件一侧易产生弯曲变形。

2. 影响焊接变形的主要因素

（1）焊缝在结构中的位置。如果位置不对称，往往是弯曲变形的主要原因。

（2）焊接结构的刚性。刚性主要取决于结构的截面形状及其尺寸的大小。焊接结构刚性越大，就越不易变形。

（3）焊接结构的装配及焊接顺序。

（4）焊接材料的线膨胀系数越大，焊后变形越大。

三、减小焊接变形和应力的措施

（1）抑制法。用夹具或点焊法把焊件的各个部位固定在平台上，此方法变形小但产生的应力大，通常不宜采用。

（2）定位焊。对长度大而又复杂的焊件，在焊接前可先点焊几处，分段地把焊接部位加以固定。

（3）预变形法。根据金属性质及形状，计算（估计）该金属在焊后可能产生的变形和收缩量，预先将它向相反方向预变形，使焊后的变形和预变形有互相抵消的作用。

（4）预热法。焊件经过预热以后，可以减小焊件加热部分和没有加热部分之间的温度差别，同时，也可降低焊接时的冷却速度，从而减小变形和应力。

（5）逆向分段法。在焊接长焊缝时，可以采用逆向分段法。

(6) 对称焊法。在焊接长钢板焊件时，最好采用对称焊法。

(7) 焊后热处理。采取缓冷、退火等方法。

四、焊接变形的矫正方法

(1) 机械矫正法。利用机械力来矫正变形，如锤击或用压力、拉紧螺旋、千斤顶等。

(2) 火焰矫正法。将变形构件局部加热到600～800℃，然后让其自然冷却或强制冷却。有点状加热矫正、线状加热矫正和三角形加热矫正等。

第六节　焊接缺陷及预防措施

焊接缺陷是指焊接过程中在焊接接头中产生的金属不连续、不致密或连接不良的现象。

焊条电弧焊常见的焊接缺陷有：裂纹、孔穴（气孔）、固体夹杂（夹渣）、咬边、未熔合和未焊透、烧穿、焊瘤等。

1. 裂纹

裂纹是指焊缝局部区域的金属原子结合力遭到破坏而形成的新界面所产生的缝隙。裂纹有多种形式，其中主要是热裂纹、冷裂纹和延时裂纹。

(1) 热裂纹是指焊缝和热影响区金属冷却到凝固温度附近的高温区所产生的裂纹。热裂纹是由于焊接材料选择不当和焊接应力等造成的。预防措施主要是采用碱性焊条，选择合适的焊件材料（限制硫、磷和碳的含量），采取减小焊接应力的措施等。

(2) 冷裂纹和延时裂纹。冷裂纹是指焊缝冷却到较低的温度（钢材在200～300℃以下）时产生的焊接裂纹。这种裂纹除焊后立即出现外，有时也会延迟至几小时、几天，甚至一两个月才出现。焊缝冷却到室温，并在一定时间后才出现的裂纹，称为延时裂纹。

冷裂纹是由于焊缝生成淬硬组织，氢的析出和焊接应力的作用等原因造成的。预防措施主要是采用碱性焊条，并按规定严格烘干；焊前预热、焊后缓冷和热处理；仔细清除坡口两侧的油、锈、水；采取措施减小焊接应力等。

2. 气孔

气孔是指气体在凝固的焊缝中形成的气穴，有氮气孔、氢气孔和一氧化碳气孔等。气孔是由于液态金属溶解有较多气体，熔池冷却速度过快等造成的。预防措施主要是焊前仔细清除坡口两侧的油、锈、水；采用短弧焊接；焊条应按规定烘干；焊接电流不宜太大或太小；焊接速度不宜过快等。

3. 夹渣

夹渣是指焊缝中残存有非金属夹杂物（熔渣）。夹渣是由于火焰能率或焊接电流太小、焊接速度过快或冷却速度过快熔渣来不及上浮、除锈清渣不干净等原因造成的。预防措施主要是正确选择焊接电流或火焰能率（不能太小）、掌握好焊接速度和运条方法、焊道清渣应彻底干净等。

4. 咬边

咬边是指焊缝两侧与基本金属交界处形成凹槽。咬边是由于焊接电流或火焰能率太大；焊条或焊嘴角度不当；或运条方法不对、在焊缝两侧停留时间过长等原因造成的。预防措施是选择合适的焊接电流或火焰能率（不能太大）；焊条角度或焊嘴与焊件的角度要合适；采用短弧焊；运条方法要正确，在坡口两侧稍加停留，以利焊缝与基本金属圆滑过渡，但不能停留时间过长等。

5. 未焊透

未焊透是指焊件和焊缝金属（熔敷金属）或焊缝金属之间局部未熔合。未焊透是由于焊接电流太小，焊接速度太快，坡口角度尺寸不对（间隙太小、钝边太大或坡口角度太小）等原因造成的。预防措施是选择合适的坡口角度和尺寸；焊接电流应选择合适，不宜太小；掌握适宜的焊接速度，不能太快等。

6. 烧穿

烧穿是指部分熔化金属从焊缝背面漏出形成通洞。烧穿是由于焊接电流或火焰能率太大；焊速过慢；火焰或电流在焊缝某处停留时间过长；或间隙太大、钝边太小等原因造成的。预防措施是正确选择焊接电流和火焰能率（不能太大）；掌握合适的焊接速度（不能太慢）；运条应均匀；坡口尺寸应合理等。

7. 焊瘤

焊瘤是指正常焊缝以外的多余焊着金属。焊瘤是由于焊接电流或火焰能率太大，熔池温度过高；在横焊、立焊或仰焊时，液体金属凝固速度较慢，在自重作用下外溢或下坠而形成的。预防措施是选择较小的焊接电流或火焰能率，采用多层多道焊；采用短弧焊接；间隙不宜过大和运条方法正确等。

8. 焊缝尺寸不符合要求

焊缝尺寸不符合要求，主要指焊缝余高及余高差、焊缝宽度及宽度差、错边量、焊后变形量等不符合标准规定的尺寸。

产生焊缝尺寸不符合要求的原因较多，主要有工件坡口角度不当；装配间隙不均匀；焊接电流过大或过小；焊工操作不熟练，运条方法不当，焊条角度不当等。

预防措施主要有正确选用坡口角度及装配间隙；正确选择焊接电流；提高焊工操作技能；角焊缝时随时注意保持正确的焊条角度和焊接速度等。

第二章
焊接与切割安全基础知识

第一节 概　述

在现代焊接与切割技术中，利用化学能转变为热能和利用电能转变为热能来加热金属的方法，已得到了普遍的应用。但是在焊接操作中，一旦对它们失去控制，就会酿成灾害。目前广泛应用于生产中的各种焊接与切割方法，在操作过程中都存在某些有害因素。按有害因素的性质，可分为化学因素——焊接烟尘、有毒气体；物理因素——弧光、高频电磁辐射、射线、噪声、热辐射等。

一、焊接与切割发生工伤事故的主要类别

在焊接与切割操作过程中发生的工伤事故主要有以下几类。

（1）火灾和爆炸。操作者经常需要与可燃易爆危险物品接触，如乙炔、电石、液化石油气、压缩纯氧等。在检修焊补化工和燃料容器管道时，会接触到油蒸气、煤气、氢气和其他可燃气体和蒸气；其次是需要接触压力容器和燃料容器，如氧气瓶、乙炔发生器、油罐和管道等；再次是在大多数情况下焊接采用明火，如气焊的火焰、电焊的电弧、焊接过程中熔渣和火星的四处飞溅等。这就容易构成火灾和爆炸的条件，导致火灾和爆炸事故的发生。

（2）触电。操作者接触电的机会比较多，例如，更换焊条、调节焊接电流等带电操作，当绝缘防护不好或违反安全操作规则时，有可能发生触电伤亡事故。

(3) 灼烫。在焊割火焰或电弧高温作用下，以及作业环境存在有易燃易爆危险品时，有可能发生灼烫伤亡事故。焊接现场的调查情况表明，灼烫是焊接操作中常见工伤事故。

(4) 急性中毒。焊割过程会产生一些有害气体，如一氧化碳，碱性焊条结507会产生氟化氢气体，氩弧焊会产生臭氧、氮氧化物等；焊接有色金属铅、也会产生氧化铅等有毒的金属蒸气。当作业环境狭小，如在锅炉、船舱或车间矮小而又通风不良的条件下作业，有害气体和金属蒸气的浓度较高，有可能引起急性中毒事故。在检修焊补装盛有毒物质的容器管道时，也可能发生这类事故。

(5) 高处坠落。在登高焊割作业时，如高层建筑、桥梁、石油化工设备的安装检修等，有可能发生高处坠落伤亡事故。

(6) 物体打击。移动或翻转笨重焊件、在金属结构或机器设备底下的仰焊操作、高空焊割作业下方以及水下气割作业等，有可能发生物体打击事故。

二、焊接与切割作业的职业危害

不同的焊割工艺方法其有害因素亦有所不同。大体上说焊割作业的职业危害有以下几个特点。

(1) 焊割劳动卫生的主要研究对象是熔化焊，而其中以明弧焊的劳动卫生问题最大，埋弧焊、电渣焊的问题最小。

(2) 药皮焊条电弧焊、碳弧气刨的主要有害因素是焊割过程中产生的烟尘——电焊烟尘。如果长期在作业空间狭小的环境里(锅炉、船舱、密闭容器和管道等)操作，而且是在卫生防护不好的条件下，会对焊工的呼吸系统造成危害，严重时会患焊工尘肺、锰中毒等。

(3) 有毒气体是气体保护电弧焊和等离子弧焊的一种主要有害因素，浓度较高时会引起中毒症状。其中特别是臭氧和氮氧化物，它们是电弧的光辐射和高温辐射作用于空气中的氧和氮而产生的。

(4) 弧光辐射是所有明弧焊共同的有害因素，由此引起的电光性眼病是明弧焊的一种特殊职业病。

弧光辐射还会伤害皮肤，使焊工患皮炎、红斑和小水泡等皮肤疾病。此外，还会损坏棉织纤维。

(5) 钨极氩弧焊和等离子弧焊接与切割，由于焊机设置有高频振荡器帮助引弧，所以存在有害因素高频电磁场辐射。特别是高频振荡器工作时间较长的焊机（如某些工厂自制的氩弧焊机），高频电磁场辐射会使焊工患神经系统和血液的疾病。

此外，使用钍钨棒电极时，由于钍是放射性物质，所以存在有害放射线（α、β和γ射线）。在钍钨棒贮存的场所和磨尖的砂轮机周围，有可能造成放射性危害。

(6) 等离子弧焊接、喷涂和切割时，产生强烈噪声，在防护不好的条件下，会损伤焊工的听觉神经。

(7) 有色金属气焊时的主要有害因素，是熔融金属蒸发于空气中形成的金属氧化物烟尘（如氧化铅等）和来自焊剂的毒性气体。

各种焊接工艺方法在施焊过程中，单一有害因素存在的可能性很小，除了主要有害因素外，还会有上述若干其他有害因素同时存在。必须指出，同时有几种有害因素存在，比起只有单一有害因素时，其对人体的毒性作用会倍增。这是对某些看来并不超过卫生标准规定的有害因素，亦应当采取必要的卫生防护措施的缘故。

三、焊接与切割作业人员安全培训与考核的意义

通过对焊接与切割常用能源的危险性以及焊接职业危害的讨论，我们可以清楚地了解，焊接发生的工伤事故（如爆炸、火灾）不仅会伤害焊工本人，而且还会危及在场的其他生产人员的安全，同时会使国家财产蒙受巨大损失，会严重影响生产的顺利进行。同样，焊接过程中产生的各种有害气体，如电焊烟尘、有毒气体等，不仅会使焊工本人受害，作业点周围的其他生产人员

也会受到危害，甚至也得职业病。例如，某造船厂的铆焊车间除焊条电弧焊工患有焊工尘肺之外，装配工亦有患焊工尘肺的。

根据《特种作业人员安全技术考核管理规则》（GB 5306—85）的规定："对操作者本人，尤其对他人和周围设施的安全有重大危害因素的作业，称特种作业"，并且明确指出："金属焊接（气割）作业属于特种作业"。同时还规定："从事特种作业的人员，必须进行安全教育和安全技术培训""经考试合格，取得操作证者，方准独立作业"。国务院早在1965年《关于加强企业中安全工作的规定》中就明确指出，焊工属于特殊工种，必须进行专门的安全操作技术训练，经过考试合格后，才准许操作。国家安全生产监督管理局（国家煤矿安全监察局）在2002年颁发了《关于特种作业人员安全技术培训考核工作的意见》《特种作业人员安全技术培训大纲及考核标准（通用部分）》；其中详细规范了"金属焊接与切割作业人员安全技术培训大纲和考核标准"。由此可见，焊接与切割作业人员安全培训和考核，不仅在保障人身安全和健康方面，而且在保护国家财产和保证生产顺利进行等方面，都具有极其重要的意义。国际焊接学会第八专业委员会的名称为《焊接安全与卫生》专业委员会。

我国的安全生产方针是"安全第一，预防为主"，安全培训的内容主要包括焊接职业安全与职业卫生防护。职业安全是预防伤亡事故发生，为创造良好、安全劳动条件的各种技术措施的总称。而职业卫生是改善劳动条件，避免有毒有害物质的危害，预防职业病和职业中毒发生而采取的组织措施、技术措施和医疗保健的总称。安全培训的具体内容包括：学习研究焊接设备和工具的正确使用；防止发生工伤事故和职业病的安全与卫生防护技术措施；焊割安全操作技术，尤其需要特别强调的是学习掌握焊割安全技术措施的理论依据及应用，从而能够在实际操作中采取有效的预防措施，消除险情，防止工伤事故和职业病。为达到上述目的，本章将着重讨论焊割的安全用电、防火与防爆、劳动卫生防护、安全管理和焊割实际操作知识要点等。

第二节　焊接与切割安全用电

利用电能转化为热能来加热金属的方法，在现代焊接与切割技术中得到了最大的普及。电能加热的热源可分为电弧热能、电阻热和等离子弧热能等。在焊割作业过程中，电就在操作者手上，电缆在身边，站在焊件上操作时，电就在脚下，因此，电流对操作者可能造成的伤害是主要危害。

一、电流对人体的伤害形式

电流对人体的伤害主要有三种形式，即电击、电伤和电磁场生理伤害。

电击是指电流通过人体内部，破坏心脏、肺部及神经系统的正常功能所造成的伤害。电流引起人的心室颤动是电击致死的主要原因。所谓心室颤动，是指当电流通过心脏时，心脏原有的功能受到破坏，由每分钟 70 次左右的跳动变为每分钟数百次以上细微的颤动。发生心室颤动时，由于颤动极细微，心脏不再起压送血液的作用，使血液循环中止。

电伤是电流的热效应、化学效应或机械效应对人体的伤害，其中主要是直接或间接的电弧烧伤或熔化金属溅出烫伤等。

电磁场生理伤害是指在高频电磁场的作用下，使人呈现出头晕、乏力、记忆力减退、失眠、多梦等神经系统的症状。

人们通常所说的触电事故基本上是指电击而言，因为绝大多数触电死亡事故是由电击造成的。

二、影响电击严重程度的因素

电流通过人体造成危害的严重程度与下列因素有关：流经人体的电流强度；电流通过人体的持续时间；电流通过人体的途径；电流的频率；人体的健康状况等。

1. 流经人体的电流强度

流经人体的电流强度越大，对人体的伤害越严重。这是因为电流越大，人的感觉（如疼痛、麻木等）越强烈，生理反应（痉挛、昏迷、窒息等）越明显，引起心室颤动所需的时间越短，致命危险越大。

能使人感觉到的最小电流称为感知电流，工频交流电约为 1 mA，直流电约为 5 mA。交流电 5 mA 即能引起轻度痉挛。

人触电后自己能摆脱电源的最大电流称为摆脱电流，交流电约为 10 mA，直流电约为 50 mA。

在较短时间内危及生命的电流，称为致命电流，交流电约为 50 mA。在有防止触电保护装置的条件下，人体允许电流一般可按 30 mA 考虑。

2. 电流通过人体的持续时间

电流通过人体的持续时间越长，电击伤害程度越严重。

触电死亡的普遍而重要的原因是心室颤动。对于同样的电流，通电的时间越长，发生心室颤动的可能性越大；通电时间越短，发生心室颤动的可能性越小。而对于同样的通电时间，电流越大，发生心室颤动的可能性越大；电流越小，发生心室颤动的可能性越小。

3. 电流通过人体的途径

一般认为，通过心脏、肺部和中枢神经系统的电流越大，电击的危险性也越大。特别是电流通过心脏时危险性最大，几十毫安的工频交流电即可引起心室颤动，从而导致死亡。电流通过人的头部会使人昏迷，若电流通过脊髓，可能导致肢体瘫痪。

由此可见，从手到脚的电流途径最为危险，因为沿这条途径有较多的电流通过心脏、肺部和脊髓等重要器官；其次是从手到手的电流途径；再次是从脚到脚的电流途径。电流从脚到脚的危险性虽然较小，但很容易因剧烈痉挛摔倒，导致电流通过全身或摔伤、坠落等严重的二次事故。

4. 电流频率

通常采用的工频交流电，应用于电器设备比较合理，但从安全角度看，它对于人体来说是最危险的频率。200 Hz 以上的交流电对心脏的影响则较小。高频电电击的伤害程度比工频电轻得多，但高压高频电流也有电击致命的危险。

5. 健康状况

人体健康状况不同，对电流的敏感程度以及通过同样的电流时的危险程度会有所不同。凡患有心脏病、神经系统疾病、肺结核病等病症的人受电击伤害的程度都比较严重。

三、人体触电方式

按照人体触及带电体的情况不同，触电方式可分为以下几种情况：

（1）单相触电。即人体在地面或其他接地导体上，人体的某一部位触及低压电网一相带电体的触电事故。大部分触电事故都是单相触电事故。

（2）两相触电。即人体两处同时触及低压电网两相带电体的触电事故，此时人体所受的电压可高达 380 V，所以危险性很大。

（3）跨步电压触电。当带电体接地有电流流入地下时，电流在接地点周围土壤中产生电压降，人在接地点周围，两脚之间出现的电压即为跨步电压。由此引起的触电事故称为跨步电压触电。高压故障接地处或有大电流流过的接地装置附近，都可能出现较高的跨步电压。

（4）在 1 000 V 伏以上的高压电器设备上，当人体过分接近带电体时，高压电能将空气击穿，使电流通过人体，此时还伴有高温电弧，能把人烧伤。

四、安全电压

我们知道，通过人体的电流决定于外加电压和人体电阻。

人体的体内电阻基本上不受外界因素的影响，其数值不低于 500 Ω。皮肤电阻随着条件的不同在很大的范围内变化，皮肤表面 0.05～0.2 mm 厚的角质层的电阻高达 10 000～100 000 Ω。但角质层很容易破坏，除去角质层，皮肤电阻一般不低于1 000 Ω。在最不利的情况下，人体电阻仍不低于 650 Ω。所以在通常情况下，人体电阻可按 1 000～1 500 Ω 考虑。

影响人体电阻的因素很多，除皮肤厚薄外，皮肤潮湿、多汗、有损伤、带有导电性粉尘都会降低人体电阻；接触面积加大、接触压力增加也会降低人体电阻；通过电流加大、电流通过时间加长，会增加发热出汗，也会降低人体电阻；接触电压增高，会击穿角质层，并增加发热出汗，也会降低人体电阻。

通常通过人体的电流是不可能事先计算出来的，因此确定安全条件，不按“安全电流”而按“安全电压”来估算。由于在不同环境条件下人体电阻相差很大，而电对人体的作用是以电流大小来衡量的，所以不同环境条件下的安全电压各不相同。

安全电压是指在一定环境条件下，为防止触电事故而采用的由特定电源供电的电压。

对于比较干燥而触电危险较大的环境，人体电阻可按1 000～1 500 Ω 考虑，通过人体的电流可按 30 mA 考虑，则安全电压：

$$U=30\times10^{-3}\times(1\,000\sim1\,500)=30\sim45\ \text{V}$$

我国原规定为 36 V。

对于潮湿而又触电危险性较大的环境，人体电阻应按 650 Ω 考虑，通过人体的电流仍按 30 mA 考虑，则安全电压：

$$U=30\times10^{-3}\times650=19.5\ \text{V}$$

我国原规定为 12 V。

对于在水下或其他由于触电会导致严重二次事故的环境，人体电阻应按 650 Ω 考虑，通过人体的电流应按不引起强烈痉挛的电流 5 mA 考虑，则安全电压：

$$U=5\times10^{-3}\times650=3.25\ \text{V}$$

对此，我国原无规定，国际电工标准会议规定为 2.5 V。

安全电压能将触电时通过人体的电流限制在较小的范围之

内，从而在一定程度上保障了人身安全。

我国于1983年颁布的《安全电压》国家标准（GB3085—83），规定安全电压额定值的等级为42 V，36 V，24 V，12 V，6 V。

五、焊接与切割作业发生触电事故的原因及防范措施

1. 发生触电的危险因素

（1）焊割作业场所经常变动，如在高空焊割作业时，工作环境周围的高压或低压电网，裸导线等；在水下电焊或切割（如喷水式水下电弧切割）时，人体电阻显著降低；阴雨天在室外焊割作业或在地沟里站在泥泞潮湿地等的焊割作业，都增加了触电的危险性。

（2）焊接电源是与220/380 V电力网路连接的，人体一旦接触这部分电气线路（如焊机的插座、开关或破损的电源线等），就很难摆脱。例如，某厂的一台电焊机电源插座的胶木盒有裂纹，焊工在操作中举起棒料时，棒料的一端碰碎闸盒，触及接线柱，人遭电击，经抢救无效死亡。

（3）焊机的空载电压大多超过安全电压，但由于电压不是很高，使人容易忽视。另一方面，由于焊工在操作中与这部分电气线路接触的机会较多（如焊钳或焊枪、焊件、工作台和电缆等），因此它是焊接触电伤亡事故的主要危险因素。为了说明其危险性，我们以焊条电弧焊机空载电压（70 V左右）来作分析。在更换焊条时，如果焊工的手触及焊钳口，则通过一只手和两只脚形成一个回路。假如焊工的手与焊钳口接触良好（接触面积大，手抓得紧），人体电阻 R_r 约为1 000 Ω，此时通过人体的电流 I_r 为：

$$I_r = U/R_r = 70/1\,000 = 0.07\ \text{A} = 70\ \text{mA}$$

但是一般情况下电流强度达不到这个值，因为焊工的手不可能抓得很紧和达到大面积接触，而且还要加上鞋袜的接地电阻。如果是模压底干燥安全鞋，电阻可达10 000 Ω，两只鞋平行，并

联电阻为 5 000 Ω，加上人体电阻 1 000 Ω，则通过人体的电流为：

$$I_r = U/R_r = 70/6\ 000 \approx 0.012\ \text{A} = 12\ \text{mA}$$

这时焊工手部会感到轻度抽搐，但能够扔掉焊钳。

焊接触电伤亡事故大多是发生于下列不利情况：夏天身上出汗或在潮湿地操作，鞋袜潮湿，鞋底又薄等。此时的电阻将降为 1 600 Ω 左右，焊工的手一旦接触焊钳口，通过人体的电流则为：

$$I_r = U/R_r = 70/1\ 600 \approx 0.044\ \text{A} = 44\ \text{mA}$$

这时焊工的手部会发生痉挛，甚至不能摆脱，这样就会有生命危险。例如，某船厂有位焊工在船舱烧电焊，因气温高而且通风不好，身上大量出汗，帆布工作服和皮手套已湿透，在更换焊条时触及焊钳口，造成电击事故，发现后经抢救无效死亡。又如，某厂有位电焊工躺在卡车底盘下进行仰焊作业，身体压在焊接电缆上，因电缆绝缘破损，又加上夏季天气炎热，工作服湿透，造成电击，经抢救无效死亡。

应当强调指出，登高的电焊作业者还会因触电发生痉挛、麻木和惊慌等，从高处跌落，造成二次事故。例如，某厂需焊补锅炉的水箱，焊工启动焊机后，把焊钳夹在腋下，登着钢梯爬上水箱时，因遭电击身体痉挛，从高处摔下。

（4）焊机和电缆由于经常性的超负荷运行，粉尘和酸碱等蒸气的腐蚀，以及室外工作时常受风吹、日晒、雨淋等，绝缘易老化变质，容易出现焊机和电缆的漏电现象，而发生触电事故。

2. 工作环境按触电危险性分类

电焊需要在不同的工作环境中操作，因此应当了解和考虑到工作环境，如潮气、粉尘、腐蚀性气体或蒸气、高温等条件的不同，选用合适的工具和不同电压的照明灯具等，以提高安全可靠性，防止发生触电。按照触电的危险性，工作环境可分为以下三类：

（1）普通环境。这类环境的触电危险性较小，一般应具备的条件为：

① 干燥（相对湿度不超过 75%）。

② 无导电粉尘。

③ 有木料、沥青或瓷砖等非导电材料铺设的地面。

④ 金属占有系数，即金属物品所占面积与建筑物面积之比小于 20%。

(2) 危险环境。凡具有下列条件之一者，均属危险环境。

① 潮湿（相对湿度超过 75%）。

② 有导电粉尘。

③ 用泥、砖、湿木板、钢筋混凝土、金属或其他导电材料制成的地面。

④ 金属占有系数大于 20%。

⑤ 炎热、高温（平均温度经常超过 30℃）。

⑥ 人体能够同时接触接地导体和电器设备的金属外壳。

(3) 特别危险环境。凡具有下列条件之一者，均属特别危险环境。

① 特别潮湿（相对湿度接近 100%）。

② 有腐蚀性气体、蒸气、煤气或游离物。

③ 同时具有上列危险环境的两个以上条件。

锅炉房、化工厂的大多数车间、机械厂的铸工车间、电镀车间和酸洗车间等，以及在容器、管道内和金属构架上的焊接操作，均属于特别危险环境。

3. 焊接发生触电事故的原因

触电是各种电焊工艺和电弧切割、碳弧气刨、等离子弧焊接与切割等的共同的主要危险。焊接发生触电事故的情况往往比较复杂，可能在室内或室外，在高空或容器、地沟、船舱里，在更换焊条时或调节焊接电流、转移工作地点时等。但总起来说，焊接的触电事故发生于下述两种情况：一是触及电焊设备正常运行时的带电体，如接线柱、焊枪或焊钳口等，或者靠近高压电网所发生的电击，即所谓直接电击；另一种是触及意外带电体所发生的电击，即所谓间接电击。意外带电体是指正常情况下不带电，由于绝缘损坏或电器线路发生故障而意外带电的导电体，如漏电的焊机外壳、绝缘外皮破损的电缆等。

（1）焊接发生直接电击事故的原因

① 在电焊操作中，手或身体某部接触到焊条、电极、焊枪或焊钳的带电部分，而脚和身体的其余部位对地和金属结构无绝缘防护；在金属容器、管道、锅炉里及金属结构上的焊接，或在阴雨天、潮湿地的焊接，比较容易发生这种触电事故。

② 在接线或调节焊接电流时，手或身体某部碰触接线柱、极板等带电体。

③ 登高电焊作业触及低压电网、裸导线、接触或靠近高压网络引起的触电事故等。

（2）焊接发生间接电击事故的原因

① 人体碰触漏电的焊机外壳。

② 弧焊变压器的一次绕组对二次绕组之间的绝缘损坏时，变压器反接或错接在高压电源时，手或身体某部触及二次回路的裸导体。

③ 操作过程中触及绝缘破损的电缆、胶木闸盒破损的接线柱、开关等。

④ 由于利用厂房的金属结构、轨道、天车、吊钩或其他金属物体代替焊接电缆而发生的触电事故。

4. 预防触电事故通常采取的措施

为了防止在电焊操作中人体触及带电体，一般可采取绝缘、屏护、间隔、自动断电、保护性接地（接零）和个人防护等安全措施。

（1）绝缘。绝缘是防止触电事故发生的重要措施。但是，绝缘在强电场等因素的作用下会有可能被击穿。除击穿破坏外，由于腐蚀性气体、蒸气、潮气、粉尘的作用和机械损伤，也会降低绝缘的可靠性能或导致绝缘损坏。所以，电焊设备或线路的绝缘必须符合安全规则的要求并与所采用电压等级相配合，必须与周围环境和运行条件相适应。电工绝缘材料的电阻率一般在 10^9 Ω·cm以上。橡胶、胶木、瓷、塑料、布等都是电焊设备和工具常用的绝缘材料。

(2) 屏护。屏护是采用遮栏、护罩、护盖、箱闸等把带电体同外界隔绝开来。对于电焊设备、工具和配电线路的带电部分，如果不便包以绝缘或绝缘不足以保证安全时，可以采用屏护措施。例如，闸刀开关以及接线柱等一般不能包以绝缘，而需要屏护。

屏护装置不直接与带电体接触，因此，如开关箱、胶木盒等对所用材料的电性能没有严格要求。但是，屏护装置所用材料应当有足够的机械强度和良好的耐火性能。凡用金属材料制成的屏护装置，为了防止屏护装置意外带电造成触电事故，必须将屏护装置接地或接零。

(3) 间隔。间隔就是为了防止人体触及焊机、电线等带电体，或为了避免车辆及其他器具碰撞带电体，或为防止因火灾和各种短路等造成的事故，在带电体和地面之间、带电体与其他设施和设备之间、带电体与带电体之间均需保持一定的安全距离。这在电焊设备和电缆布设等方面都有具体规定。

(4) 电焊机的空载自动断电保护装置。

(5) 个人防护用品：绝缘鞋、皮手套、干燥的帆布工作服，橡胶绝缘垫等。

(6) 为防止电焊操作时人体接触意外带电体发生事故，焊机外壳必须采取保护性接地或保护性接零等安全措施。

六、焊接与切割设备的安全要求

1. 焊机的保护性接地和接零装置

无论是焊条电弧焊、氩弧焊还是 CO_2 气体保护焊等，所有各种电焊工艺的交直流焊机，都必须采取保护性接地或接零装置。在电网为三相四线制中性点接地的供电系统中，电焊机必须装设保护性接零装置；在三相三线制对地绝缘的供电系统中，电焊机必须装设保护性接地装置。

（1）焊机保护性接零装置

① 焊机保护性接零的必要性。首先让我们来分析在三相四线制中性点接地供电系统上的电焊设备，不采取保护接零措施的危险性。

如图 2—1 所示，当一相带电部分碰触焊机外壳、人体触及带电的壳体时，事故电流 I_d 经过人体和变压器的工作接地构成回路，其大小为：

$$I_d=\frac{U}{R_r+R_o}$$

式中 U——相电压，$U=220$ V；

R_r——人体电阻，Ω；

R_0——变压器工作接地电阻，Ω。

变压器工作接地电阻 R_0 通常在 4 Ω 以下，人体电阻 R_r 按 1 000 Ω考虑。因为 R_0 比 R_r 小得多，可忽略不计，则通过人体的事故电流为：

$$I_d=220/1\ 000=0.22\ \text{A}=220\ \text{mA}$$

前面提到 50 mA 的工频电流足以使人致命，这里 220 mA 的电流给人带来的危险是可想而知了。另一方面，这个电流强度又不足以使熔断器动作（一般需几十安培），因此，触电危险长期存在。这就说明焊机必须安装保护性接零装置。

② 焊机保护性接零原理。保护接零装置很简单，它是由一根导线的一端连接焊接设备的金属外壳；另一端接到电网的零线上，如图 2—2 所示。

其工作原理是当一相的带电部分碰触焊机外壳时，通过焊机外壳形成该相对零线的单相短路，强大的短路电流立即促使线路上的保护装置迅速动作（如保险丝熔断），外壳带电现象立刻终止，从而达到人身和设备安全的目的。这种把电焊设备正常时不

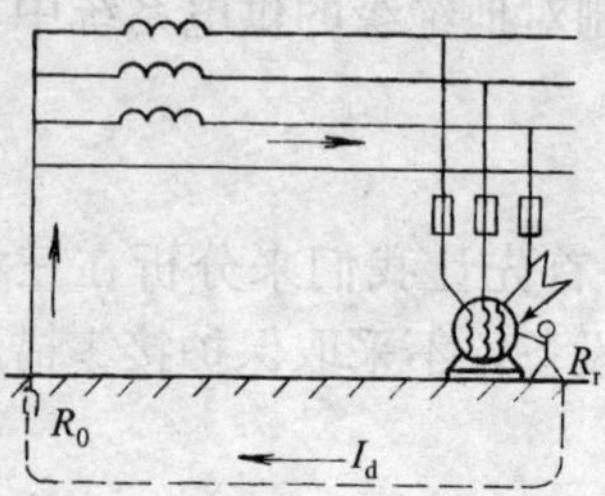

图 2—1　焊机不接零的危险性示意图

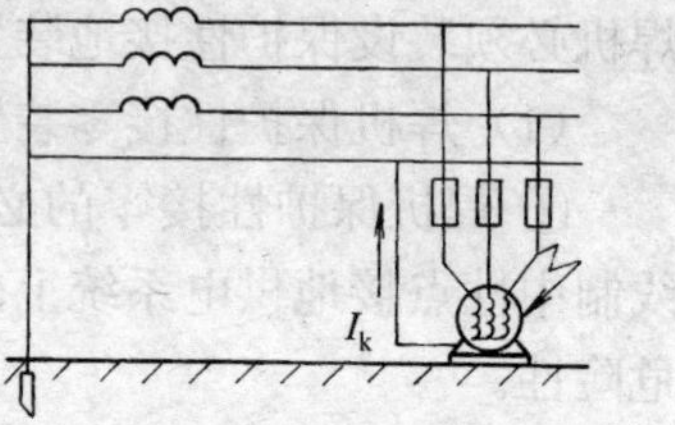

图 2—2　焊机保护性接零原理图

带电的机壳同电网的零线连接起来的安全装置，称为保护性接零装置。

（2）焊机保护性接地装置。首先让我们来分析在三相三线制供电系统上的电焊设备，不采用保护接地措施的危险性。如图 2—3 所示，当一相的带电部分碰触焊机外壳、人体触及带电的壳体时，事故电流 I_d 经人体和电网对地绝缘阻抗 Z 形成回路。其中，Z 是由电网对地分布电容 C 和对地绝缘电阻 R 组成的，并可看作是两者的并联，如图 2—4 所示。一般情况下，绝缘电阻大于分布电容的容抗。电容越大，容抗则越小，电流也就越大；反之，电流则越小。这个电流在一般情况下是不大的，但是如果电网分布很广，则电容很大，或者电网绝缘强度显著下降，那么事故电流就可能达到危险的程度。

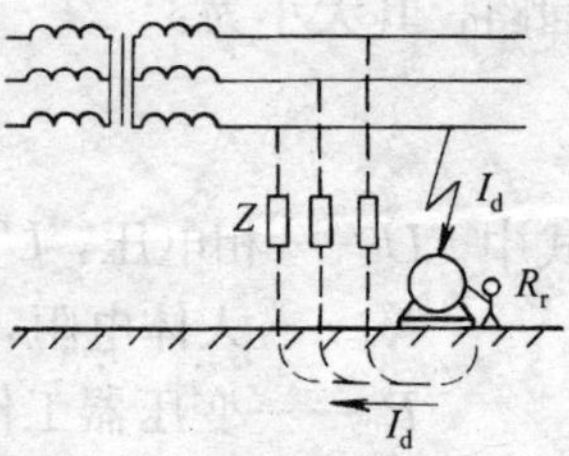

图 2—3　焊机不接地危险性示意图

通过以上讨论，说明有必要采取如图 2—5 所示的焊机保护接地安全措施。从图中可以看出，当焊机的外壳带电、人体触及外壳时，通过人体的电流 I_r 仅是全部事故电流 I_d 的一部分，即：

$$I_r = \frac{R_b}{R_b + R_r} I_d$$

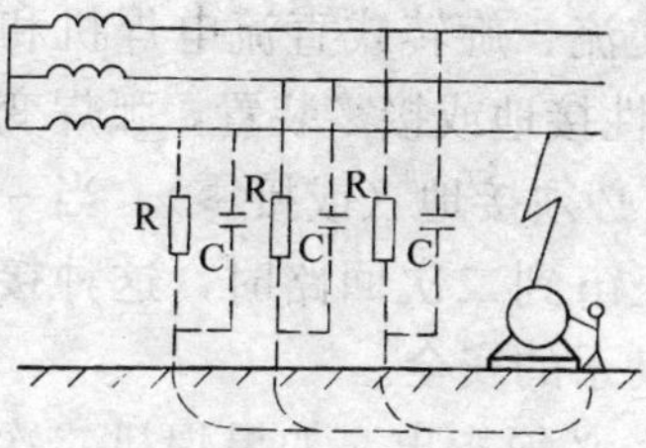

图 2—4 电网绝缘阻抗组成示意图

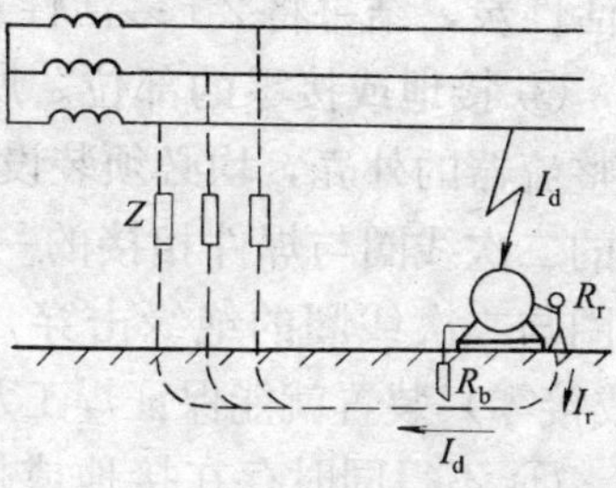

图 2—5 焊机保护接地原理图

式中，R_b 为保护接地装置的接地电阻。显然，R_b 越小，则流经人体的电流也越小。只要我们把 R_b 限制在适当的范围内，就能保障人身安全。因此，在三相三线制中性点不接地的供电系统中，电焊设备必须采取保护性接地装置。保护接地也就是用导线（接地线）将电焊设备外壳与大地紧密地连接起来。

（3）弧焊电源接地与接零安全要求

① 接地电阻。根据有关安全规程（GB9448—99《焊接与切割安全》）的规定，焊机接地装置的接地电阻不得大于 4 Ω。例如，某厂安全检查时，发现有台电焊机没有接地装置。检查人员找到电焊工，提出存在的这个隐患应及时解决。但这位电焊工却说，电焊机的四个轮子接触水泥地，就是接地了。经实地测定表明，铁轮子触地的接地电阻仅为 300 Ω。如前面有关接地原理的讨论说明，这样大的接地电阻一旦触电是不能保证人身安全的。

② 接地体。焊机的接地极可用打入地里深度不小于 1 m，接地电阻小于 4 Ω 的铜棒或无缝钢管。

自然接地极电阻超过 4 Ω 时，应采用人工接地极。否则除可能发生触电危险外，还可能引起火灾事故。例如，某厂的焊工在电焊时，选用车间的避雷针作为接地极。由于避雷针日久陈旧，其接地电阻很大，结果高温引燃了车间的木结构，大火烧毁了车间。又如，某厂的焊工选用新安装的脱附罐作接地极（罐里有 2 t多活性炭）。电焊时由于导线连接处的局部加热，引燃了罐里的活性炭，结果将 2 t 多活性炭全部烧光。

③ 接地或接零的部位。所有交流、旋转式直流电焊机和焊接整流器的外壳，均必须装设保护性接地或接零装置，弧焊变压器的二次线圈与焊件相接的一端也必须接地（或接零）。当一次线圈与二次线圈的绝缘击穿，高压窜到二次回路时，这种接地（或接零）装置就能保证焊工及其助手的安全。

④ 不得同时存在接地或接零。必须指出，如果焊机二次线圈的一端接地或接零时，则焊件不应接地或接零。否则，一旦二次回路接触不良，大的焊接电流可能将接地线或接零线熔断，不但使人身安全受到威胁，而且易引起火灾。为此规定：凡是在有接地或接零装置的焊件上（如机床的部件）进行电焊时，都应将焊件的接地线（或接零线）暂时拆除，焊完后再恢复。在焊接与大地紧密相连的焊件（如自来水管路、房屋的金属立柱等）时，如果焊件的接地电阻小于 4 Ω，则应将焊机二次线圈一端的接地线或接零线暂时拆除，焊完后再恢复。总之，变压器二次端与焊件不应同时存在接地或接零装置。

焊机与焊件的正确与错误的保护性接地与接零关系如图 2—6 所示。

⑤ 接地或接零的导线要有足够的截面积。接地线截面积一般为相线截面的 1/3～1/2；接零线截面积的大小，应保证其容量（短路电流）大于离电焊机最近处的熔断器额定电流的 2.5 倍，或者大于相应的自动开关跳闸电流的 1.2 倍。采用铝线、铜线和钢丝的最小截面，分别不得小于 6 mm^2，4 mm^2，12 mm^2；接地或接零线必须用整根的，中间不得有接头。与焊机及接地体的连接必须牢靠，用螺栓拧紧。在有振动的地方，应当用弹簧垫圈、防松螺母等防松动措施。固定安装的电焊机，上述连接应采用焊接。

⑥ 所有电焊设备的接地（或接零）线，都不得串联接入接地体或零线干线。

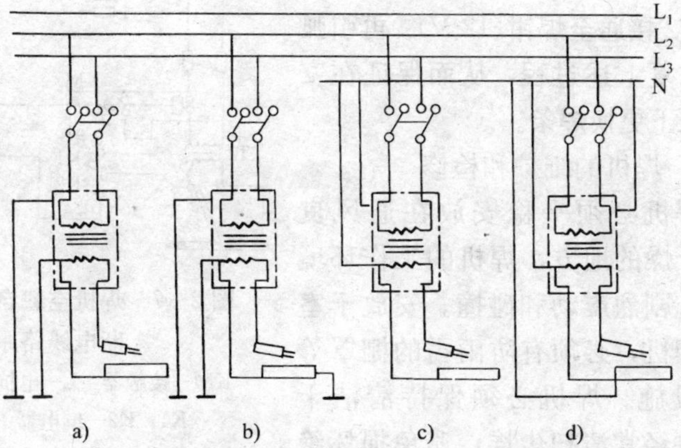

图 2—6　焊机与焊件的正误接地与接零

a) 正确的接地　b) 错误的接地　c) 正确的接零　d) 错误的接零

⑦ 接线顺序。连接接地线或接零线时，应首先将导线接到接地体上或零线干线上，然后将另一端接到电焊设备外壳上。拆除接地线或接零线的顺序则恰好与此相反，应先将接地（或接零）线从设备外壳上拆下，然后再解除与接地体或零线干线的连接，不得颠倒顺序。

2. 焊机空载自动断电保护装置

电弧焊接时，焊工更换焊条需要在焊机处于空载电压的条件下进行。这是一件经常性的操作。为避免焊工在更换焊条时接触二次回路的带电体造成触电事故，可以安装电焊机空载自动断电保护装置，使更换焊条的操作在安全的电压下进行，避免触电危险，同时还可节省电力消耗。安全规则规定，焊机一般都应该装设空载自动断电保护装置，还特别规定，凡是在高空、水下、容器管道内或船舱等处的焊接作业，焊机必须安装空载自动断电装置。

焊机空载自动断电保护装置线路原理如图 2—7 所示。引弧时，继电器的 K2 线圈接通，闭合接触器 KM，焊机电源 T1 接通。

熄弧时，K1 释放，接触器断电，同时将 T2 接通至焊钳(12 V)。再引弧时则重复上述过程，从而保证在安全电压下更换焊条。

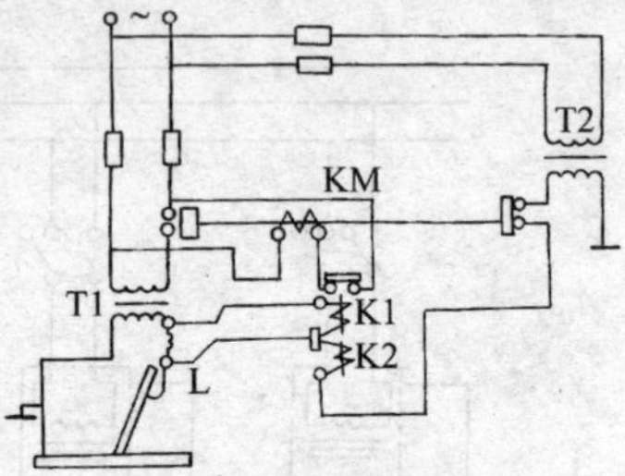

图 2—7　焊机空载自动断电线路原理

KM—接触器　L—电抗器

K1，K2—继电器

3. 焊机的维护和检修

焊机必须平稳安放在通风良好、干燥的地方，焊机的工作环境应防止剧烈震动和碰撞。安放于室外的焊机，必须有防雨雪的棚罩等防护设施。焊机必须保持清洁干净，要经常清扫尘埃，避免损坏绝缘。在有腐蚀性气体和导电性尘埃的场所，焊机必须作隔离维护。受潮的焊机应用人工干燥方法进行维护，受潮严重时必须进行检修。焊机应半年进行一次例行维修保养，发现绝缘损坏、电刷磨损或损坏等应及时检修。

应当避免和减少焊机的超负荷运行。我们知道，电焊设备铭牌中都标有“额定负载持续率”和“额定焊接电流”，这是避免焊机超载和安全使用的重要技术数据。负载持续率的计算方法如下：

$$负载持续率=\frac{在选定的工作时间内焊机负荷的时间}{选定的工作时间周期}\times 100\%$$

我国有关标准规定，对于 500 A 以下的焊机，选定的工作时间周期为 5 min。计算负载持续率时，在实际焊接过程中，每个 5 min 内测量出焊机输出焊接电流的时间（即电弧燃烧时间），代入上式而得出负载持续率。此外，还规定焊条电弧焊机的负载持续率为 60%。铭牌上规定的额定电流，也是在额定负载持续率负荷状态下使用的焊接电流。

七、焊接与切割工具安全要求

1. 焊接电缆安全要求

焊接电缆是连接焊机和焊钳（或焊枪）、焊件等的绝缘导线，应具备下列安全要求：

（1）应具备良好的导电能力和绝缘外层。一般是用紫铜芯线外包胶皮绝缘套制成。绝缘电阻不得小于 1 MΩ。

（2）应轻便柔软，能任意弯曲和扭转，便于操作。因此，电缆芯必须用多股细线组成。如果没有电缆，可用相同导电能力的硬导线代替，但在焊钳连接端至少要用长度为 2～3 m 的软线连接，否则不便于操作。

（3）焊接电缆应具有较好的抗机械性损伤能力，耐油、耐热和耐腐蚀等性能，以适应焊接工作的特点。

（4）要有适当的长度。焊机与配电盘连接的电源线（一次线或动力线）由于其电压较高，除应保证良好绝缘外，长度不得超过 2～3 m。如确需用较长的电源线时，应采取间隔的安全措施，即应离地面 2.5 m 以上沿墙用瓷瓶布设，严禁将电源线拖在现场地面上。

焊机与焊钳（或焊枪）和焊件连接导线的长度，应根据工作时的具体情况决定。太长会增大电压降，太短则不便于操作，一般以 20～30 m 为宜。

（5）要有适当的截面积。焊接电缆的截面积应根据焊接电流的大小，按规定选用，以保证导线不致过热而损坏绝缘层。焊接电缆的过度超载，乃是绝缘损坏的重要原因之一。具体规格见表 2—1。

（6）焊接电缆中间不应有接头。如需用短线接长时，则接头不应超过 2 个，接头应采用铜材料做成，并须连接牢固可靠，保证绝缘良好。

（7）严禁利用厂房的金属结构、管道、轨道或其他金属构件搭接起来作为导线使用。

（8）不得将焊接电缆放在电弧附近或炽热的焊缝金属旁，避免高温烧坏绝缘层。横穿道路或马路时，应加保护套或遮盖，避免碾压磨损等。

表 2—1　焊接电缆截面积与最大焊接电流和电缆长度的关系

导线截面面积 (mm²) ＼ 电缆长度 (m) 最大焊接电流 (A)	15	30	45
200	30	50	60
300	50	60	80
400	50	80	100
600	60	100	—

(9) 焊接电缆的绝缘应定期进行检验，一般为每半年检查一次。

2. 焊钳和焊枪安全要求

焊钳和焊枪是焊条电弧焊、气体保护电弧焊、等离子弧焊的主要工具。它与焊工操作的安全有直接关系，必须符合下列安全要求：

(1) 焊钳和焊枪与电缆的连接必须简便牢靠，接触良好。否则长时间的大电流通过，连接处易发生高热。连接处不得外露，应有屏护装置或将电缆的部分长度深入到握柄内部，以防触电。

(2) 有良好的绝缘性能和隔热能力。由于电阻热往往使焊把发热烫手，因此手柄要有良好的绝热层。气体保护焊的焊枪头应用隔热材料包覆保护。焊钳由夹焊条处至握柄连接处止，间距为152 mm。

(3) 结构轻便、易于操作。焊条电弧焊焊钳的重量不应超过600 g。

(4) 等离子弧焊焊枪应保证水冷系统密封，不漏气、不漏水。

(5) 手弧焊钳应保证在任何斜度下都能夹紧焊条，而且更换焊条方便，能使焊工不必接触带电部分即可迅速更换焊条。

八、触电急救

从事电焊操作的人员，有必要进行对触电者进行抢救基本方法的教育和训练。运用有效的紧急抢救措施，有可能把焊工从遭受致命电击的死亡边缘上抢救回来。

焊工在地面、水下和登高作业时，可能发生低压（1 000 V以下）和高压（1 000 V以上）的触电事故。触电者的生命能否得救，在绝大多数情况下取决于能否迅速脱离电源和救护是否得法。下面着重讨论触电急救的要领。

1. 解脱电源

触电事故发生后，严重电击引起的肌肉痉挛有可能使触电者从线路或带电的设备上摔下来，但有时可能“冻结”在带电体上，电流则不断通过人体。为抢救后一种触电者，迅速解脱电源是首要措施。

（1）低压触电事故

① 电源开关或插座在触电地点附近时，可立即拉开开关或拔出插头，断开电源。但必须注意，拉线开关和平开开关只能断开一根线，此时有可能因没有切断相线，而不能断开电源。

② 如果电源开关或插座在远处，可用有绝缘柄的电工钳等工具切断电线（断开电源），或用干木板等绝缘物插入触电者身下，以隔断电流。

③ 若电线搭落在触电者身上或被压在身下，可用干燥的绳索、木棒等绝缘物作为工具，拉开触电者或拔开电线，使触电者脱离电源。

④ 如果触电者的衣服是干燥的，又没有紧缠在身上，可以用一只手抓住触电者的衣服，使其脱离电源。但因触电者的身体是带电的，鞋的绝缘也可能遭到破坏，救护人不得接触触电者的皮肤，也不能抓住他的鞋。

（2）高压触电事故

① 立即通知有关部门停电。

② 带上绝缘手套，穿上绝缘靴，采用相应电压等级的绝缘工具拉开开关或切断电线。

③ 采用抛、掷、搭、挂裸金属线使线路短路接地，迫使保护装置动作，断开电源。但必须注意，金属线的一端应先可靠接地，然后抛掷另一端。抛掷的另一端不可触及触电者和其他人。

（3）注意事项。上述使触电者脱离电源的方法，应根据具体情况，以迅速而安全可靠为原则来选择采用，同时要遵循以下注意事项：

① 防止触电者脱离电源后可能的摔伤，特别是触电者在登高作业的情况下，应考虑防摔措施。即使在平地，也要考虑触电者倒下的方向，防止摔伤。

② 夜间发生触电事故时，应迅速解决照明问题，以利于抢救，并避免扩大事故。

③ 救护人在任何情况下都不可直接用手或其他金属或潮湿的物件作为救护工具，而必须使用适当的绝缘工具。救护人最好用一只手操作，以防自己触电。

2. 救治方法

触电急救最主要的、有效的方法是人工氧合，它包括人工呼吸和心脏挤压（即胸外心脏按摩）两种方法。

（1）人工呼吸法。人工呼吸法是在触电者伤势严重，呼吸停止时应用的急救方法。各种人工呼吸法中，以口对口（鼻）人工呼吸法效果最好，而且简单易学，容易掌握。其操作要领是：

① 使触电者仰卧，将其头部侧向一边，张开触电者的嘴，清除口中的血块、假牙、呕吐物等异物；解开衣领使其呼吸道畅通；然后使头部尽量后仰，鼻孔朝天，下颚尖部与前胸部大致保持在一条水平线上。

② 使触电者鼻孔紧闭，救护人深吸一口气后紧贴触电者的口向内吹气，为时约 2 s。

③ 吹气完毕，立即离开触电者的口，并松开触电者的鼻孔，

让他自行呼气，为时约 3 s。如此反复进行。

（2）心脏挤压法。如果触电者呼吸没停而心脏跳动停止了，则应当进行胸外心脏挤压。应使触电者仰卧在比较坚实的地或木板上，与上述人工呼吸法的姿势相同，操作方法如下：

① 救护人跪在触电者腰部一侧或骑跪在他身上，两手相叠。手掌根部放在离心窝稍高一点的地方，即两乳头间稍下一点，胸骨下三分之一处。

② 掌根用力向下（脊背方向）挤压，压出心脏里面的血液。对成年人应压陷 3～4 mm，每秒钟挤压一次，每分钟挤压 60 次为宜。

③ 挤压后掌根迅速全部放松，让触电者胸廓自动复原，血液充满心脏，放松时掌根不必完全离开胸廓。如此反复进行。

应当指出，心脏跳动和呼吸是互相联系的，心脏跳动停止了，呼吸很快就会停止；呼吸停止了，心脏跳动也维持不了多久。一旦呼吸和心脏跳动都停止了，则应当同时进行口对口人工呼吸和胸外心脏挤压。如果现场仅一个人抢救，则两种方法交替进行：每吹气 2～3 次，再挤压 10～15 次。

触电急救工作贵在坚持不懈，切不可轻率中止。急救过程中，如果触电者身上出现尸斑或僵冷，经医生作出无法救活的诊断后，方可停止人工氧合。

第三节　焊接与切割防火与防爆

一、燃烧和爆炸的基础知识

1. 燃烧与火灾

（1）燃烧现象。我们知道，燃烧是一种放热发光的氧化反应，例如气焊时乙炔的燃烧：

$$2C_2H_2+5O_2 \xlongequal{\text{燃烧}} 4CO_2+2H_2O+Q$$

最初，氧化被认为仅是氧气与物质的化合，但现在则被理解为：凡是可使被氧化物质失去电子的反应，都属于氧化反应。例如氯和氢的化合：

$$H_2+Cl_2 \xlongequal{燃烧} 2HCl+Q$$

氯从氢中取得一个电子，因此，氯在这种情况下即为氧化剂。这就是说，氢被氯氧化，放出热量并呈现出火焰。此时，虽然没有氧气参与反应，但发生了燃烧。又如铁能在硫中燃烧，铜能在氯中燃烧等。然而，物质与空气中的氧所起的反应毕竟是最普遍的，是火灾和爆炸事故最主要的原因。所以我们主要讨论这一形式的燃烧。

（2）氧化与燃烧。物质的氧化反应现象是普遍存在着的，由于反应的速度不同，可以体现为一般的氧化现象和燃烧现象。当氧化反应速度比较慢时，例如，油脂或煤堆在空气中缓慢与氧的化合，铁的氧化生锈等，虽然在氧化反应时也是放热的，但由于热量又很快散失掉，因而没有发光现象。如果是剧烈的氧化反应，则会同时放出光和热，即是燃烧，例如，由于散热不良，热量积聚，不断加快煤堆的氧化速度，从而导致煤堆的燃烧；赤热的铁块在纯氧中剧烈氧化燃烧等。这就是说，氧化和燃烧都是同一种化学反应，只是反应的速度和发生的物理现象（热和光）不同。在生产和日常生活中发生的燃烧现象，大都是可燃物质与空气（氧）的化合反应，也有一些是分解反应。

（3）燃烧的条件。燃烧是有条件的，它必须在可燃物质、助燃物质和火源这三个基本条件同时具备，并且相互作用才能发生。

着火源是指具有一定温度和热量的能源，也可以把能引起可燃物质着火的能源称为着火源。常见的着火源有火焰、电火花、电弧和炽热物体等。

在研究燃烧的条件时还应当注意到，上述燃烧的三个基本条件在数量上的变化。条件变化会使燃烧速度改变甚至使燃烧停止。例如，空气中的氧含量降低到16%～14%时，木材的燃烧即行停止；如果在可燃气体与空气的混合物中，减小可燃气体的浓度，那么燃烧速度会减慢，甚至会停止燃烧。着火源如果不具备一定的温度和足够的热量，燃烧也不会发生，例如，从炉子里飞溅出的火星可以点燃油棉丝或刨花，但如果溅落在大块木材上，则很快就熄灭，不能引起燃烧，这是因为这种着火源虽然有超过木材着火的温度，但却缺乏足够热量的缘故。

2. 燃烧的类型

燃烧可分为闪燃、自燃和着火等类型，每一种类型的燃烧都有其各自的特点。研究防火技术，就必须具体分析每一种类型燃烧的特征及其发生的规律，才能有针对性地采取有效的防火与灭火措施。

（1）闪燃。可燃液体的温度不高时，液面上少量的可燃蒸气与空气混合后，遇着火源而发生一闪即灭（延续时间少于5 s）的燃烧现象，称闪燃。除了可燃液体以外，某些能蒸发出可燃蒸气的固体，如石蜡、樟脑、萘等，其表面上所产生的蒸气达到一定的浓度时，与空气混合而成为可燃的气体混合物，若与明火接触，也能出现闪燃现象。

可燃液体发生闪燃的最低温度，称为闪点。闪点越低，则火灾危险性越大，如乙醚的闪点为－45℃，而煤油为28℃，说明乙醚比煤油的火灾危险性大，还表明乙醚具有低温火灾危险性。

闪燃是可燃液体发生着火的前奏，从消防的观点来说，闪燃就是火灾危险的警告。因此，研究焊接火灾危险性时，闪燃现象是必须掌握的一种燃烧类型。

（2）着火。可燃物质在某一点被着火源引燃后，若该点上燃烧所放出的热量足以把邻近的可燃物层提高到燃烧所必须的温度，火焰就可蔓延。因此，所谓着火就是可燃物质与火源接触后能燃烧，并在火源移去后仍保持继续燃烧的现象。可燃物质发生着火的最低温度称为着火点（或燃点），例如，木材的着火点为295℃，纸张为130℃等。

（3）自燃。可燃物质受热升温而不需明火作用就能自行燃烧的现象称为自燃。引起自燃的最低温度称为自燃点，例如，煤的自燃点为320℃，氨为780℃。自燃点越低，发生火灾的危险性越大。

根据可燃物质升温的热量来源不同，自燃可分为受热自燃和本身自燃。

① 受热自燃。可燃物质由于外界加热，温度升高至自燃点而发生自行燃烧的现象，称为受热自燃，例如，火焰隔锅加热引起锅里油的自燃。

② 自热自燃。可燃物质由于自身的化学反应、物理作用或生物作用等所产生的热量，使温度升高至自燃点而发生自行燃烧的现象，称为自热自燃。

由于可燃物质的自热自燃不需要外来热源，所以在常温甚至在低温下也能发生自燃。因此，能够发生自热自燃的可燃物质比其他可燃物质的火灾危险性更大。

3. 火灾及其分类

（1）火灾。在生产过程中，凡是超出有效范围的燃烧统称为火灾。例如，气焊时或烧火做饭时，将周围的可燃物（油棉丝，汽油、劈柴等）引燃，进而燃毁设备、家具和建筑物、烧伤人员等，这就超出了气焊和做饭的有效范围。在消防部门有火灾和火警之分，其共同点是超出了有效范围的燃烧，不同点是火灾指造成人身和财产的一定损失，否则称为火警。

（2）火灾的分类。根据GB 4968—1985《火灾分类》，按照物质燃烧的特征，可把火灾分为四类。

A类火灾：指固体物质火灾。这种物质往往具有有机物的性质，一般在燃烧时能产生灼热的余烬，如木材、棉、毛、麻、纸张火灾等。

B类火灾：指液体火灾和可熔化的固体物质火灾。如汽油、煤油、柴油、原油、甲醇、乙醇、沥青、石蜡火灾等。

C类火灾：指气体火灾，如煤气、天然气、甲烷、乙烷、丙烷、氢气火灾等。

D类火灾：指金属火灾，如钾、钠、镁、钛、锆、锂、铝镁合金火灾等。

上述分类方法对防火和灭火，特别是对选用灭火剂有指导意义。

4. 爆炸及其分类

（1）爆炸。广义地说，爆炸是物质在瞬间以机械功的形式释放出大量气体和能量的现象。爆炸发生时会伴随着压力的急骤升高和巨大声响，其主要特征是压力的急骤升高。例如，在气焊操作中一旦乙炔罐发生爆炸，人们会忽然听到一声巨响，会看到炸坏的罐体带着火光和浓烟腾空而起，如爆炸发生于室内，还会有建筑物的破片向四处飞去。

所谓“瞬间”是指爆炸是在极短时间内发生的，例如，乙炔罐里的乙炔与氧气的混合气体发生爆炸时，大约在 0.01 s 内完成下列化学反应：

$$2C_2H_2+5O_2=4CO_2+2H_2O+Q$$

同时释放出大量热量和二氧化碳、水蒸气等气体，能使罐内压力升高 10～13 倍，其爆炸威力可使罐体离地 20～30 m。

（2）爆炸的分类。爆炸可分为物理性爆炸和化学性爆炸两类：

① 物理性爆炸。是由物理变化（温度、体积和压力等因素）引起的。物理性爆炸的前后，爆炸物质的性质及化学成分均不改变。

锅炉的爆炸是典型的物理性爆炸，其原因是过热的水迅速蒸发出大量蒸汽，由于蒸汽压力的不断提高，当超过锅炉的极限强度时，就会发生爆炸。又如氧气钢瓶受热升温，引起气体压力增高，当压力超过钢瓶的极限强度时即发生爆炸。

② 化学性爆炸。是物质在短时间内完成化学变化，形成其他物质，同时产生大量气体和能量的现象。

5. 爆炸极限

（1）定义。可燃物质（可燃气体、蒸气和粉尘）与空气（或氧气）必须在一定的浓度范围内均匀混合，形成预混气，遇着火源才会发生爆炸，这个浓度范围称为爆炸极限（或爆炸浓度极限）。例如，氢与空气混合物的爆炸极限为4%～75%，乙炔与空气混合物的爆炸极限为2.2%～81%等。

可燃物质的爆炸极限受诸多因素的影响。温度越高、压力越大、氧含量越高、火源能量越大，可燃气体的爆炸极限变宽。

（2）单位。可燃气体和蒸气爆炸极限的单位，是以可燃气体和蒸气在混合物中所占体积的百分比（%）即体积分数来表示的，如一氧化碳与空气混合物的爆炸极限为12.5%～80%。可燃粉尘的爆炸极限是以在混合物中所占单位体积的质量（g/m^3）即质量分数来表示的，例如，铝粉的爆炸极限为40 g/m^3。我们将可燃性混合物能够发生爆炸的最低浓度和最高浓度，分别称为爆炸下限和爆炸上限，如上面所列的12.5%和80%。这两者有时亦称为着火下限和着火上限，在低于爆炸下限和高于爆炸上限浓度时，可燃性混合物不爆炸，也不着火。

可燃性混合物的爆炸极限范围越宽，爆炸下限越低和爆炸上限越高时，爆炸危险性越大。这是因为爆炸极限越宽则出现爆炸条件的机会越多；爆炸下限越低则少量可燃物（如可燃气体稍有泄漏）就会形成爆炸条件；爆炸上限越高，则有少量空气渗入容器，就能与容器内的可燃物混合形成爆炸条件。生产过程中，应根据各种可燃物所具有爆炸极限的不同特点采取严防跑、冒、滴、漏和严格限制外部空气渗入容器与管道内等的安全措施。

应当指出，可燃性混合物的浓度高于爆炸上限时，虽然不会着火和爆炸，但当它从容器或管道里逸出，重新接触空气时却能燃烧，仍有发生着火的危险。

6. 燃烧和化学性爆炸的关系

燃烧和化学性爆炸就其本质来说是相同的，都是可燃物质的氧化反应。它们的主要区别在于氧化反应的速度不同。例如，1 kg整块煤完全燃烧时需要 10 min，而 1 kg 煤气与空气混合发生爆炸时，只需 0.2 s，两者的燃烧热值都是 2 931 kJ。

由于燃烧和化学性爆炸主要区别于物质的燃烧速度，所以，火灾和爆炸的发展过程有显著的不同。火灾有初起阶段、发展阶段、强盛阶段和衰弱熄灭阶段，造成的损失随着时间的延续而加重，因此，一旦发生火灾，如能尽快地进行扑救，即可减少损失。化学性爆炸实质上是瞬间的燃烧，通常是 1 s 之内爆炸过程已经完成，由于爆炸威力所造成的人员伤亡、设备毁坏和厂房倒塌等巨大损失，均发生在顷刻之间，猝不及防，因此，爆炸一旦发生，损失已无从减免。

燃烧和化学性爆炸还存在着这样的关系，即两者可随条件而相互转化。同一物质在一种条件下可以燃烧，在另一种条件下则可能爆炸，例如，煤块只能缓慢地燃烧，如果将它磨成煤粉，与空气混合后就可能爆炸，这说明燃烧和化学性爆炸在本质上是相同的。由于燃烧和化学性爆炸可以随条件而转化，所以生产过程发生的事故，有些情况下会是先爆炸后着火，例如，油罐、电石库或乙炔发生器爆炸之后，随之往往是一场大火；而在某些情况下则是先着火而后爆炸，例如，抽空的油槽车着火后，可燃蒸气不断消耗，在不能及时补充较多的可燃蒸气时，当蒸气浓度下降，进入爆炸极限范围后，即发生爆炸。

二、焊接与切割作业发生火灾爆炸事故原因及防范措施

1. 火灾爆炸事故的一般原因

火灾和爆炸事故的原因具有复杂性。但焊割作业过程中发生的这类事故主要是由于操作失误、设备的缺陷、环境和物料

的不安全状态、管理不善等引起的。因此，火灾和爆炸事故的主要原因基本上可以从人、设备、环境、物料和管理等方面加以分析。

（1）人的因素。对焊割作业发生的大量火灾与爆炸事故的调查和分析表明，有不少事故是由于操作者缺乏有关的科学知识、在火灾与爆炸险情面前思想麻痹、存在侥幸心理、不负责任、违章作业等引起的。在事故发生之前漫不经心，事故发生时则惊慌失措。

（2）设备的原因。例如，焊割设备缺乏必要的安全防护装置、密闭不良、制造工艺的缺陷，设计错误且不符合防火或防爆的要求、选材不当等。

（3）物料的原因。例如，焊割设备（乙炔瓶、氧气瓶等）在运输装卸时受剧烈震动、撞击，可燃物质的自燃、各种危险物品的相互作用等。

（4）环境的原因。例如，焊割作业现场杂乱无章，在电弧或火焰附近以及登高焊割作业点下方（周围 10 m 内）存放可燃易爆物品，高温、通风不良、雷击等。

（5）管理的原因。规章制度不健全，没有合理的安全操作规程，没有设备的计划检修制度；焊割设备和工具年久失修；生产管理人员不重视安全，不重视宣传教育和安全培训等。

2. 防火技术的基本理论及防范措施

（1）防火技术的基本理论。根据燃烧必须是可燃物、助燃物和着火源这三个基本条件相互作用才能发生的道理，采取措施，防止燃烧三个基本条件的同时存在或者避免它们的相互作用，这是防火技术的基本理论。所有防火技术措施都是在这个基本理论的指导下采取的，或者可以这样说，全部防火技术措施的实质，即是防止燃烧基本条件的同时存在或避免它们的相互作用。例如，在汽油库里或操作乙炔发生器时，由于有空气和可燃物（汽油或乙炔）存在，所以规定必须严禁烟火，这就是防止燃烧的条件之一——火源存在的一种措施。又如，安全规则规定气焊操作点（火焰）与乙炔发生器之间的距离必须在10 m以上，乙炔发生器与氧气瓶之间的距离必须在5 m以上，电石库距明火、散发火花的地点必须在30 m以上等。采取这些防火技术措施是为了避免燃烧三个基本条件的相互作用。

(2) 防火的基本技术措施

① 消除着火源。研究和分析燃烧的条件说明这样一个事实：防火的基本原则主要应建立在消除火源的基础之上。人们不管是在自己家中或办公室里还是在生产现场，都经常处在或多或少的各种可燃物质包围之中，而这些物质又存在于人们生活所必不可少的空气中。这就是说，具备了引起火灾燃烧的三个基本条件中的两个条件。结论很简单：消除火源。只有这样，才能在绝大多数情况下满足预防火灾和爆炸的基本要求。火灾原因调查实际上就是查出是哪种着火源引起的火灾。

消除着火源的措施很多，如在电石库及其他防爆车间、库房安装防爆灯具，在操作乙炔瓶或乙炔发生器时禁止烟火，又如接地、避雷、防静电放电、隔离和控温等。

② 控制可燃物。防止燃烧三个基本条件中的任何一条，都可防止火灾的发生。如果采取消除燃烧条件中的两条，就更具安全可靠性。例如，在电石库防火条例中，通常采取防止火源和防止产生可燃物乙炔的各种有关措施。

控制可燃物的措施主要有：防止可燃物质的跑、冒、滴、漏，如防止乙炔瓶、乙炔发生器、液化石油气瓶、氧气瓶、乙炔及氧气管道漏气；对于那些相互作用能产生可燃气体或蒸气的物品应加以隔离，分开存放。例如，电石与水接触会相互作用产生乙炔气，所以必须采取防潮措施，禁止自来水管道、热水管道通过电石库。在生活中和生产的可能条件下，以难燃和不燃材料代替可燃材料，如用水泥代替木材建筑房屋；降低可燃物质（可燃气体、蒸气和粉尘）在空气中的浓度，如化工和燃料设备管道置换焊补，用惰性介质（N_2、CO_2 等）吹扫可燃气体或蒸气。又如在车间或库房采取全面通风或局部排风，使可燃物不易积聚，从而不会超过最高允许浓度，等等。

③ 隔绝空气。在必要时可以使生产在真空条件下进行，或在设备容器中充装惰性介质保护。例如，乙炔发生器在加料后，应采取惰性介质氮气吹扫发气室；也可将可燃物隔绝空气贮存，如钠存于煤油中，磷存于水中、二硫化碳用水封存放，等等。

④ 防止形成新的燃烧条件，阻止火灾范围的扩大。设置阻火装置，如在乙炔发生器上设置水封回火防止器，或水下气割时在割炬与胶管之间设置阻火器，一旦发生回火，可阻止火焰进入乙炔罐内，或阻止火焰在管道里蔓延；在车间或仓库里筑防火墙，安防火门，或在建筑物之间留防火间距，一旦发生火灾，使之不能形成新的燃烧条件，从而防止扩大火灾范围。

综上所述，一切防火技术措施都包括两个方面：一是防止燃烧基本条件的产生；二是避免燃烧基本条件的相互作用。

⑤ 火灾报警器。由于火灾的发展过程有初起阶段（冒烟、阴燃）、发展阶段、强盛阶段、减弱阶段和熄灭阶段，因此，可利用初起阶段的特征，研制和安装感烟报警器、感热报警器和感光报警器等。

各种焊割工艺的防火具体技术措施，在后面有关章节讨论。

3. 防爆技术基本理论

（1）可燃物质爆炸的条件。可燃物质（可燃气体、蒸气和粉尘）发生爆炸需同时具备下列三个基本条件：

① 存在着可燃物质，包括可燃气体、蒸气或粉尘。

② 可燃物质与空气（或氧气）混合并且在爆炸极限范围内，形成爆炸性混合物。

③ 爆炸性混合物在火源作用下。

对于每一种爆炸性混合物，都有一个能引起爆炸的最小点火能量，低于该能量，混合物就不爆炸。例如，氢气的最小点火能量为 0.017 mJ，乙炔为 0.019 mJ，丙烷为 0.305 mJ 等。

（2）防爆技术的基本理论。防止可燃物质爆炸的三个基本条件同时存在，是防爆技术的基本理论。也可以说防止可燃物质爆炸的所有技术措施的实质，就是防止爆炸三个基本条件的同时存在。

在焊割作业过程中，接触可燃气体、蒸气和粉尘的种类繁多，而且操作过程情况复杂，因此，需要根据不同的条件采取各种相应的防护措施。但总起来说，预防爆炸的措施，都是在防爆技术基本理论指导下采取的。

4. 防爆基本技术措施

（1）预防形成爆炸性混合物

① 防止泄漏。即防止可燃气体、蒸气和粉尘的跑、冒、滴、漏。

② 正压操作。防止空气进入容器和燃气管道系统。

③ 通风换气。及时排出车间或库房的可燃物。

④ 色标。如规定气焊与气割的乙炔胶管为红色，氧气胶管为蓝色；氧气瓶外表涂天蓝色，乙炔瓶涂白色，液化石油气瓶涂银灰色等。

⑤ 惰性介质保护。

⑥ 其他。如多位阀、置换动火等。

（2）消除着火源（同防火技术措施）。

（3）削弱爆炸威力的升级。如在乙炔发生器的罐体安装爆破片（防爆膜），还有抑爆装置等。

（4）安装防爆安全装置。总的来说，包括阻火装置（水封式回火防止器、干式阻火器等）；泄压装置（安全阀、爆破片）；指示装置（压力表、温度计、水位计），抑爆装置等。

（5）测爆仪。各种焊割工艺的防爆具体技术措施，在后面有关章节讨论。

三、火灾爆炸事故紧急处理方法

1. 扑救初起火灾和爆炸事故的安全原则

(1) 及时报警、积极主动扑救。焊割作业地点及其他任何场所一旦发生着火或爆炸事故，都要立即报警。在场的作业人员不应惊慌，而应沉着冷静，利用事故现场的有利条件（如灭火器材、干沙、水池等）积极主动地投入扑救工作，消防队到达后，亦应在统一指挥下协助和配合。

(2) 救人重于救火的原则。火灾爆炸现场如果有人被围困时，首要的任务就是把被围困的人员抢救出来。

(3) 疏散物质、建立空间地带。将受到火势威胁的物质疏散到安全地带，以阻止火势的蔓延，减少损失。抢救顺序是，先贵重物质，后一般物质。

(4) 扑救工作应有组织地有序进行，并且应特别注意安全，防止人员伤亡。

2. 电气火灾的紧急处理

焊割作业场所发生电气火灾时的紧急处理方法主要有：

(1) 禁止无关人员进入着火现场，以免发生触电伤亡事故。特别是对于有电线落地、已形成了跨步电压或接触电压的场所，一定要划分出危险区域，并有明显的标志和专人看管，以防误入而伤人。

(2) 迅速切断焊割设备和其他设备的电源，保证灭火的顺利进行。其具体方法是：通过各种开关来切断电源，但关掉各种电气设备和拉闸的动作要快，以免拉闸过程中产生的电弧伤人；通知电工剪断电线来切断电源，对于架空线，应在电源来的方向断电。

(3) 正确选用灭火剂进行扑救。扑救电气火灾的灭火剂通常有干粉、卤代烷、二氧化碳等，在喷射过程中要注意保持适当距离。

(4) 采取安全措施，带电进行灭火。用室内消火栓灭火是常用的重要手段。为此，要采取安全措施，即扑救者要穿戴绝缘手套、胶靴，在水枪喷嘴处连接接地导线等，以保证人身安全和有效地进行灭火。在未断电或未采取安全措施之前，不得用水或泡沫灭火器救火，否则容易触电伤人。

3. 气焊与气割设备着火的紧急处理

（1）电石桶、电石库房等着火时，不能用水或泡沫灭火器救火，因为泡沫灭火剂化学反应产生的水分可助长电石分解，使火势扩大；也不能用四氯化碳灭火器扑救，应当用干砂、干粉灭火器和二氧化碳灭火器扑救。

（2）乙炔发生器着火时，应先关闭出气阀门，停止供气并使电石与水脱离接触。可用二氧化碳灭火器或干粉灭火器扑救，禁止用四氯化碳灭火器、泡沫灭火器或水进行扑救。采用四氯化碳灭火器扑救乙炔的着火，不仅有发生乙炔与氯气混合气爆炸的危险，而且还会产生剧毒气体光气（$COCl_2$）。

（3）液化石油气瓶在使用或贮运过程中，如果瓶阀漏气而又无法制止时，应立即把瓶体移至室外安全地带，让其逸出，直到瓶内气体排尽为止。同时，在气态石油气扩散所及的范围内，禁止出现任何火源。

如果瓶阀漏气着火，应立即关闭瓶阀。若无法靠近时，应立即用大量冷水喷注，使气瓶降温，抑制瓶内升压和蒸发，然后关闭瓶阀，切断气源灭火。

（4）氧气瓶着火时，应迅速关闭氧气阀门，停止供氧，使火自行熄灭。如邻近建筑物或可燃物失火，应尽快将氧气瓶搬出，转移到安全地点，防止受火场高热影响而爆炸。

四、灭火措施

一旦发生火灾，只要消除燃烧条件中的任何一条，火就会熄灭，这就是灭火技术的基本理论。在此基本理论指导下，常用的灭火方法有隔离、冷却和窒熄（隔绝空气）等。

1. 隔离法

隔离法就是将可燃物与着火源（火场）隔离开来，燃烧会因而停止。例如，装盛可燃气体、可燃液体的容器或管道发生着火事故或容器管道周围着火时，应立即采取以下措施。

（1）设法关闭容器与管道的阀门，使可燃物与火源隔离，阻止可燃物进入着火区。

（2）将可燃物从着火区搬走，或在火场及其邻近的可燃物之间形成一道“水墙”加以隔离。

（3）阻拦正在流散的可燃液体进入火场，拆除与火源毗连的易燃建筑物等。

2. 冷却法

冷却法就是将燃烧物的温度降至着火点（燃点）以下，使燃烧停止；或者将邻近着火场的可燃物温度降低，避免形成新的燃烧条件。如常用水或干冰（二氧化碳）进行降温灭火。

3. 窒息法

窒息法就是消除燃烧的条件之一——助燃物（空气、氧气或其他氧化剂），使燃烧停止。主要是采取措施，阻止助燃物进入燃烧区，或者用惰性介质和阻燃性物质冲淡稀释助燃物，使燃烧得不到足够的氧化剂而熄灭。采取窒息法的常用措施有：将灭火剂如四氯化碳、二氧化碳、泡沫灭火剂等不燃气体或液体喷洒覆盖在燃烧物表面上，使之不与助燃物接触；用惰性介质或水蒸气充满容器设备，将正在着火的容器设备封严密闭；用不燃或难燃材料捂盖燃烧物，等等。

4. 灭火器材的选用

为能迅速地扑灭生产过程中发生的火灾，必须按照生产工艺过程的特点、着火物质的性质、灭火物质的性质及取用是否便利等原则来选择灭火剂。否则灭火效果有时会适得其反。例如，某铁道货场，存放 50 t P_2S_5，因吸潮自燃起火，由于错误地用水灭火，结果因产生大量 H_2S；造成 116 人中毒及重大财产损失。表 2—2 所列为不同类别火灾灭火器的配置。

表 2—2　　不同类别火灾灭火器的配置

火灾类别	A 类	B 类	C 类	D 类	E 类
适用的灭火器	水系、泡沫、磷酸铵盐干粉（ABC）灭火器	干粉、泡沫、二氧化碳、卤代烷灭火器	干粉、二氧化碳、卤代烷灭火器	金属火灾用干粉专用灭火器	干粉、二氧化碳、卤代烷灭火器

第四节　特殊焊割作业安全技术

在化工、石油、建筑、造船、沿海大陆架开发和海上打捞工程中，需要在特殊的作业环境如水下或高空进行焊割操作；在焊接加工对象具有易燃易爆等特殊危险性时，如油罐、燃气管道等的检修焊补，必须采取相应的措施，以确保焊补过程的安全。下面介绍化工燃料容器与管道焊补、登高焊割作业和水下焊割作业等的安全措施。

一、化工及燃料容器管道焊补安全技术

燃料容器（桶、罐等）与管道因受腐蚀或因材料和制造工艺有缺陷，在使用中可能产生穿孔和裂缝而需焊补。这类焊接操作往往任务急、时间紧，需在易燃易爆易中毒的情况下进行，有时甚至还要在高温高压下进行抢修焊补，稍有疏忽，就极易发生爆炸、火灾和中毒事故。某些情况下这类事故往往可引起整座厂房或整个燃料供应系统爆炸着火，后果极为严重。

1. 置换动火与带压不置换动火

燃料容器、管道的焊补，目前主要有置换动火与带压不置换动火两种方法。

置换动火就是在焊接动火前实行严格的惰性介质置换，将原有的可燃物排出，使设备管道内的可燃物含量达到安全要求，经确认不会形成爆炸性混合物后，才动火焊补的方法。

置换动火是人们从长期生产实践中总结出来的经验，它将爆炸的条件减到最少，是比较安全妥善的办法，在设备、管道的检修工作中一直被广泛采用。但是采用置换法时，设备或管道需暂停使用；需要用惰性介质进行置换；置换过程中要不断取样分析，直至合格后才能动火；动火以后还要再置换。这样的方法手续多，置换作业耗费时间长，影响生产。此外，如系统设备管道中弯头死角多，往往不易置换干净而留下事故隐患。若置换不彻底，仍有发生爆炸的危险。

燃料容器的带压不置换动火，目前主要用于可燃液体和可燃气体容器管道的焊补。它要求严格控制氧的含量，使工作场所不能形成达到爆炸范围的混合气体，在燃料容器或管道处于正压状态条件下进行焊补。通过对含氧量的控制，使可燃气体含量大大超过爆炸上限，然后让它以稳定不变的速度，从设备或管道的裂缝处逸出，与周围空气形成一个燃烧系统。点燃可燃性气体，并以稳定的条件保持这个燃烧系统，控制气体在燃烧过程中不致发生爆炸。

带压不置换法不需要置换原有的液体或气体，有时可以在不停车的情况下进行（如焊补气柜）。只要有专人负责控制关键岗位气体中氧的含量和压力符合要求并保持稳定即可。它的手续少，作业时间短，有利于生产。但是它的应用有一定的局限性，只能在连续保持一定压力的情况下进行。另外，这种方法只能在设备管道外面动火，如果需要在设备管道内动火，仍必须采取置换作业法。

带压不置换动火在理论上和技术上都是可行的。只要严格遵守安全操作规程，同样也是安全可靠的。但与置换动火比较，其安全性稍差，同时有关理论尚需进一步研究。目前安全规则规定，禁止采用这种动火方法。

2. 发生爆炸火灾事故的原因

化工燃料容器与管道的检修焊补（包括采用置换动火与带压

不置换动火两种方法），发生爆炸火灾事故的原因有：

（1）焊接动火前对容器内的可燃物质置换不彻底，取样化验和检测数据不准确，取样化验检测部位不适当等，造成在容器管道内或动火点的周围存在着爆炸性混合物。

（2）在焊补操作过程中，动火条件发生了变化。

（3）动火检修的容器未与生产系统隔绝，致使易燃气体或蒸气互相串通，进入动火区段；或是一面动火，一面生产，互不联系，在放料排气时遇到火花。

（4）在尚具有燃烧和爆炸危险的车间，仓库等室内进行焊补检修。

（5）烧焊未经安全处理或未开孔洞的密封容器。

3. 置换动火安全措施

置换动火具有较好的安全性，并有长期积累的丰富经验，所以一直被广泛地应用。但是如果系统和设备的弯头、死角、支叉多，往往不易置换干净而留下隐患。置换的不彻底及其他因素也还是有发生爆炸的危险。为确保安全，必须采取下列安全技术措施，才能有效防止爆炸着火事故的发生。

（1）可靠隔离。燃料容器与管道停工后，通常是采用盲板将与之连接的出入管路隔断，使焊补的容器管道与生产的部分完全隔离。为了有效防止爆炸事故的发生，盲板除必须保证严密不漏气外，还应保证能耐管路的工作压力，避免盲板受压破裂。

可靠隔离的另一种措施是在厂区或车间内划定固定动火区。凡可拆卸并有条件移动到固定动火区焊补的物件，必须移到固定动火区内进行，从而尽可能减少在防爆车间和厂房内的动火工作。固定动火区必须符合下列防火与防爆要求：

① 无可燃物管道和设备，并且周围距易燃易爆设备管道10 m以上。

② 室内的固定动火区与防爆的生产现场要隔开，不能有门窗、地沟等串通。

③ 在正常放空或一旦发生事故时，可燃气体或蒸气不能扩散到固定动火区。

④ 要常备足够数量的灭火工具和设备。

⑤ 固定动火区内禁止使用各种易燃物质，如易挥发的清洗油、汽油等。

⑥ 周围要划定界线，并有“动火区”字样的安全标志。在未采取可靠的安全隔离措施之前，不得动火焊补检修。

(2) 严格控制可燃物含量。焊补前，通常采用蒸汽蒸煮并用置换介质吹净等方法将容器内部的可燃物质和有毒性物质置换排出。

在置换过程中要不断取样分析，严格控制容器内的可燃物含量，必须达到合格量，以保证符合安全要求，这是置换动火焊补防爆的关键。在可燃容器外焊补，操作者不进入容器内，其内部的可燃物含量不得超过爆炸下限的1/4～1/5；如果需进入容器内操作，除保证可燃物不得超过上述的含量外，由于置换后的容器内部是缺氧环境，所以还应保证含氧量为18%～21%，毒物含量应符合“工业企业设计卫生标准”的规定。

常用的置换介质有氮气、二氧化碳、水蒸气或水等。

未经置换处理，或虽已置换但尚未分析化验气体成分是否合格的燃料容器，均不得随意动火焊补。

(3) 严格清洗工作。检修动火前，设备管道的里外都必须仔细清洗。有些可燃易爆介质被吸附在容器、管道内表面的积垢或外表面的保温材料中，由于温差和压力变化的影响，置换后也还能陆续散发出来，导致操作中气体成分发生变化，即动火条件发生变化而造成爆炸着火事故。

油类容器、管道的清洗，可以用每千克火碱（氢氧化钠）加入80～120 g的水溶液清洗几遍，或通入水蒸气煮沸，再用清水洗涤。

(4) 气体分析和监视。在置换作业过程中和检修动火开始前

30 min内，必须从容器内外的不同地点取混合气样品进行化验分析，检查合格后才可开始动火焊补。在动火过程中，还要用仪表监视。由于可能从保温材料中陆续散发出可燃气体或虽经清水或碱水清洗，但由于焊接的热量把底脚泥或桶底卷缝中的残油赶出来，蒸发成可燃蒸气，所以焊补过程中需要继续用仪器监视，仪器监视可及时发现可燃气浓度的上升趋势，达到危险浓度时，要立即暂停动火，再次清洗直到合格为止。

(5) 增加泄压面积。动火焊补前应打开容器的人孔、手孔、清扫孔和放散管等。严禁焊补未开孔洞的密封容器。

进入容器内采用气焊动火时，点燃和熄灭焊枪的操作均应在容器外部进行，防止过多的乙炔气聚集在容器内。

(6) 安全管理措施

① 在检修动火前必须制订计划。计划中应包括进行检修动火作业的程序、安全措施和施工草图。施工前应与生产人员和救护人员联系并应通知厂内消防队。

② 在工作地点周围 10 m 内应停止其他用火作业，并将易燃物品移到安全场所。电焊机二次回路电缆及气焊设备乙炔胶管要远离易燃物，防止操作时因线路发生火花或乙炔胶管漏气造成起火。

③ 检修动火前除应准备必要的材料、工具外，还必须准备好消防器材。在黑暗处所或夜间工作，应有足够的照明，并准备好带有防护罩的手提低压（12 V）行灯等。

4. 带压不置换动火安全措施

为确保带压不置换动火的安全性，操作时必须注意下列几点：

(1) 严格控制氧含量。带压动火焊补之前，必须进行容器内气体成分的分析，以保证其中氧的含量不超过安全值。所谓安全值就是在混合气体中，当氧的含量低于某一极限值时，不会形成达到爆炸极限的混合气，也就不会发生爆炸。氧含量的这个安全值也称极限含氧量，通过控制这一指标，可使焊补操作得以安全进行。例如，氢气的爆炸下限为4.0%，上限为75%。在浓度为75%时，空气占25%，其中氧的含量为5.2%。亦即当氧的含量小于5.2%时就不会形成达到爆炸极限的混合气体。但是爆炸性混合气体在不同的管径、压力和温度等条件下，有不同的爆炸极限范围，所以不能将常温常压下测得的数据与理论计算的数据应用于高压的情况，同时需考虑仪器检测的误差等情况。

在动火前和整个焊补操作过程中，都要始终稳定控制系统中含氧量低于安全数值。这就要求生产负荷要平衡，前后工段要加强统一调度，关键岗位要有专人把关。要加强气体成分分析（应安置氧气自动分析仪），发现系统中氧含量增高时，应尽快找出原因及时排除。氧含量超过安全值时应立即停止焊接。

（2）正压操作。焊补前和整个操作过程中，设备、管道必须连续保持稳定的正压。这是带压不置换动火安全程度的关键。一旦出现负压，空气进入动火的设备或管道，就难免会发生爆炸。

压力大小的选择，一般以不猛烈喷火为宜。压力太大，气体流量、流速也大，喷出的火焰很大、很猛，焊条熔滴容易被气流冲走，给焊接操作造成困难。另外，穿孔部位的钢板，在火焰高温作用下容易变形或裂成更大的孔，从而喷出更大的火焰，造成事故。由于设备管道周围的温升，使内部气体膨胀，也易发生事故。压力太小，只有几十至一百多帕（几个或十几个毫米水柱）时，易造成压力波动，动火时压力波动会使空气漏入设备或管道里，形成爆炸性混合气。因此，在选择压力时，要有一个较大的安全系数。在这个范围内，根据设备管道损坏的程度和容器本身可能降低的压力等情况，以喷火不猛烈为原则，具体选定压力大小。

在实际生产中，压力一般可控制在1 470～4 900 Pa之间。总之，对压力的要求就是应保持连续不断的低压稳定气流。穿孔裂缝越小，压力调节的范围越大，可使用的压力也就越高。反之，应考虑较小的压力。但是，绝对不允许在负压下焊接。

压力一般用 U 形水压计显示。压力计接在被焊接的设备取样管上，要有专人随时监视。

(3) 严格控制动火点周围可燃气的含量。在室内或室外进行容器的带压不置换动火焊补时，还必须分析动火点周围滞留空间的可燃物含量，以小于爆炸下限的 1/3～1/4 为合格。取样部位应考虑到可燃气的性质（如相对密度、挥发性）和厂房建筑的特点等正确选择。应注意检测数据的准确性和可靠性，确认安全可靠时再动火焊补。

(4) 焊接操作的安全要求

① 焊接前要引燃从裂缝逸出的可燃气体，形成一个稳定的燃烧系统。在引燃和动火操作时，焊工不可正对动火点，以免出现压力突增，火焰急剧喷出烧伤施工人员的特殊情况。

② 焊机电流的大小要预先调节好，特别是压力在 0.1 MPa 以上和钢板较薄的设备，焊接电流过大容易熔穿金属，在介质的压力下会产生更大的孔。这种情况下最好使用直流焊机，其他一般使用交流焊机即可。

③ 遇到动火条件有变化，如系统内压力急剧下降到所规定的限度或氧含量超过允许值等情况，要马上停止动火。查明原因，采取相应对策后，方可继续进行焊补。

④ 焊接操作中如果猛烈喷火，应立即采取消防措施。在火未熄灭前，不得切断可燃气来源，也不得降低或消除系统的压力，以防设备管道吸入空气形成爆炸性混合气。焊接气柜时，如需灭火，要迅速降低气柜高度，使漏洞燃烧处浸入水槽中。

⑤ 补焊前要先弄清补焊部位的情况，如穿孔裂缝的位置、形状、大小及补焊的范围等。穿孔较小，可先做些类似小铁钉的铁丝，打入小孔后再焊补。穿孔裂缝较大，要预先做好覆盖在上面的钢板。钢板尽量和容器的表面贴紧，钢板的厚度要尽量和被焊补设备的厚度一致，以免焊接时和本体变形不一致，造成焊接

困难（有条件时，最好用测厚仪比较准确的测量一下补焊范围的厚度）。另外，为了便于使用，钢板上可预先焊一个手把。

（5）安全管理措施。除了与置换动火的安全管理措施相同外，尚需注意以下几点。

① 防护器材的准备。现场要准备几套（视具体情况而定）长管式防毒面具。由于带压焊接在可燃气体未点燃前，会有大量超过允许浓度的有害气体逸出，施工人员带上防毒面具，是确保人身安全的重要措施。还需准备必要的灭火器材，最好是二氧化碳灭火器。

② 必需做好严密的组织工作。要有专人进行严肃、认真的统一指挥。值班调度、有关工段的负责人和操作工在现场参加工作。特别是在控制压力和氧含量的岗位上要有专人负责。

③ 焊工要有较高的技术水平。焊接要均匀、迅速，电流和焊条的选择要适宜。由于焊接是在带压、喷火焰的条件下进行，特别是一般要补焊的部位钢板都比较薄，这与焊接难度大的工件，需要高的焊接技术的道理一样。因此焊工还要预先经过专门培养和训练，不允许不懂或技术差、经验少的焊工带压焊接。

燃料容器的带压不置换动火是一项新技术，爆炸因素比置换动火时变化多，稍不注意就会给国家财产和人身安全带来严重后果。操作时控制系统压力和氧含量的岗位以及化验分析等要有专人负责、消防部门应密切配合。在企业管理健全、安全工作好、技术力量强的工厂企业，在上级领导部门许可和监督下可以试行这种方法。企业管理不健全、安全工作基础差、技术力量不足的企业，特别是小型企业，一般不宜采取这种方法。必须明确指出，在企业各有关生产和安全部门未采取有效措施前，焊工不得擅自进行带压焊补操作。

二、水下焊接与切割

水下焊接与切割的热源目前主要采用电弧的热量（如水下电弧焊接、电弧熔割、电弧氧气切割等）以及可燃气体与氧气的燃烧热量（如水下氧氢焰气割）。使用可燃易爆气体和电流本来就具有危险性，而水下条件特殊，则危险性更大，需特别强调安全问题。

1. 工伤事故及其原因

（1）爆炸。被焊割构件存在有危险化学品、弹药等，焊割未经安全处理的燃料容器与管道，气割过程中形成爆炸性混合气等是引起爆炸事故的主要原因。

（2）灼烫。炽热金属熔滴或回火易造成的烧伤、烫伤；烧坏供气管、潜水服等潜水装具，易造成的潜水病或窒息。

（3）电击。由于绝缘损坏漏电或直接触及电极等带电体可引起的触电，触电痉挛可引起溺水二次事故。

（4）物体打击。水下结构物件的倒塌坠落，导致挤伤、压伤、碰伤和砸伤等机械伤亡事故。

（5）其他。作业环境的不安全因素如风浪等引起溺水事故，等等。

2. 准备工作的安全要求

焊割炬在使用前应作绝缘、水密性和工艺性能的检查，需先在水面进行实验。氧气胶管使用前应当用 1.5 倍工作压力的蒸汽或水进行清洗，胶管的内外不得粘附油脂。供电电缆必须检验绝缘性能。热切割的供气胶管和电缆每隔 0.5 m 间距应捆扎牢固。

水下焊割前应查明作业区的周围环境，调查了解作业水深、水文、气象和被焊割物件的结构等情况。必须强调，应当让潜水焊割工有一个合适的工作位置，禁止在悬浮状态下进行操作。潜水焊割工可停留在构件上工作，或事先安装设置操作平台，从而使操作时不必为保持自身处于平衡状态而分神。否则，某种事故的征兆可能引起潜水焊割工仓促行动，而造成身体触及带电体，或误使割枪、电极（电焊条）触及头盔等事故。

潜水焊割工应备有话筒，以便随时同水面上的支持人员取得联系。不允许在没有任何通讯联络的情况下进行水下焊割作业。

潜水焊割工入水后，在其作业点的水面上，半径相当于水深的区域内，禁止其他作业同时进行。

在水下焊割开始操作前应仔细检查整理供气胶管、电缆、设备、工具和信号绳等，在任何情况下，都不得使这些装具和焊割工本身处于熔渣溅落和流动的路线上。水下焊工应当移去操作点周围的障碍物，将自身置于有利的安全位置上，然后向支持人员报告，取得同意后方可开始操作。

水下焊割作业点所处的水流速度超过 0.1～0.3 m/s，水面风力超过 6 级时，禁止水下焊割作业。

3. 预防爆炸的安全措施

水下焊割工作前，必须清除被焊割结构内部的可燃易爆物质，这类物质即使在水下已若干年，遇明火或熔融金属也会引起爆炸。

水下气割是利用氢或石油气与氧气的燃烧火焰进行的（乙炔气受压易发生爆炸性分解）。水下气割操作中燃烧剂含量比，一般很难调整合适，所以往往有未完全燃烧的剩余气体逸出水面，如遇阻碍则会积留在金属结构内，形成达到爆炸极限浓度的气穴。因此，潜水气焊工开始工作时应慎重考虑切割部位，以避免未燃气穴的形成。最好先从距离水面最近点着手，然后逐渐加大深度。对各类割缝来说，凡是在水下进行立割时，即无论气体的上升是否有阻碍物，都应从上向下进行切割。这样可以避免火焰经过未燃气体的停留聚集处，减小燃爆的危险。水面支持人员和水下切割潜水员在任何时候都要注意，防止液体和气体燃料泄漏在水面聚集，引起水面着火。

进行密闭容器、贮油罐、油管和贮气罐等水下焊割作业时，必须预先按照燃料容器焊补的安全要求采取技术措施（包括置换、取样分析化验等）后，方可焊割。禁止在无安全保障的情况下进行这类作业。切割密闭容器时应先开防爆洞。在任何情况下都禁止利用油管、船体、缆索或海水等作为电焊机回路的导电体。

4. 预防灼烫的安全要求

焊割作业过程中会有熔化金属的滴落，这种熔滴可溅落相当长的距离（约1 m）。虽然有水的冷却，但由于它具有相当的体积和很高的温度，一旦落进潜水服的折叠处或供气软管上就可能造成设备的烧穿损坏。此外，还有可能把操作时裸露的手面烧伤。对此类危险，应有所警惕。

与普通割炬相比，水下切割炬火焰明显加大，以弥补切割部位消耗于水介质中的大量热量，焊接电极端头也具有很高温度。因此，潜水焊割工必须格外小心，避免由于自身活动的不稳定而使潜水服或头盔被火焰或炽热电极灼烧。在任何情况下都不允许水下焊割工将割炬、割枪或电极对准自身和潜水装具。

割炬的点火器可在水面点燃带入水下作业点，也可带点火器到水下点火。由于潜水焊割工到达作业区，需要一段下潜时间，并且往往不得不在船体或结构缺口中曲折行动，如在水面点火可能有被火焰烧伤或烧坏潜水装具的危险。因此，除得到特殊许可外，潜水焊割工不得携带点燃的焊割炬下水。即使特殊需要，亦应注意，焊割炬点燃后要垂直携入水下，并应特别留神焊割炬位置与喷口方向，以免在潜水过程和越过障碍时，烧坏潜水服。

潜水焊割工应避免在自己的头顶上进行焊割作业，仰焊和仰割操作容易被坠落的金属熔滴灼伤及烧坏潜水装具。

另一种危险是气割时发生回火。回火常发生于点燃割炬、更换空瓶（氧气瓶和可燃气瓶）和气割工下跌时。后两种情况都会造成燃烧混合气压力与焊割炬承受的水柱静压力间失去平衡。更换空瓶时气体压力短时间内的下降，焊割工带着焊割炬的下跌能导致水压超过气压，迫使火焰返回焊割炬，造成回火。回火往往招致气体胶管着火，根据焊割炬软管与潜水服和供气管的相对位置，也可能招致烧坏潜水服或供气管，还可使潜水焊割工手部被烧伤和烫伤。

必须强调指出，潜水焊割工应当细心谨慎地保护好供气管和潜水服不被烧坏。供气管的损坏将引起迅速的漏气，供呼吸用的空气的浓度降低，焊割工将在二氧化碳气体越来越浓的情况下呼吸，造成因呼吸条件失常所引起的疲劳和呼吸困难而被迫出水的情况。此时焊割工如果违反潜水规则而快速上升出水，压力的骤然变化会引起血管栓塞症；如果按潜水规则上升，又可能引起二氧化碳窒息中毒。潜水服烧坏也会造成同样的后果。

为了防止回火可能造成的危害，除了在供气总管处安装回火防止器外，还应在焊割炬柄与供气管之间安装防爆阀。防爆阀由逆止阀和火焰消除器组成。前者阻止可燃气的回流，以免在胶管内形成爆炸性混合气，后者能防止一旦火焰流过逆止阀时引燃管中的可燃气。火焰消除器通常由几层细孔金属网组成。用于氢气和石油气等可燃气体的火焰消除器，其网孔最大直径为0.1 mm。此外，更换空瓶时如不能保持压力不变，应将焊割炬熄灭，待换好后再点燃，避免发生回火。

5. 预防触电的安全措施

水下电弧的点燃（包括起弧和维持）取决于两极间足够的电压。电弧刚一形成，周围的水便蒸发，产生空腔或气泡。由于水的冷却和压力，水下引弧所需的电压较陆地高些。从操作安全角度考虑，水下焊接电源必须采用直流电，禁止使用交流电。

水下焊接设备和电源应具有良好的绝缘和防水性能（使用1 000 V兆欧表进行检测，所得绝缘电阻不得小于1 MΩ），应具有抗盐雾、大气腐蚀和抗海水腐蚀性能。所有壳体应有水密保护，所有触点及接头都应进行抗腐蚀处理。潜水焊割工在水下直接接触的焊接设备和工具，都必须包敷可靠的绝缘护套，并应保证水密性。电焊机必须接地，接地导线头要磨光，以防受腐蚀。

在焊接或切割中，经常需要更换焊条，在水下更换焊条是危险的操作，容易造成触电事故。潜水焊割工可能会遭电击而休克，或由于痉挛造成溺水等二次事故。因此，当电极熔化完需要更新或工作完毕时，必须先发出拉闸信号，确认电路已经切断，才可去掉残余的电极头。

水下湿法焊接与切割的电路中应安装焊接专用的自动开关箱；水下干法或局部干法焊接电路控制系统中应安置事故报警系统和断电系统。

电极应彻底绝缘和防水，以保证电接触仅仅在形成电弧的地方出现。潜水焊割工进行水下焊割作业时必须戴干燥的绝缘手套或穿戴干式潜水服。在焊割工作时，电流一旦接通，切勿背向工件的接地点，把自身置于工作点与接地点之间，而应面向接地点，把工作点置于自身与接地点之间，这样才可避免潜水头盔与金属用具受到电解作用而损坏。焊割工作时必须注意，不得把手放在待焊割的工件上，同时又将焊条或电焊钳触及头盔。总之，在任何时候都要注意不可使自身接入电路。

6. 预防物体打击的安全要求

进行水下焊割作业时，应了解被焊割构件有无塌落危险。水下进行装配点焊时，必须查实点焊牢固而无塌落危险后，方可通知水面松开安装吊索。焊接临时吊耳和拉板，应采用与被焊构件相同或焊接性能相似的材料，并运用相应的焊接工艺，确保焊接质量。

水下切割，尤其是水下仰割或反手切割操作时，当被割工件或结构将要割断时，潜水切割工应给自身留出足够的避让位置，并且通知友邻在其底下操作的潜水员避让后，才能最后割断构件。潜水焊割工在任何时候都要警惕避免被焊割构件的坠落或倒塌压伤自身及压坏潜水装置、供气管等。

使用等离子弧作水下切割，以上安全经验也完全适用。

三、登高焊割作业安全技术

焊工在离地面 2 m 或 2 m 以上的地点进行焊接与切割操作，即称为登高焊割作业。

登高焊割作业必须采取安全措施防止发生高处坠落、火灾、电击和物体打击等工伤事故。

1. 防触电

在登高接近高压线或裸导线排，或距离低压线小于 2.5 m 时，必须停电并经检查确无触电危险后，方准操作。电源切断后，应在电闸上挂出“有人工作，严禁合闸”的警告牌。登高焊割作业应设有监护人，密切注意焊工的动态。采用电焊时，电源开关应设在监护人近旁，遇有危险征兆时要立即拉闸，并进行处理。登高作业时不得使用带有高频振荡器的焊机。严禁将焊接电缆缠绕在身上，以防绝缘损坏的电缆造成触电事故。

2. 防高处坠落

凡登高进行焊割操作和进入登高作业区域，必须戴好安全帽，使用标准的防火安全带、穿胶底鞋。安全带应紧固牢靠，安全绳长度不可超过 2 m，不得使用耐热性差的材料，如尼龙安全带和尼龙安全网等。6 级以上大风无措施时、酒后以及未经体检合格者，均不得登高焊割作业。

焊工登高作业时，应使用符合安全要求的梯子。梯脚需包橡皮垫防滑，与地面夹角不应大于 60°，上下端均应放置牢靠。使用人字梯时应将单梯用限跨铁勾挂住，夹角为 40°±5°。不准两人在一梯子上（或人字梯的同一侧）同时作业，不得在梯子上顶挡工作。登高焊割作业的脚手架应事先经过检查，不得使用有腐蚀或机械损伤的木板或铁木混合板。脚手架单行人行道宽度不得小于 0.6 m，双程人行道宽度不得小于 1.2 m，坡度不得大于 1∶3，板面要钉防滑条并装扶手。使用安全网时要张挺，不得留缺口，而且层层翻高。应经常检查安全网的质量，发现有损坏时，必须废弃并重新张挺新的安全网。

3. 防物体打击

登高焊割作业人员必须戴好安全帽，焊条、工具和小零件等必须装在牢固无孔洞的工具袋内。工作过程及工作结束后，应随时将作业点周围的一切物件清理干净，防止落下伤人。可采用绳子吊运各种工具及材料，但大型零件和材料，应用起重工具设备吊运。不得在空中投掷材料或物件，焊条头不得随意下扔，否则不仅能砸伤、烫伤地面人员，甚至能引燃地面可燃物品。

4. 防火

登高焊割作业点及下方地面上火星所及的范围内，应彻底清除可燃易爆物品，一般在地面 10 m 之内为危险区，应用栏杆挡隔。工作过程中需有专人看火，要铺设接火盘接火。焊割结束后必须检查是否留下火种，确认合格后，才能离开现场。

此外，登高焊割人员必须经过健康检查合格。患有高血压、心脏病、精神病和癫痫病等，以及医生证明不能登高作业者一律不准登高操作。在 6 级以上的大风、雨天、雪天和雾天无措施时，安全措施不符合要求时，以及酒后等，均禁止登高焊割作业。

第三章

焊接与切割作业劳动卫生防护

金属材料在焊接过程中的有害因素，总起来说有弧光辐射、焊接烟尘、有毒气体、高频电磁辐射、射线、噪声和热辐射等。

第一节　焊接与切割作业有害因素的来源及危害

一、弧光辐射来源及危害

1. 来源

焊接过程中的弧光辐射由紫外线、可见光和红外线等组成。它们是由于物体加热而产生的，属于热线谱。例如，在生产的环境中，凡是物体的温度达到 1 200℃时，辐射光谱中即可出现紫外线。随着物体温度增高，紫外线的波长变短，其强度增大。

电弧燃烧时，一方面产生高热，另一方面同时产生强光，两者在工业上都得到应用。电弧的高热可以进行电弧切割、焊接和炼钢等。然而，焊接电弧作为一种很强的光源，会产生强的弧光辐射，这种弧光辐射对人体能造成伤害。

弧光波长范围见表 3—1。

表 3—1　焊接弧光的波长范围　nm

红外线	可见光线 赤、橙、黄、绿、青、蓝、紫	紫外线
1 400～760	760～400	400～200

焊条电弧焊的弧温为 5 000～6 000 K，因而可产生较强的光辐射。但由于焊接烟尘的吸收作用，使光辐射强度比气体保护电弧焊及等离子弧焊弱一些。

钨极氩弧焊的烟尘量较小，因此其光辐射强度高于焊条电弧焊。熔化极氩弧焊电流密度很大，其功率可为钨极氩弧焊功率的 5 倍多，因而它的弧温更高，光辐射强度大于钨极氩弧焊的光辐射强度。钨极氩弧焊光辐射强度为焊条电弧焊光辐射强度的 5 倍以上。熔化极氩弧焊光辐射强度约为焊条电弧焊的 20～30 倍。

等离子弧焊接与切割的弧温更高，可达 16 000～33 000℃，其光辐射强度高于氩弧焊和焊条电弧焊。

二氧化碳气体保护焊光辐射强度约为焊条电弧焊辐射强度的 2～3 倍，其主要成分为紫外线辐射。

2. 危害

光辐射是能的传播方式。辐射波长与能量成反比关系。波长越短，每个量子所携带的能越大，对肌体的作用亦越强。

光辐射作用到人体上，被体内组织吸收，引起组织的热作用、光化学作用或电离作用，致使人体组织发生急性或慢性的损伤。

(1) 紫外线。适量的紫外线对人体健康是有益的，但焊接电弧产生的强烈紫外线的过度照射，对人体健康有一定的危害。

紫外线对人体的作用是造成皮肤和眼睛的伤害。

① 对皮肤的作用。不同波长的紫外线，可为皮肤不同深度组织所吸收。皮肤受强烈紫外线作用时，可引起皮炎，弥漫性红斑，有时出现小水泡，渗出液和浮肿，有热灼感，发痒。

② 电光性眼炎。紫外线过度照射引起眼睛的急性角膜炎称为电光性眼炎。这是明弧焊直接操作和辅助工人的一种特殊职业性眼病。波长很短的紫外线，尤其是 320 nm 以下的，能损害结膜与角膜，有时甚至伤及虹膜和网膜。

③ 对纤维的破坏。焊接电弧的紫外线辐射对纤维的破坏能力很强，其中以棉织品为最甚。光化学作用的结果，可致棉布工作服氧化变质而破碎，有色印染物显著褪色。这是明弧焊工棉布工作服不耐穿的原因之一，尤其是氩弧焊，等离子弧焊等操作时更为明显。

（2）红外线。红外线对人体的危害主要是引起组织的热作用。波长较长的红外线可被皮肤表面吸收，使人产生热的感觉。短波红外线可被组织吸收，使血液和深部组织灼伤。在焊接的过程中，眼部受到强烈的红外线辐射，立即感到强烈的灼伤和灼痛，发生闪光幻觉。长期接触可能造成红外线白内障，视力减退，严重时能导致失明。此外还可造成视网膜灼伤。

（3）可见光。焊接电弧的可见光线的光度，比肉眼正常承受的光度大约高 10 000 倍，被照射后眼睛疼痛，看不清东西，通常叫电焊“晃眼”，使人短时间内失去劳动能力。

二、焊接烟尘的来源及其危害

1. 来源

广义地说，所有焊接操作都产生气体和粉尘两种污染物，其中焊条电弧焊的焊接烟尘危害最大。多年来虽然发展了不少焊接新工艺，如埋弧焊、气体保护电弧焊、电渣焊、电阻焊和等离子弧焊等，然而由于药皮焊条电弧焊具有灵活、可靠、设备简便、适应性大的优点，迄今仍应用最为广泛，约占我国全部焊接工作量的 70%以上，职工人数也最多。焊接烟尘是焊条电弧焊主要有害因素之一，应作为焊接劳动卫生工作的一个重点。

焊接烟尘是由于焊接过程中液态金属的过热、蒸发、氧化和冷凝而产生的金属烟尘，其中液态金属的蒸发是主要来源。焊接电弧的温度在 3 500 K 以上（弧柱温度在 5 000 K 以上），在这样高的温度下，尽管各种金属的沸点不同，但它们的沸点都低于电弧的温度，必然要有蒸发。常用结构钢焊条烟尘的化学成分见表 3—2。

表 3—2　　常用结构钢焊条烟尘的化学成分　　%

焊条牌号 \ 烟尘成分	Fe_2O_3	SiO_2	MnO	TiO_2	CaO	MgO	Na_2O	K_2O	CaF_2	KF	NaF
结 421	45.31	21.12	6.97	5.18	0.31	0.25	5.81	7.01	—	—	—
结 422	48.12	17.93	7.18	2.61	0.95	0.27	6.03	6.81	—	—	—
结 507	24.93	5.62	6.30	1.22	10.34	—	6.39	—	18.92	7.95	13.71

2. 危害

电焊烟尘的主要成分是铁、硅、锰，其中主要毒物是锰。铁、硅等的毒性虽然不大，但其尘粒极细（5 μm 以下），在空中停留的时间较长，容易吸入肺内。在密闭容器、锅炉、船舱和管道内焊接，在烟尘浓度较高的情况下，如果没有相应的通风除尘措施，长期接触上述烟尘就会形成电焊尘肺、锰中毒和金属热等职业病。

（1）电焊尘肺。是指由于长期吸入超过规定浓度的能引起肺组织弥漫性纤维化的电焊烟尘和有毒气体所致的疾病。

电焊尘肺的发病一般比较缓慢，多在接触焊接烟尘 10 年后发病，有的长达 15～20 年以上。发病主要表现为呼吸系统症状，有气短、咳嗽、咯痰、胸闷和胸痛，部分电焊尘肺患者可呈无力、食欲减退、体重减轻以及神经衰弱症候群（如头痛、头晕、失眠、嗜睡、多梦、记忆力减退等）。同时对肺功能也有影响。

（2）锰中毒。锰蒸气在空气中能很快地氧化成灰色的一氧化锰（MnO）及棕红色的四氧化三锰（Mn_3O_4）。长期吸入超过允许浓度的锰及其化合物的微粒和蒸气，可造成锰中毒。锰的化合物和锰尘是通过主要呼吸道侵入机体的。

慢性锰中毒早期表现为疲劳乏力，时常头痛头晕、失眠、记忆力减退，以及植物神经功能紊乱，如舌、眼睑和手指的细微震颤等。中毒进一步发展，神经精神症状更明显，而且转弯、跨越、下蹲等都较困难，走路时表现为左右摇摆或前冲后倒，书写时呈“小书写症”等。

（3）金属热。焊接金属烟尘中直径在 0.05～0.5 μm 的氧化铁、氧化锰微粒和氟化物等，容易通过上呼吸道进入末梢细支气管和肺泡，引起焊工金属热反应。主要症状是工作后发烧、寒战、口内金属味、恶心、食欲不振等。第二天早晨经发汗后症状减轻。在密闭罐、船舱内使用碱性焊条施焊者，以及焊铜和铜合金等容易得此职业病。

三、有毒气体的来源及危害

1. 来源

在焊接电弧的高温和强烈紫外线作用下，在弧区周围形成多种有毒气体，其中主要有臭氧、氮氧化物、一氧化碳和氟化氢等。

（1）臭氧。空气中的氧在短波紫外线的激发下，大量地被破坏，生成臭氧（O_3），其化学反应过程如下：

$$O_2 \xrightarrow{\text{短波紫外线}} 2O$$

$$2O_2 + 2O \longrightarrow 2O_3$$

臭氧是一种有毒气体，呈淡蓝色，具有刺激性气味。浓度较高时，发出腥臭味；浓度特别高时，发出腥臭味并略带酸味。

（2）氮氧化物。氮氧化物是由于焊接电弧的高温作用引起空气中氮、氧分子离解，重新结合而形成的。

氮氧化物的种类很多，在明弧焊中常见的氮氧化物为二氧化氮，因此，常以测定二氧化氮的浓度来表示氮氧化物的存在情况。

二氧化氮为红褐色气体，相对密度 1.539，遇水可变成硝酸或亚硝酸，产生强烈刺激作用。

（3）一氧化碳。各种明弧焊都产生一氧化碳有害气体，其中以二氧化碳保护焊产生的一氧化碳（CO）的浓度最高。一氧化碳的主要来源是由于 CO_2 气体在电弧高温作用下发生分解而形成的：

$$CO_2 \xrightarrow{\text{电弧高温}} CO + [O]$$

一氧化碳为无色、无臭、无味、无刺激性的气体，相对密度0.967，几乎不溶于水，但易溶于氨水，几乎不为活性炭所吸收。

(4) 氟化氢。氟化氢主要产生于焊条电弧焊。在低氢型焊条的药皮里通常都含有萤石（CaF_2）和石英（SiO_2），在电弧高温作用下形成氟化氢气体。

氟及其化合物均有刺激作用，其中以氟化氢作用最为明显。氟化氢为无色气体，相对密度0.7，极易溶于水形成氢氟酸，两者的腐蚀性均强，毒性剧烈。

2. 危害

(1) 臭氧。臭氧对人体的危害主要是对呼吸道及肺有强烈刺激作用。臭氧浓度超过一定限度时，往往引起咳嗽、胸闷、食欲不振、疲劳无力、头晕、全身疼痛等。严重时，特别是在密闭容器内焊接而又通风不良时，可引起支气管炎。

此外，臭氧容易同橡皮、棉织物起化学作用，高浓度、长时间接触可使橡皮、棉织品老化变性。在13 mg/m^3 浓度作用下，帆布可在半个月内出现变性，这是棉织工作服易破碎的原因之一。

我国卫生标准规定，臭氧最高允许浓度为0.3 mg/m^3。臭氧是氩弧焊的主要有害因素，在没有良好通风的情况下，焊接工作地点的臭氧浓度往往高于卫生标准几倍、十几倍甚至更高。但只要采取相应的通风措施，就可大大降低臭氧浓度，使之符合卫生标准。

臭氧对人体的作用是可逆的。由臭氧引起的呼吸系统症状，一般在脱离接触后均可得到恢复，恢复期的长短取决于臭氧影响程度之大小，以及人的体质。

(2) 氮氧化物。氮氧化物属于具有刺激性的有毒气体。氮氧化物对人体的危害，主要是对肺有刺激作用。氮氧化物的水溶性较低，被吸入呼吸道后，由于黏膜表面并不十分潮湿，对上呼吸道黏膜刺激性不大，对眼睛的刺激也不大，一般不会立即引起明显的刺激性症状。但高浓度的二氧化氮吸入到肺泡后，由于湿度增加，反应也加快，在肺泡内约可滞留 80%，逐渐与水作用形成硝酸与亚硝酸（$3NO_2+H_2O \rightarrow 2HNO_3+NO$；$N_2O_4+H_2O \rightarrow HNO_3+HNO_2$），对肺组织有强烈刺激作用及腐蚀作用，可增加毛细血管及肺泡壁的通透性，引起肺水肿。

我国卫生标准规定，氮氧化物（NO_2）的最高允许浓度为 5 mg/m^3。氮氧化物对人体的作用也是可逆的，随着脱离作业时间的增长，其不良影响会逐渐减少或消除。

在焊接实际操作中，氮氧化物单一存在的可能性很小，一般都是臭氧和氮氧化物同时存在，因此它们的毒性倍增。一般情况下，两种有害气体同时存在比单一有害气体存在时，对人体的危害作用提高 15～20 倍。

（3）一氧化碳。一氧化碳（CO）是一种窒息性气体，对人体的毒性作用是使氧在体内的运输或组织利用氧的功能发生障碍，造成组织、细胞缺氧，表现出缺氧的一系列症状和体征。一氧化碳（CO）经呼吸道进入体内，由肺泡吸收进入血液后，与血红蛋白结合成碳氧血红蛋白。一氧化碳（CO）与血红蛋白的亲和力比氧与血红蛋白的亲和力大 200～300 倍，而离解速度又较氧合血红蛋白慢得多（相差 3 600 倍），减弱了血液的带氧能力，使人体组织缺氧坏死。

轻度中毒时表现为头痛、全身无力，有时呕吐、足部发软、脉搏增快、头昏等。中毒加重时表现为意识不清并转成昏睡状态。严重时发生呼吸及心脏活动障碍，大小便失禁，反射消失，甚至能因窒息致死。

我国卫生标准规定，一氧化碳（CO）的最高允许浓度为 30 mg/m^3。对于作业时间短暂的，可予以放宽。

（4）氟化氢。氟化氢可被呼吸道黏膜迅速吸收，亦可经皮肤吸收而对全身产生毒性作用。吸入较高浓度的氟化氢气体或蒸气，可立即产生眼、鼻和呼吸道黏膜的刺激症状。引起鼻腔和咽喉黏膜充血、干燥、鼻腔溃疡等。严重时可发生支气管炎、肺炎等。

我国卫生标准规定，氟化氢的最高允许浓度为 1 mg/m^3。

四、高频电磁辐射的来源及危害

随着氩弧焊接和等离子弧焊接的广泛应用，在焊接过程中存在着一定强度的电磁辐射，构成对局部生产环境的污染。因此，必须采取安全措施妥善解决。

1. 来源

钨极氩弧焊和等离子弧焊为了迅速引燃电弧，需由高频振荡器来激发引弧，此时，振荡器要产生强烈的高频振荡，击穿钍钨极与喷嘴之间的空气隙，引燃等离子弧；另外，又有一部分能量以电磁波的形式向空间辐射，即形成高频电磁场。所以在引弧的瞬间（2～3 s）有高频电磁场存在。

在氩弧焊接和等离子弧焊接时，高频电磁场场强的大小与高频振荡器的类型及测定时仪器探头放置的位置与测定部位之间距离有关。焊接时高频电磁辐射场强分布的测定结果见表 3—3。

表 3—3　　手工钨极氩弧焊接时高频电场强度　　V/m

操作部位	头	胸	膝	踝	手
焊工前	58～66	62～76	58～86	58～96	106
焊工后	38	48	48	20	1
焊工前 1 m	7.6～20	9.5～20	5～24	0～23	1
焊工后 1 m	7.8	7.8	2	0	1
焊工前 2 m	0	0	0	0	0
焊工后 2 m	0	0	0	0	0

2. 危害

人体在高频电磁场的作用下，能吸收一定的辐射能量，产生生物学效应，这就是高频电磁场对人体的“致热作用”。此“致热作用”对人体健康有一定影响，长期接触场强较大高频电磁场的工人，会引起头晕、头痛、疲乏无力、记忆减退、心悸、胸闷、消瘦和神经衰弱及植物神经功能紊乱。血压早期可有波动，严重者血压下降或上升（以血压偏低为多见），白血球总数减少或增多，并出现窦性心律不齐、轻度贫血等。

钨极氩弧焊和等离子弧焊时，每次启动高频振荡器的时间只有 2～3 s，每个工作日接触高频电磁辐射的累计时间在10 min左右。接触时间又是断续的，因此高频电磁场对人体的影响较小，一般不足以造成危害。但是，考虑到焊接操作中的有害因素不是单一的，所以仍有采取防护措施的必要。对于高频振荡器在操作过程中连续工作的情况，更必须采取有效和可靠的防护措施。

在不停电更换焊条时，高频电会使焊工产生一定的麻电现象，这在高空作业时是很危险的。所以，高空作业不准使用带高频振荡器的焊机进行焊接。

五、噪声的来源及其危害

噪声存在于一切焊接工艺中，其中以等离子切割、等离子喷涂等的噪声强度更高。噪声已经成为某些焊接与切割工艺中存在着的主要职业性有害因素。

1. 来源

在等离子喷涂和切割等过程中，工作气体与保护气体以一定的速度流动。等离子焰流从喷枪口高速喷出，在工作气体与保护气体不同流速的流层之间，在气流与静止的固体介质之间，在气流与空气之间，都会发生周期性的压力起伏、振动及摩擦等，于是就产生噪声。

等离子切割和喷涂工艺都要求有一定的冲击力，等离子流的喷射速度可达 10 000 m/min，噪声强度较高，大多在 100 dB（A）以上。尤以喷涂作业为高，可达 123 dB（A）。

2. 危害

噪声对人的危害程度，与下列因素有直接关系：噪声的频率及强度，噪声频率越高，强度越大，危害越大；噪声源的性质，在稳态噪声与非稳态噪声中，稳态噪声对人体作用较弱；暴露时间，在噪声环境中暴露时间越长，则影响越大。此外，还与工种、环境和身体健康情况有关。

噪声在下列范围内不致对人体造成危害：频率小于 300 Hz 的低频噪声，容许强度为 90～100 dB（A）；频率在 300～800 Hz的中频噪声，容许强度为 85～90 dB（A）；频率大于 800 Hz的高频噪声，容许强度为75～85 dB（A）。噪声超过上述范围时将造成如下伤害：

（1）噪声性外伤。突发性的强烈噪声，例如，爆炸、发动机启动等，能使听觉器官突然遭受到极大的声压而导致严重损伤，出现眩晕、耳鸣、耳痛、鼓膜内凹、充血等，严重者造成耳聋。

（2）噪声性耳聋。这是由于长期连续的噪声而引起的听力损伤，是一种职业病。有两种表现：一种是听觉疲劳，在噪声作用下，听觉变得迟钝、敏感度降低等，脱离环境后尚可恢复；另一种是职业性耳聋，自觉症状为耳鸣、耳聋、头晕、头痛，也可出现头胀、失眠、神经过敏、幻听等症状。

（3）对神经、血管系统的危害。噪声作用于中枢神经，可使神经紧张、恶心、烦躁、疲倦。噪声作用于血管系统，可使血管紧张、血压增高，心跳及脉搏改变等。

六、射线的来源及其危害

1. 来源

焊接工艺过程中的放射性危害，主要指氩弧焊与等离子弧焊的钍放射性污染和电子束焊接时的 X 射线。

某些元素不需要外界的任何作用，它们的原子核就能自行放射出具有一定穿透能力的射线，此谓放射现象。将元素这种性质称为放射性，具有放射性的元素称为放射性元素。

氩弧焊和等离子弧焊使用的钍钨棒电极中的钍，是天然放射性物质，能放射出 α、β、γ 三种射线，其中 α 射线占 90%，β 射线占 9%，γ 射线占 1%。在氩弧焊与等离子弧焊焊接工作中，使用钍钨极会导致放射性污染的发生。其原因是在施焊过程中，由于高温将钍钨极迅速熔化部分蒸发，产生钍的放射性气溶胶、钍射气等。同时，钍及其衰变产物均可放射出 α、β、γ 射线。

真空电子束焊机工作时，由于电子束轰击工件（金属）而发射 X 射线，这是主要来源。

2. 危害

人体内水分占体重的 70%～75%。水分能吸收绝大部分射线辐射能，只有一小部分辐射能直接作用于机体蛋白质。当人体受到的辐射剂量不超过容许值时，射线不会对人体产生危害。但是人体长期受到超容许剂量的外照射，或者放射性物质经常少量进入并蓄积在体内，则可能引起病变，造成中枢神经系统、造血器官和消化系统的疾病，严重者可患放射病。

氩弧焊和等离子弧焊在焊接操作时，基本的和主要的危害形式是钍及其衰变产物呈气溶胶和气体的形式进入体内。钍的气溶胶具有很高的生物学活性，它们很难从体内排出，从而形成内照射。真空电子束焊接过程中产生的 X 射线，具有一定的穿透能力，焊接操作中需要观察焊件，进行调距和对线等，这些操作往往要靠近电子束而使操作者接触到 X 射线。实际测量结果表明，真空电子束发射的 X 射线光子能量比较低，这种低能的 X 射线，一般对人体只会造成外照射，其危害程度较低。主要是引起眼睛晶状体和皮肤的损伤，长期受超容许剂量照射可产生放射性白内障和放射性皮炎等。如果操作者长期接受较高能量的 X 射线照射，则可引起慢性辐射损伤，出现神经衰弱症候群和白细胞下降等疾患。

七、热辐射的来源及其危害

1. 来源

焊接过程是应用高温热源加热金属进行连接的，所以在施焊过程中有大量的热能以辐射形式向焊接作业环境扩散，形成热辐射。

电弧热量的 20%～30%要逸散到施焊环境中去，因而可以认为焊接弧区是热源的主体。焊接过程中产生的大量热辐射被空气媒质、人体或周围物体吸收后，这种辐射就转化为热能。

某些材料的焊接，要求施焊前必须对焊件预热。预热温度可达150～700℃，并且要求保温。所以预热的焊件，不断向周围环境进行热辐射，形成一个比较强大的热辐射源。

焊接作业场所由于焊接电弧、焊件预热以及焊条烘干等热源的存在，致使空气温度升高，其升高的程度主要取决于热源所散发的热量及环境散热条件。在窄小空间或舱室内焊接时，由于空气对流散热不良，将会形成热量的蓄积，对机体产生加热作用。另外，在某一作业区若有多台焊机同时施焊，由于热源增多，被加热的空气温度就更高，对机体的加热作用就将加剧。

2. 危害

研究表明，当焊接作业环境气温低于15℃时，人体的代谢增强；当气温在15～25℃时，人体的代谢保持基本水平；当气温高于25℃时，人体的代谢稍有下降；当气温超过35℃时，人体的代谢将又变得强烈。总的看来，在焊接作业区，影响人体代谢变化的主要因素有气温、气流速度、空气的湿度和周围物体的平均辐射温度。在我国南方地区，环境空间气温在夏季很高，且多雨湿度大，尤其应注意因焊接加热局部环境空气的问题。

焊接环境的高温，可导致作业人员代谢机能的显著变化，引起作业人员身体大量地出汗，导致人体内的水盐比例失调，出现不适应症状，同时，还会增加人体触电的危险性。

第二节 焊接与切割作业劳动卫生防护措施

一、弧光辐射防护

焊割作业人员从事明弧焊时，必须使用镶有特制护目镜片的手持式面罩或头戴式面罩（头盔）。面罩用暗色1.5 mm厚钢纸板制成。

护目镜片有吸收式滤光镜片和反射式防护镜片两种，吸收式滤光镜片根据颜色深浅有几种牌号，应按照焊接电流强度选用（见表 3—4）。近来研制生产的高反射式防护镜片，是在吸收式滤光镜片上镀铬—铜—铬三层金属薄膜制成的，能将弧光反射回去，避免了滤光镜片将吸收的辐射光线转变为热能的缺点。使用这种镜片，眼睛感觉较凉爽舒适，观察电弧和防止弧光伤害的效果较好，目前正在推广应用。光电式镜片是利用光电转换原理制成的新型护目滤光片，由于在起弧时快速自动变色，能消除电弧“打眼”和消除盲目引弧带来的焊接缺陷，防护效果好。

在焊接过程中如何正确合理选择滤光片，是一个重要的问题。正确选择滤光片可参见表 3—4。

表 3—4　　焊接滤光片推荐使用遮光号

遮光号	电弧焊接与切割	气焊与气割
1.2	—	—
1.4 1.7 2	防侧光与杂散光	—
2.5 3 4	辅助工种	—
5 6	30 A 以下的电弧焊作业	—
7 8	30～75 A 电弧焊作业	工件厚度为 3.2～12.7 mm
9 10	75～200 A 电弧焊作业	工件厚度为 12.7 mm 以上
11 12 13	200～400 A 电弧焊作业	等离子喷涂
14	500 A 电弧焊作业	等离子喷涂
15 16	500 A 以上气体保护焊	—

表中主要是根据焊接电流的大小推荐使用滤光片的深浅。如果考虑到视力的好坏、照明的强弱、室内与室外等因素，选用遮光号的大小可上下差一个号。

如果在焊接与切割的过程中电流较大，就要使用遮光号较大（较深）的滤光片。

为保护焊接工作地点其他生产人员免受弧光辐射伤害，可采用防护屏。防护屏宜采用布料涂上灰色或黑色漆制成，临近施焊处应采用耐火材料（如石棉板、玻璃纤维布、铁板）做屏面（见图 3—1）。

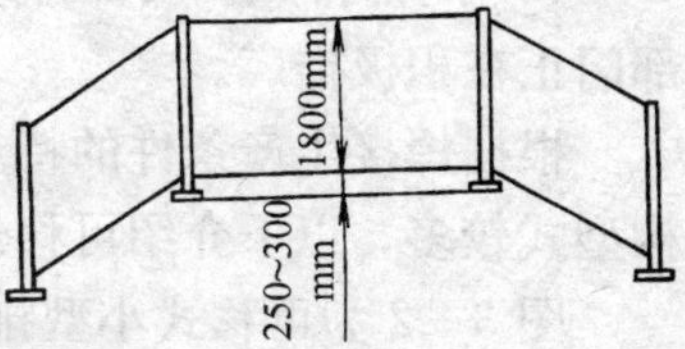

图 3—1　电焊防护屏

为防止弧光灼伤皮肤，焊工必须穿好工作服，戴好手套，系好鞋盖。

二、焊接烟尘和有毒气体防护

1. 通风技术措施

通风技术措施的作用是把新鲜空气送到作业场所并及时排除工作时所产生的有害物质和被污染的空气，使作业地带的空气条件符合卫生学的要求。创造良好的作业环境，是消除焊接尘毒危害的有力措施。

按空气的流动方向和动力源的不同，通风技术一般分为自然通风与机械通风两大类。自然通风可分为全面自然通风和局部自然通风两类。机械通风是依靠通风机产生的压力来换气，可分为全面机械通风和局部机械通风两类。

全面通风是焊接车间排放电焊烟尘和有毒气体的辅助措施。

焊接工作地点的局部通风有局部送风和局部排气两种形式。

（1）局部送风。局部送风是把新鲜空气或经过净化的空气，送入焊接工作地带。它用于送风面罩、口罩等，有良好的效果。目前在有些单位生产上仍采用电风扇直接吹散电焊烟尘和有毒气体的送风方法，尤其多见于夏天。这种局部送风方法，只是暂时地将弧焊区的有害物质吹走，仅起到一种稀释作用，但是会造成整个车间的污染，达不到排气的目的。局部送风使焊工的前胸和腹部受电弧热辐射作用，后背受冷风吹袭，容易引发关节炎，腰腿痛和感冒等疾病。所以，这种通风方法不应采用。

（2）局部排风。局部排风是效果较好的焊接通风措施，有关部门正在积极推广。

根据焊接生产条件的特点不同，目前用于局部排风装置的结构型式较多，以下介绍可移式小型排烟机组和气力引射器。

图 3—2 为可移式小型排烟机组示意图。它是由小型离心风机、通风软管、过滤器和排烟罩组成的。

图 3—3 为气力引射器示意图。其排烟原理是利用压缩空气从主管中高速喷射，造成负压区，从而将电焊烟尘有毒气体吸出，经过滤净化后排出室外。它可以应用于容器、锅炉等焊接，将污染气体进口插入容器的孔洞（如人孔、手孔、顶盖孔等）即可，效果良好。

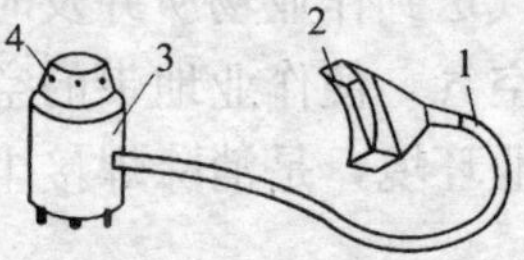

图 3—2　风机和吸头移动式排烟系统

1—软管　2—吸风头

3—净化器　4—出气孔

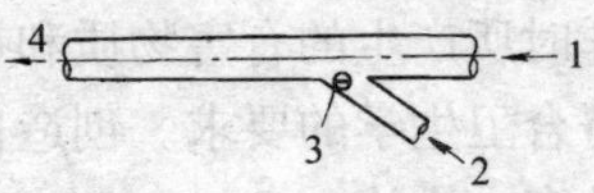

图 3—3　气力引射器

1—压缩空气进口　2—污染气体进口

3—负压区　4—排出口

2. 个人防护措施

加强个人防护措施，对防止焊接时产生的有毒气体和粉尘的危害具有重要意义。

个人防护措施是使用包括眼、耳、口鼻、身各个部位的防护用品以达到确保焊工身体健康的目的。其中工作服、手套、鞋、眼镜、口罩、头盔和防耳器等属于一般防护用品。实践证明，个人防护这种措施是行之有效的。

3. 改革工艺、改进焊接材料

劳动条件的好坏，基本上取决于生产工艺。改革生产工艺，使焊接操作实现机械化、自动化，不仅能降低劳动强度，提高劳动生产率，并且可以大大减少焊工接触生产性毒物的机会，改善作业环境的劳动卫生条件，使之符合卫生要求。这是消除焊接职业危害的根本措施。例如，采用埋弧自动电弧焊（埋弧焊）代替焊条电弧焊，就可以消除强烈的弧光、有毒气体和烟尘的危害。

工业机械手是实现焊接过程全部自动化的重要途径。在电弧焊接中，应用各种形式的现代化专用机械已经积累了一定的经验。这些较复杂的现代化机械手，能够控制运动的轨迹，可按工艺要求决定电极的位置和运动速度。工业机械手在焊接操作中的应用，将从根本上消除焊接有毒气体和粉尘等对焊工的直接危害。

在保证产品技术条件的前提下，合理的设计与改革施焊材料，是一项重要的卫生防护措施。例如，合理的设计焊接容器结构，可减少以至完全不用容器内部的焊缝，尽可能采用单面焊双面成型的新工艺。这样可以减少或避免在容器内施焊的机会，使操作者减轻受危害的程度。

采用无毒或毒性小的焊接材料代替毒性大的焊接材料，亦是预防职业性危害的有效措施。

三、高频电磁辐射防护措施

为了防止高频振荡器的电磁辐射对作业人员的不良影响与危害，应当采取以下安全防护措施：

（1）工件良好接地。施焊工件良好接地，能降低高频电流，这样可以降低电磁辐射强度。接地点与工件愈近，接地作用则越显著，它能将焊枪对地的脉冲高频电位大幅度地降低，从而减小高频感应的有害影响。

（2）在不影响使用的情况下，降低振荡器频率。

（3）减少高频电的作用时间。若振荡器旨在引弧，可以在引弧后的瞬间立即切断振荡器电路。其方法是用延时继电器，于引弧后 10 s 内使振荡器停止工作。

（4）屏蔽把线及软线。因脉冲高频电是通过空间和手把的电容耦合到人体上的，所以加装接地屏蔽能使高频电场局限在屏蔽内，可大大减少对人体的影响。其方法为采用细铜质金属编织软线，套在电缆胶管外面，一端接于焊枪，另一端接地。焊接电缆线也需套上金属编织线。

（5）采用分离式握枪。把原有的普通焊枪，用有机玻璃或电木等绝缘材料另接出一个把柄也有屏蔽高频电的作用，但效果不如屏蔽把线及导线理想。

（6）降低作业现场的温、湿度。作业现场的环境温度和湿度，与射频辐射对肌体的不良影响具有直接的关系。温度愈高，肌体所表现的症状愈突出；湿度愈大，愈不利于人体的散热，也不利于作业人员的身体健康。所以，加强通风降温，控制作业场所的温度和湿度，是减小射频电磁场对肌体影响的一个重要手段。

四、噪声防护

对于等离子弧焊接、切割和喷涂等工艺，必须对噪声采取防护措施，主要手段有：

（1）等离子弧焊接工艺产生的噪声强度与工作气体的种类、流量等有关，因此应在保证工艺正常进行、符合质量要求的前提下，选择一种低噪声的工作参数。

（2）研制和采用适用于焊枪喷出口部位的小型消声器。考虑到这类噪声的高频性，采用消声器对降低噪声有较好效果。

（3）操作者佩戴隔音耳罩或隔音耳塞等个人防护器具。耳罩的隔音效能优于耳塞，但体积较大，戴用时稍感不便。

（4）在房屋结构、设备等处采用吸声或隔音材料。采用密闭罩施焊时，可在屏蔽上衬以石棉等消声材料，有一定的防噪效果。

五、射线防护

对氩弧焊和等离子弧焊的放射性测定结果，一般都低于最高允许浓度。但是在钍钨棒磨尖、修理，特别是贮存地点，放射性浓度大大高于焊接地点，可达到或接近最高允许浓度。

由于放射性气溶胶、钍粉尘等进入体内所引起的内照射，将长期危害机体，所以对钍的有害影响应当引起重视，应采取有效的防护措施，防止钍的放射性烟尘进入体内。防护措施主要有：

（1）综合性防护。如对施焊区实行密闭，用薄金属板制成密闭罩，将焊枪和焊件置于罩内，罩的一侧设有观察防护镜。使有毒气体、金属烟尘及放射性气溶胶等，被最大限度地控制在一定的空间内，通过排气系统和净化装置排到室外。

（2）焊接地点应设有单室，钍钨棒贮存地点应固定在地下室封闭式箱内。大量存放时应藏于铁箱里，并安装通风装置。

（3）应备有专用砂轮来磨尖钍钨棒，砂轮机应安装除尘设备。图3—4为砂轮机的抽排装置示意图。砂轮机地面上的磨屑要经常作湿式扫除并集中深埋处理。地面、墙壁最好铺设瓷砖或水磨石，以利清扫污物。

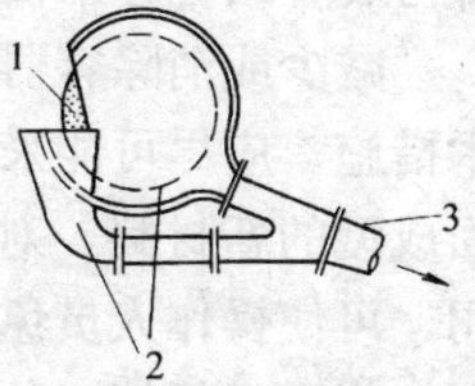

图3—4 砂轮机抽排装置
1—砂轮 2—抽吸口 3—排出管

（4）选用合理的工艺，避免钍钨棒的过量烧损。

（5）接触钍钨棒后，应用流动水和肥皂洗手，工作服及手套等应经常清洗。

（6）真空电子束焊的防护重点是X射线。首先是焊接室的结构应合理，采取屏蔽防护。目前国产电子束焊机采用的是用低碳钢、复合钢板或不锈钢等材料制成的圆形或矩形焊接室。为了便于观察焊接过程，焊接室应开设观察窗。观察窗应当用普通玻璃、铅玻璃和钢化玻璃等作三层保护，其中铅玻璃用来防护X射线，钢化玻璃用于承受真空室内外的压力差，而普通玻璃经受金属蒸气的污染。

为防止X射线对人体的损伤，真空焊接室应采取屏蔽防护。从安全和经济观点考虑，以及现场对X射线的测定情况来看，屏蔽防护应尽量靠近辐射源部位，即主要是真空室壁应予以足够的屏蔽防护，真空焊接室顶部电缆通过处和电子枪亦应加强屏蔽防护。

此外，还必须强调加强个人防护，操作者应佩戴铅玻璃眼镜，以保护眼的晶状体不受X射线损伤。

六、热辐射防护

为了防止有毒气体、粉尘的污染，一般焊接作业现场均设置有全面自然通风与局部机械通风装置，这些装置对降温亦起到良好的作用。在锅炉和压力容器与舱室内焊接时，应向这些容器与舱室内不断地输送新鲜空气，达到降温目的。送风装置须与通风排污装置结合起来设计，达到统一排污降温的目的。

减少或消除容器内部的焊接是一项防止焊接热污染的主要技术措施。应尽可能采用单面焊双面成型的新工艺，采取单面焊双面成型的新材料，对减少或避免在容器内部的施焊有很好的作用，可使操作人员免除或较少受到热辐射的危害。

将手工焊接工艺改为自动焊接工艺，如埋弧焊的焊剂层在阻挡弧光辐射的同时，也相应地阻挡了热辐射，因而对于防止热污染也是一种很有效的措施。

预热焊件时，为避免热污染的危害，可将炽热的金属焊件用石棉板一类的隔热材料遮盖起来，仅仅露出施焊的部分，这在很大程度上减少了热污染，在对预热温度很高的铬钼钢焊接时，以及对某些大面积预热的堆焊等，这是不可缺少的。

此外，在工作车间的墙壁上涂覆吸收材料，在必要时设置气幕隔离热源等，都可以起到降温的作用。

第三节　焊补化工设备作业的防中毒措施

一、发生中毒事故的原因

（1）在化工容器管道及其他狭小的作业空间焊接有涂层（如涂漆、塑料，或镀铅、锌等）或焊接经过脱脂的焊件时，由于涂层物质和脱脂剂在高温作用下蒸发或裂解形成有毒气体和有毒蒸气等。

（2）由于设备内尚存在有超过允许浓度的生产性毒物（如苯、汞蒸气、氰化物等），焊工进入设备内动火时而引起中毒。

（3）某些焊接工艺过程产生较多的窒息性气体（如 CO_2 保护焊过程产生的 CO）和其他有毒气体，由于作业空间狭小（如容器或船舱内），通风不良等可能造成焊工的急性中毒。

（4）对可燃和有毒介质的容器采用带压不置换动火时，从焊补的裂缝喷出有毒气体或蒸气。

（5）采用置换动火焊补时，置换后的容器内是缺氧环境，焊工进入动火时引起的窒息。

二、预防急性中毒的措施

（1）焊接经过脱脂处理或有涂层的母材时，在焊接操作地点应装设局部排烟装置。另外，也可以预先除去焊缝周围的涂层。

（2）焊工进入容器管道内或地沟里施焊时，应有专人看护，发现异常情况及时抢救。还应在焊工身上系一条牢靠的安全绳，另一端系铜铃并固定在容器外，焊工在操作中一旦发生紧急情况，即以响铃为信号，监护人又可利用绳子作为从容器里救出焊工的工具。

（3）对有毒和可燃介质的容器进行带压不置换动火时，焊工应戴防毒面具，而且应当在上风侧操作。根据风向风力，预先确定焊接过程中可能聚集有毒气体或蒸气的地区，不允许无关人员进入。采用置换作业焊补时，在焊工进入容器之前，应先化验容器里的气体，必须保证含氧量在18%～21%范围内，有毒物质的含量应符合《工业企业设计卫生标准》的有关规定。

（4）为消除焊接工艺过程产生窒息性和其他有毒气体的危害，在作业空间狭小的环境，应加强机械通风，稀释毒物的浓度。图3—5为可移式排烟罩机组在化工容器内施焊时的应用情况示意图。

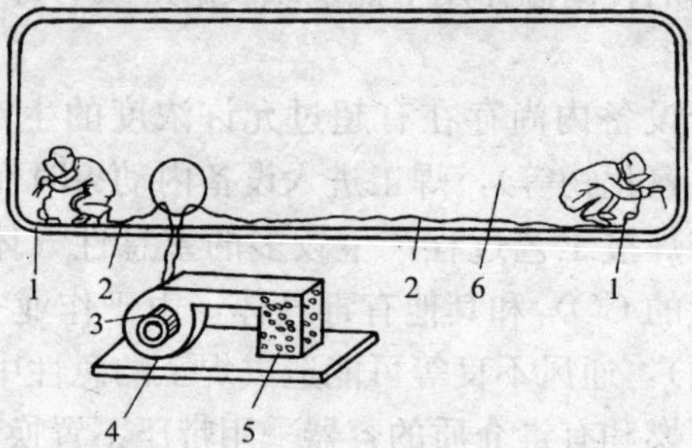

图3—5　化工容器内施焊用排烟机组

1—排烟罩　2—软管　3—电机　4—风机

5—过滤器　6—化工容器

在车间厂房内的焊割操作，应采用局部排烟装置并经过滤后排出室外。当工作室内高度小于3.5～4 m，或每个焊工工作空间小于200 m^3，或工作间（室、舱、柜等）内部有结构而影响空气流动，而且焊接工作点的烟尘及有毒气体超过《工业企业设计卫生标准》规定的允许浓度时，还应采取全面通风换气的措施（全面通风换气应保持每个焊工57 m^3/min的通风量）。

第四章

气焊与气割安全

第一节　气焊与气割原理和安全特点

一、气焊

1. 原理和设备

气焊是利用可燃气体与氧气混合燃烧的火焰来加热金属的一种熔化焊。

可燃气体有乙炔、丙烷、丙烯、氢气和炼焦煤气等，其中以乙炔燃烧的温度最高，达 3 100～3 300℃，其他几种气体的焊接效果均不如乙炔，所以乙炔在气焊中一直占主导地位。

乙炔与氧气混合燃烧的反应式：

$$2C_2H_2+5O_2 \xlongequal{\text{点燃}} 4CO_2+2H_2O+Q$$

乙炔是利用电石与水的相互作用来制取的：

$$CaC_2+2H_2O=C_2H_2+Ca(OH)_2+Q$$

气焊用来加热金属的主要能源——乙炔是可燃易爆气体，电石是遇水燃烧一级危险品，压缩纯氧（氧气瓶的最高工作压力为 14.7 MPa，纯度为 99.2%或 98.5%）是强烈氧化剂，它们都属于危险物品。

气焊使用的设备有氧气瓶和乙炔瓶（或乙炔发生器），主要工具有焊炬和胶管等。

2. 焊剂

气焊有色金属、铸铁和不锈钢时，还需要加焊剂。焊剂是气焊时的助熔剂，其作用是排除熔池里的高熔点金属氧化物，并以熔渣覆盖在焊缝表面，使熔池与空气隔绝，防止熔化金属被氧化，从而改善焊缝质量。

焊剂可分为化学作用气焊剂和物理作用气焊剂两类。化学作用气焊剂有酸性气焊剂和碱性气焊剂两种。

酸性气焊剂，如硼砂（$N_2B_4O_7$）、硼酸（H_3BO_3）以及二氧化硅（SiO_2），主要用于焊接铜或铜合金、合金钢等；碱性气焊剂如碳酸钠（Na_2CO_3），主要用于铸铁的焊接。

物理溶解作用气焊剂，如氟化钠（NaF）、氟化钾（KF）、氯化钠（NaCl）及硫酸氢钠（$NaHSO_4$），主要用于焊接铝及铝合金。

3. 应用

目前由于焊条电弧焊、CO_2 气体保护焊、氩弧焊等焊接工艺的迅速发展和广泛应用，气焊的应用范围有所缩小，但在铜、铝等有色金属的焊接领域仍有其独特的优势。

另外，气焊常用于薄板黑色金属焊接。建筑、安装、维修及野外施工等没有电源的场所，无法进行电焊时常使用气焊。

4. 安全特点

气焊的主要设备氧气瓶是高压容器，乙炔发生器是容易发生着火爆炸的设备，一旦发生回火，乙炔胶管和氧气胶管也可能发生着火爆炸。在检修焊补某些壁厚较薄的燃料容器和管道时，还会接触到诸如汽油桶、气柜、油箱、燃油或燃气管道等。如果其中存在可燃性混合气体，气焊火焰就是发生着火爆炸事故的着火源。

乙炔—氧气火焰温度为 3 100～3 300℃，在气焊火焰的作用下，火星、熔珠和熔渣四处飞溅，不但容易造成烧伤和烫伤事故，而且较大的熔珠、火星和熔渣能飞溅到距操作点 5 m 以外的地方，还会引燃可燃易爆物品，发生火灾和爆炸事故。

由此可以说明，火灾和爆炸是气焊与气割的主要危险，防火与防爆是气焊与气割安全的工作重点。

有色金属铅、铜、镁及其合金气焊时，在火焰高温作用下会蒸发出金属烟尘。如黄铜在焊接过程中放散大量锌蒸气；铅在焊接过程中放散铅和氧化铅蒸气等有毒的金属蒸气。此外，焊剂还会散发出氯盐和氟盐的燃烧产物。在检修焊补的操作中，还会遇到来自容器和管道里的其他生产性毒物和有害气体，尤其是在锅炉、舱室、密闭容器与管道、地沟或门窗关闭的室内等作业空间狭小的地方操作，都可能造成焊工中毒。

二、气割

1. 气割原理

气割是利用可燃气体与氧气混合通过割炬的预热割嘴导出并且燃烧生成预热火焰加热金属的。气割过程是，金属被预热到燃烧开始的温度（着火点）后，即从切割嘴的中心槽喷出切割氧，使金属遇氧开始燃烧，发出大量的热。这些热量与预热火焰一起使下一层的金属被加热，燃烧就迅速扩展到整个金属的深处（见图4—1）。金属燃烧时形成的氧化物，在熔化状态下被切割氧流从反应区吹走，使金属被切割开来。如果将割炬沿着直线或曲线以一定的速度移动，则金属的燃烧也将沿着该线进行。

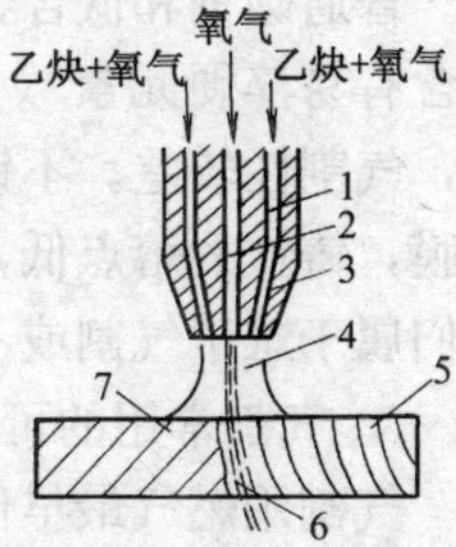

图4—1　气割示意图

1—混合气体通道　2—氧气通道　3—割嘴　4—预热火焰　5—切割纹道　6—氧化铁渣　7—割件

2. 气割过程和气割条件

归纳起来，氧气切割的几个步骤是：

(1) 预热金属。

(2) 被加热到着火点的金属在氧气射流中燃烧。

(3) 被熔化的熔渣从切割口中吹出。

气割过程归纳起来即预热—燃烧—吹渣。

金属材料的气割需满足下列条件才能顺利进行：

(1) 能同氧产生剧烈的氧化反应，并放出足够的热量，以保证把切口前缘的金属层迅速地加热到着火点。

(2) 金属的导热率不能太高，即导热性应较差，否则气割过程的热量将迅速散失，使切割不能开始或被中断。

(3) 金属的着火点应低于熔点，否则金属的切割将成为熔割过程。

(4) 金属的熔点应高于燃烧生成氧化物的熔点，否则，高熔点的氧化物膜会使金属层和气割氧隔开，造成燃烧过程中断。

(5) 熔渣的流动性要好。

普通碳钢和低合金钢符合上述条件，气割性能较好；高碳钢及含有易淬硬元素（如铬、钼、钨、锰等）的中合金和高合金钢，气割性较差。不锈钢含有较多的铬和镍，易形成高熔点的氧化膜，铸铁的熔点低，铜和铝的导热率高（铝的氧化物熔点高），它们属于难于气割或不能气割的金属材料。

3. 气割常用的可燃气体

气割用燃气最早使用的是乙炔，至今仍然广泛应用。随着工业的发展，人们探索多种的乙炔代用气体，如丙烷、丙烯、天然气、液化石油气（以丙烷、丁烷为主要成分），以及乙炔与丙烷、乙炔与丙烯混合气，等等。目前作为乙炔的代用气体中丙烷的用量最大。

4. 设备和工具

气割与气焊所应用的设备与工具基本相同，只是割炬和焊炬的构造略有差异。

5. 应用

气割技术广泛用于生产中的备料，切割材料的厚度可以从薄板（小于 10 mm）到极厚板（800 mm 以上），被切割材料的形状包括板材、钢锭、铸件冒口、钢管、型钢、多层板等。随着机械化、半机械化气割技术的发展，特别是数控火焰切割技术的发展，使得气割可以代替部分机械加工，有些焊件的坡口可一次直接用气割方法切割出来，切割后直接进行焊接。气割还广泛用于因更新换代的旧流水线设备的拆除、重型废旧设备和设施的解体等。

气割技术的应用领域几乎覆盖了机械、造船、石油化工、矿山冶金、交通能源等许多工业部门。

6. 安全特点

气割的危险性与气焊基本相同。由于切割氧的压力高，在高速喷射和冲击金属切割处时，造成熔渣的四处飞溅，要比气焊时更为激烈，因此，造成灼烫事故和引起工作地周围发生火灾爆炸事故的危险性很大。

第二节　气焊与气割火焰及工艺参数

一、气焊火焰

氧—乙炔火焰由焰心、内焰和外焰组成，火焰的形状如图 4—2 所示。

氧—乙炔混合气体在焰心内部被加热至着火温度，并在焰心外层发生分解：$C_2H_2 \rightarrow 2C + H_2$，产生强烈的白光，温度可达到 1 000℃左右。火焰中间部位为内焰，呈蓝色，氧与乙炔发生第一阶段燃烧：$2C + H_2 + O_2 \rightarrow 2CO + H_2$，这一区域温度最高，距内焰末端2～4 mm处温度可达 3 150℃，故为焊接区。因有一氧化碳和氢气存在，所以对许多金属的氧化物有还原作用。最外层火焰称外焰，为桔红色，燃烧不完全的一氧化碳和氢气与空气中的氧气进行第二阶段燃烧：

$$4CO + 2H_2 + 3O_2 = 4CO_2 + 2H_2O$$

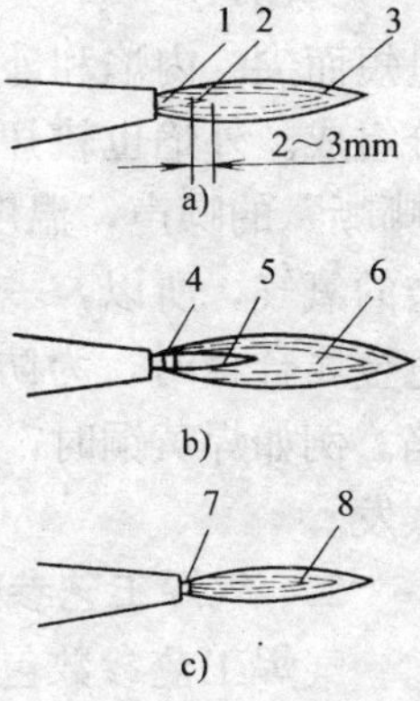

图 4—2　氧—乙炔火焰

a) 中性焰　b) 碳化焰　c) 氧化焰

1、4、7—焰心　2、5—内焰　3、6、8—外焰

火焰的形状与性质决定于混合气体中氧与乙炔的比例：

当$\frac{O_2}{C_2H_2}$=1.1～1.2时，称中性焰（见图4—2a），它的焰心为尖锥形，呈明亮白色，轮廓清楚，温度为950℃左右。内焰呈蓝白色，温度为3 050～3 150℃，焰心伸长20 mm左右。距离焰心2～4 mm处温度最高。外焰由里向外，由淡蓝色变为橙黄色，温度为1 200～2 500℃。中性焰与焊件无化学反应，应用最广，常用于焊接低碳钢、中碳钢及不锈钢等。

当$\frac{O_2}{C_2H_2}$<1.1时，称碳化焰或还原焰（见图4—2b），它的焰心较长，呈白色，外围略带蓝色；内焰呈淡蓝色、外焰呈橙黄色，乙炔过多时，还会冒黑烟。这种火焰的温度为2 700～3 000℃。碳化焰易使焊缝金属增碳。轻微的碳化焰常用于焊接铸铁、高碳钢、硬质合金、镁合金等。

当$\frac{O_2}{C_2H_2}$>1.2时，称氧化焰（见图4—2c），它的焰心缩短，呈短而尖。内焰和外焰没有明显的界限，好像由焰心和外焰两部分组成。外焰也较短，带蓝紫色，火焰笔直有劲，燃烧时发出"嘶嘶"的噪声，温度为3 100～3 300℃。因混合气体中含有剩余的氧气，所以，一般很少应用。焊接含有低沸点金属元素的有色金属合金时，为防止低沸点金属元素的蒸发，可采用弱氧化焰。例如焊黄铜时，由于熔池表面形成氧化物薄膜，可防止锌的蒸发。

二、气焊工艺参数

气焊工艺参数包括焊丝直径、火焰能率、焊嘴与工件的倾角、焊接速度和气体压力等。

1. 焊丝直径

焊丝直径若选用过小，则焊接时焊件尚未熔化，焊丝已很快熔化下滴，容易造成熔合不良等缺陷。相反，如果焊丝直径过大，焊丝加热时间增加会使焊件过热，扩大热影响区，降低焊接质量。

(1) 焊件厚度。焊丝直径与焊件厚度的关系见表 4—1。

表 4—1 焊丝直径与工件厚度关系 mm

焊件厚度	1～2	2～3	3～5
焊丝直径	1～2	2	2～3

(2) 焊缝位置。平焊时可选用直径较大的焊丝；立焊、仰焊和横焊应选用直径较小的焊丝。

(3) 焊接层次。多层焊的第一层应选直径较小的焊丝。

(4) 火焰能率。火焰能率较小时，应选用直径较小的焊丝。

(5) 左焊法时，应选择直径较小的焊丝。

2. 火焰能率

火焰能率是以每小时可燃气体（乙炔气）的消耗量来计算的，单位为 L/h。

可燃气体消耗量取决于焊嘴的大小。国产 H01—6 型焊炬的 1～5 号焊嘴的火焰能率分别为 120，240，280，330，430 L/h。

焊件的厚度越大，熔点越高，导热性越好，越应选择较大的火焰能率，以便保证焊透。

平焊应选择较大的火焰能率；立焊、横焊和仰焊宜选择较小的火焰能率。

在工艺条件和焊缝质量允许的条件下，选择较大的火焰能率有利于提高生产率。

3. 焊嘴的倾斜角

倾角是指焊嘴与工件平面之间的夹角，如图 4—3 所示。夹角大则火焰在焊件上呈圆形，热量集中，升温快；反之，夹角小则火焰在焊件上呈椭圆形，热量不集中，升温慢。

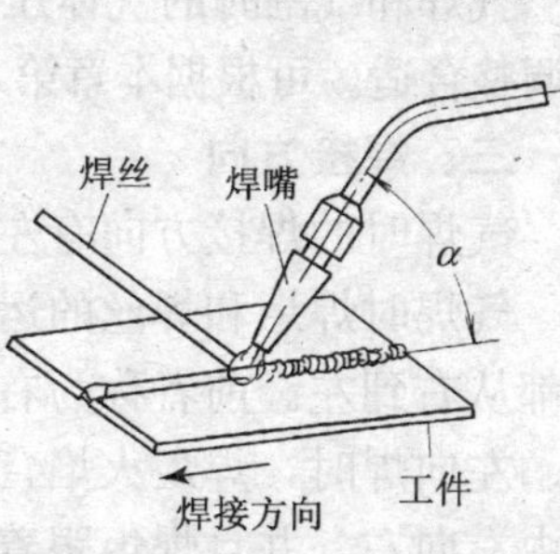

图 4—3 焊嘴倾角

焊炬倾斜角的大小主要取决于焊件的厚度、材料的熔点以及导热性。焊件越厚，导热性及熔点越高，越应采用较大的焊嘴倾斜度，使火焰的热量集中；相反，则采用较小的倾斜角度。

焊接碳素钢时，焊炬的倾斜角与焊件厚度的关系大致如下：焊件厚度≤1 mm 时为 20°；1～3 mm 时为 30°；3～5 mm 时为 40°；5～7 mm 时为 50°；≥15 mm 时为 80°。

不同材料的焊件，选用的焊炬倾斜角也有差别。例如，在焊接导热性较大的焊件时，焊炬倾斜角为 60°～80°；而焊接低熔点铝及铝合金时，焊接倾斜角接近 10°。

焊炬倾斜角在焊接过程中是需要改变的，在焊接开始时，采用的焊炬倾斜角为 80°～90°，以便较快地加热焊件和迅速地形成熔池。当焊接结束时，为了更好地填满弧坑和避免烧穿，可将焊炬的倾斜角减小，使焊炬对准焊丝加热，并使火焰上下跳动，断续地对焊丝和熔池加热。

在气焊过程中，焊丝和焊件表面的倾斜角一般为 30°～40°。

4. 焊接速度

焊接速度根据焊件厚度和所需的熔池宽度而定。对于一定厚度的焊件，操作者为了获得所需的焊缝熔深和熔宽，应掌握相应的焊接速度。

5. 气体压力

气焊和气割时的气体压力，主要来自氧气和乙炔压力，应选择调整合适。可根据本章第六节的表 4—11 和表 4—12 进行选择。

三、焊接方向

气焊时的焊接方向有左向焊和右向焊两种。

气焊时焊炬和焊丝的运走方向可以同时都从左到右，或者同时都从右到左。前者称为右向焊，而后者称为左向焊。

左向焊时，焊炬火焰背着焊缝而指向焊件未焊部分，焊接过程由右向左，并且焊炬跟着焊丝后面运走。右向焊时，焊炬火焰指向焊缝，焊接过程由左向右，并且焊炬是在焊丝前面移动的。

右向焊的优点是由于焊炬火焰指向焊缝，因此，火焰可以遮盖住熔池，隔离周围的空气，有利于防止焊缝金属的氧化和减少产生气孔；同时可使已焊好的熔敷金属缓慢冷却，改善焊缝质量；而且由于焰心距熔池较近以及火焰受坡口和焊缝的阻挡，火焰热量较为集中，火焰热能的利用率也较高，从而使熔深增加和生产率提高。右向焊的缺点主要是不易掌握，操作过程对焊件没有预热作用，一般较少采用，通常只用于焊接厚件和熔点较高的工件。

左向焊的优点是焊工能够清楚地看到熔池的上部凝固边缘，有利于获得高度和宽度较均匀的焊缝。由于焊炬火焰指向焊件未焊部分，对金属有预热作用，因此焊接薄板时，有利于提高生产效率。左向焊容易掌握，应用最普遍。缺点是焊缝易氧化，冷却较快，热量利用率较低，因此适用于焊接薄板和低熔点金属。

四、操作要点

1. 焊炬和焊丝的摆动

在焊接过程中，焊炬有三种运动，一是沿着焊接方向的移动；二是沿焊缝作横向摆动；三是打圆圈摆动。焊丝除与焊炬同时沿焊接方向移动和沿焊缝作横向摆动外，还有上下跳动。为了获得优良美观的焊缝，焊炬和焊丝应相互配合，作如图 4—4 所

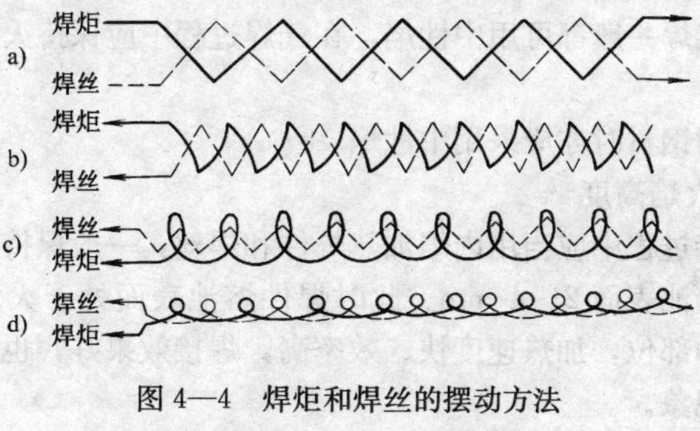

图 4—4　焊炬和焊丝的摆动方法

a）右焊法　b)、c)、d）左焊法

示的均匀协调的摆动。

在焊接某些有色金属时，还要用焊丝不断搅动熔池，促使气体析出和各种氧化物上浮。

2. 起焊

起焊的注意事项如下：

(1) 刚开始加热焊件时，为提高加热速度，焊嘴与工件之间应采用较大的倾角。在加热焊件的同时，将焊丝末端伸进外焰进行预热。

(2) 待焊件加热至熔化状态（形成熔池）后，应立即加进焊丝。当焊丝熔滴加入熔池后，再微微向前移动焊炬，形成新的熔池。应当强调指出，在焊件加热尚未形成熔池之前，不要过早加进焊丝，否则，此时焊丝熔化滴落会产生未熔合。

3. 收尾

收尾时，由于焊缝温度较高，为防止熔池扩大，避免烧穿，应减小焊嘴与工件之间的倾角，继续向熔池送入焊丝熔滴，火焰要上下起落几次，既可避免烧穿，又可使气泡逸出，防止气孔，并填满焊坑。将焊缝末尾的熔池填满后，火焰才能移开。综上所述，收尾的要领是：倾角小，焊速快、加丝快、慢离开。

4. 火焰调节

如前所述，除了焊黄铜等可调为氧化焰，焊铸铁等调为碳化焰外，气焊一般都可用中性焰，在气焊过程中应保持火焰性质的稳定。

气割钢材时亦应采用中性焰。

5. 火焰高度

焊接过程中应当用内焰加热焊件和焊丝，一般保持焰芯尖端离焊件熔池表面 2～4 mm。此时焊件熔池表面处于火焰内焰温度最高的部位，加热速度快、效率高，焊接效果好，也不容易发生回火现象。

如果焊件加热温度过高，熔池下塌时，应多加焊丝，把热量多用于熔化焊丝上，防止烧穿。

6. 焊缝接头

施焊中途停顿后，要在焊缝中断处接焊时，应用火焰将原焊缝端头处周围充分加热，待形成熔池后方可熔入焊丝，并注意焊丝熔滴与已熔化的原焊缝金属充分熔合。焊接重要焊件时，需适当增高与原焊缝的重叠厚度。

7. 钢板厚度不同时的火焰偏向

当两块钢板厚度不相同时，火焰的主要热量应偏向厚板方向。

焊接间隙较大的焊件和薄焊件时，为防止工件烧穿，可用焊丝挡住焰心，使火焰的高温部位不直接作用在焊件上。

第三节　常用气体性质与使用安全要求

一、乙炔

乙炔属于不饱和的碳氢化合物，化学式为 C_2H_2，结构简式为 $HC\equiv CH$，具有高的键能，化学性质非常活泼，容易发生加成、聚合和取代等各种反应。在常温常压下，乙炔是一种高热值的容易燃烧和爆炸的气体，相对密度为 0.91。

乙炔燃烧爆炸危险性

(1) 提高乙炔的压力和温度，会促使乙炔的分解爆炸。压力越高，促成分解爆炸所需的温度就越低；温度越高，在较小的压力下就会发生爆炸性分解。

此外，乙炔的自燃点为 335℃，容易受热自燃。

(2) 乙炔的点火能量小，仅 0.019 mJ，燃着的烟头，甚至尚未熄灭的烟灰已具有这个能量。

(3) 乙炔与空气混合形成的爆炸性混合物，爆炸极限为 2.2%～81%，自燃点为 305℃；与氧气混合形成的爆炸混合物有更宽的爆炸浓度范围，其爆炸极限为 2.8%～93%，自燃点为

300℃；与氯气混合在日光照射下或加热就会发生爆炸。另外，乙炔还能同氟、溴等化合，发生燃烧爆炸。

(4) 乙炔与铜、银接触会生成乙炔铜和乙炔银等爆炸性化合物，当受到摩擦或冲击时就会发生爆炸。

(5) 工业用乙炔含有磷化氢和硫化氢，它们都是有害的杂质。特别是磷化氢的自燃点较低，温度达 45～60℃时就会发生自燃，容易引起发生器里乙炔与空气混合气的着火爆炸事故。

(6) 某些触媒剂如氧化铁、氧化铜和氧化铝等多孔性物质，能把乙炔分子吸附在自己多孔的表面上，致使乙炔的表面浓度增加，促进乙炔分子的聚合和爆炸分解。

(7) 存放乙炔的容器直径越小，越不易发生爆炸，反之，容器直径越大，乙炔爆炸的危险性也就越大。

(8) 将乙炔与氮、水蒸气和二氧化碳等不起反应的气体混合，或者将乙炔熔解于液体（如丙酮），以降低其分解爆炸的危险性。

二、液化石油气

石油气是炼油工业的副产品。其成分不稳定，主要由丙烷（C_3H_8，一般大约占 50%～80%）、丙烯（C_3H_6）、丁烷（C_4H_{10}）和丁烯（C_4H_8）等气体混合组成。在常温、常压下组成石油气的这些碳氢化合物以气体状态存在，但只要加上不大的压力即变成液体，因此便于装入瓶中贮存和运输。

1. 液化石油气的燃烧爆炸危险性

(1) 组成石油气的气体都能和空气形成爆炸性混合气。但它们的爆炸极限范围都比较窄，如丙烷、丁烷和丁烯的爆炸极限分别为 2.17%～9.5%、1.15%～8.4%和 1.7%～9.6%，比乙炔要安全得多。石油气与氧气混合气的燃烧爆炸性能，请见北京市劳动保护科学研究所的试验结果（见表 4—2）。

(2) 石油气易挥发，闪点低（如组分丙烷挥发点为－42℃，闪点为－20℃）。

表 4—2　　液化石油气与氧气混合气的燃爆范围　　%

序号	液化石油气在混合气中所占的体积分数	燃爆情况
1	3.2	爆声微弱
2	6.0	有爆声
3	6.7	有爆声
4	12.9	有爆声
5	19.1	爆声较响
6	33.1	爆声响
7	36.2	爆声响
8	43	爆声响
9	51.5	爆声、强烈发光
10	64	爆声、强烈发光

(3) 石油气的燃烧反应式以丙烷为代表：

$$C_3H_8+5O_2=3CO_2+4H_2O+2\ 347\times10^3\ J/mol$$

火焰温度为 2 000℃～2 850℃。

(4) 气态石油气比空气重（约 1.5 倍），习惯于向低处流动而滞留积聚。液态石油气比汽油轻，能漂浮在水沟的液面上，随风流动并在死角处聚集。

(5) 液态石油气容易挥发，如果从气瓶中滴漏出来，会扩散成体积为 350 倍的气体。

(6) 石油气对普通橡胶导管和衬垫有润胀和腐蚀作用，能造成胶管和衬垫的穿孔或破裂。

随着我国石油化学工业的发展，石油气来源丰富，以它代替乙炔用于气割，具有较好的安全性。虽然它比乙炔火焰的温度低，钢板预热时间稍长，但可以减少切口的过烧现象，提高切口的光洁度和精度。同时，可以几层钢板叠在一起切割，结果切割速度比乙炔提高 20%～30%。因此，不论是从经济上还是从安全方面都有很大的优越性。在推广石油气代替乙炔的焊接工艺时，尚需在实践中进一步改进割炬喷嘴的结构，保证充分燃烧和提高火焰温度。

2. 使用安全要求

(1) 使用和贮存石油气瓶的车间和库房的下水道排出口，应设置安全水封；电缆沟进出口应填装砂土，暖气沟进出口应砌砖抹灰，防止石油气窜入其中发生火灾爆炸。室内通风孔除设在高处外，低处亦设有通风孔，以利空气对流。

(2) 不得擅自倒出石油气残液，以防遇火成灾。

(3) 必须采用耐油性强的橡胶，不得随意更换衬垫和胶管，以防腐蚀漏气。

(4) 点火时应先点燃引火物，燃后打开气阀。

三、氧气

在常温和大气压下，氧气是一种无色、无味、无臭的活泼助燃气体，是强氧化剂。空气中含氧 20.9%，气焊与气割用一级纯氧纯度为 99.2%，二级为 98.5%，满灌氧气瓶的压力为 14.7 MPa。

1. 压缩纯氧的危险性

(1) 增加氧的纯度和压力会使氧化反应显著地加剧。金属的燃点随着氧气压力的增高而降低，见表 4—3。

表 4—3　　金属的着火温度　　℃

金属名称	氧气压力（MPa）				
	1	10	35	70	126
铜	1 085	1 050	905	835	780
低合金钢	950	920	825	740	630
软钢		1 277	1 104	1 018	944

(2) 当压缩纯氧与矿物油、油脂或细微分散的可燃粉尘（炭粉、有机物纤维等）接触时，由于剧烈的氧化升温、积热而能够发生自燃，构成火灾或爆炸的原因。

(3) 氧气几乎能与所有可燃性气体和蒸气混合而形成爆炸性混合物，这种混合物具有较宽的爆炸极限的范围。多孔性有机物质（炭、炭黑、泥炭、羊毛纤维等）浸透了液态氧（所谓液态炸药），在一定的冲击力下，就会产生剧烈的爆炸。

2. 使用安全要求

（1）严禁用以通风换气。

（2）严禁作为气动工具动力源。

（3）严禁接触油脂和有机物。

（4）禁止用来吹扫工作服。

第四节　乙炔发生器

一、构造原理

乙炔发生器是利用电石和水相互作用而制取乙炔的设备。

国产乙炔发生器按工作原理可分为排水式、滴水式、排水—滴水联合式等几种。按所制取乙炔压力的不同，可分为低压式（乙炔压力在 0.007 MPa 以下）和中压式（乙炔压力为 0.007～0.15 MPa）两种。目前国内成批生产的主要是中压式乙炔发生器。根据其发气量不同，可分为 0.5、1、3、5 及 10 m^3/h 五种，一般情况下前两种制成移动式（轻便式），后三种制成固定式。

图 4—5 所示为目前广泛使用的排水式中压乙炔发生器，它主要由主罐 3、电石篮 4、回火防止器 10 和贮气罐 11 等组成。从图中可以看出，这类发生器的电石篮浸入水中后，电石与水充分接触。由于电石是在大量水中分解的，冷却条件好，乙炔含硫量少。而且由于电石分解过程中熟石灰不断在底部沉积，不容易形成熟石灰外壳而导致电石过热。

联合式乙炔发生器如图 4—6 所示，它主要由发生器主体 1、贮气挤压室 2、发气挤压室 5、发气室 7、乙炔洗涤器 12、加水桶 17、中心回火防止器 19 和岗位回火防止器 20 等组成。发生器主体作贮气和贮水之用，水经过三通阀进入发气室，与电石接

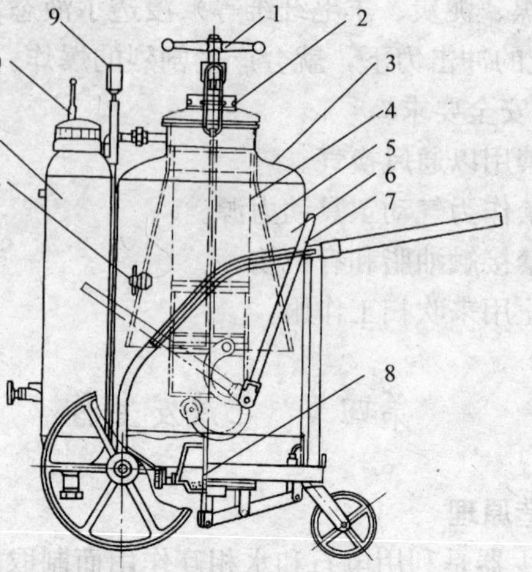

图 4—5　排水式中压乙炔发生器

1—手柄　2—爆破片　3—主罐　4—电石篮　5—发气室
6—挤压室　7—电石篮调节杆　8—出渣口　9—压力表
10—回火防止器　11—贮气罐　12—溢水阀

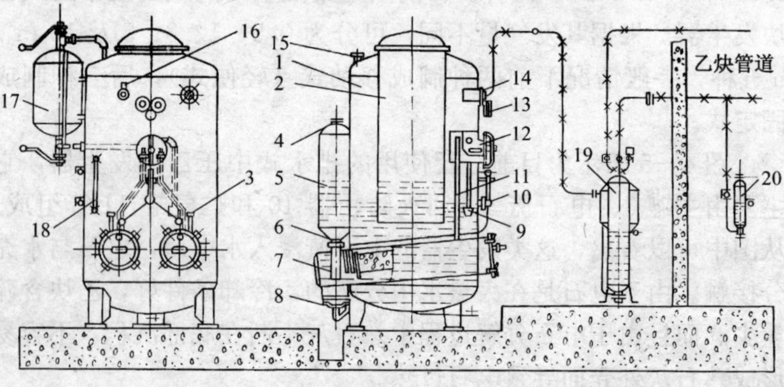

图 4—6　联合式中压乙炔发生器

1—发生器主体　2—贮气挤压室　3—温度计　4、15—爆破片　5—发气挤压室
6—电石篮　7—发气室　8—排渣阀　9—乙炔排气管　10—给水三通阀　11—出气管　12—乙炔洗涤器　13—乙炔压力表　14—过滤层　16—安全阀　17—加水桶　18—水位指示器　19—中心回火防止器　20—岗位回火防止器

触产生乙炔气体。当乙炔压力增高时，贮气室内的水一部分被排挤到贮气挤压室内，使贮气室的水位降低到给水三通阀以下，停止给水。已进入发气室的水仍与电石起作用，使发气室的压力继续增高，这时发气室的水被排挤到发气挤压室内，使水与电石完全脱离。当乙炔压力降低时，贮气挤压室和发气挤压室的水自动回到原来位置，继续产生气体。乙炔从出气管 11 经乙炔洗涤器 12 进入贮气室，再经过过滤层 14 和中心回火防止器 19 到使用地点的岗位回火防止器 20，供焊接或切割使用。这种发生器是根据压力来自动调节乙炔气的产生。

联合式乙炔发生器的优点是设有两个发气室，加料时可以轮换使用，不影响供气；在结构上用贮气室和发气室相互调节水位，使气体的压力比较稳定；装料、加水、排渣都很方便。另外，发生器还装设有温度计 3、压力表 13、爆破片 4 和 15、安全阀 16、水位指示器 18、回火防止器 19 和 20 等安全装置，因而使用比较安全。其缺点是由于电石是在少量水中分解的，所以产生的乙炔气含硫、磷较多；又因分解不完全，电石灰容易把电石包住，产生过热现象，特别在打开门孔加料而进入空气时，导致着火。如果加料过多，电石会堵塞加水管和调压筒，妨碍产气，甚至因电石灰体积膨胀致使电石篮拔不出来。一旦发气室和贮气室发生爆炸，由于没有足够的泄压面积，会把桶体炸坏。此外，加水系统容易堵塞失灵。

二、电石

电石是碳化钙的俗称，分子式为 CaC_2，断面为深灰色或棕色，坚硬呈块状。将焦炭和氧化钙放在电炉中熔炼可产生电石，其反应为：

$$CaO+3C=CaC_2+CO-4\ 518\times10^3\ J/mol$$

电石在制造时需吸收大量热量，制取一吨电石约需耗电 35000 kW·h。出炉的电石为半流体状，注入钢锭模凝固后，再按需要的粒度进行粉碎并立即装桶封存，电石粒度一般为 20～

80 mm。

电石燃烧爆炸的危险性主要有：

(1) 碳化钙本身不具燃烧性质，但与水的化合作用极为活跃。电石与水接触立即分解，产生乙炔气并放出大量热量，该热量即可引起乙炔着火爆炸。因此，电石属于遇水燃烧一级危险品。

电石与水的化合反应式为：

$$CaC_2+2H_2O=C_2H_2+Ca(OH)_2+127\times 10^3\ J/mol$$

电石与水化合时放出的大量热量，如果不能及时导出，在散热不良的条件下，就会因积热升温而促使乙炔着火爆炸。

电石和水有很大的化学亲和力，它能吸引空气中的水蒸气而发生化合作用。据实验证明，粒度为 2～8 mm 的电石露天存放 5 天，即能吸收空气中的潮气而完全分解。电石还能夺取盐类中的结晶水而产生化合作用。

(2) 电石一般含有杂质硅铁，硅铁与硅铁、或与其他铁器相互摩擦碰撞时，容易产生火花，成为乙炔着火爆炸的危险火源。

另外，电石还含有 CaS_2 和 Ca_3P_2 等有害杂质，其含量亦必须加以限制。

(3) 粒度越小，分解速度越快，大量反应热量来不及散发出去，容易造成局部过热而产生危险。

三、乙炔发生器着火爆炸事故的原因和分类

乙炔发生器是一种容易发生着火爆炸危险的设备，它的工作介质中有可燃易爆气体乙炔和遇水燃烧一级危险品电石。在加料换料时空气会进入罐内，发生回火时火焰和氧气还会进入发生器。因此，乙炔发生器发生着火和爆炸事故的原因比较复杂。

乙炔发生器发生着火爆炸事故的具体原因有：

1. 设备原因

(1) 结构设计不合理，冷却用水不足。这种情况大多存在于利用现有材料自制的发生器。

(2) 缺少必要的安全装置或安全装置失灵。

(3) 发生器罐体或胶管连接处漏气。

(4) 发生器的加料机构或调节机构等运动部分的机件，互相摩擦碰撞，产生火花。

2. 操作原因

(1) 在装换电石时遇着明火。

(2) 未按时换水或灌水量不足，造成电石过热。

(3) 在发生器罐内或胶管中，形成乙炔与空气（或氧气）的混合气。这类错误操作较为常见，例如在加料后，未将发气室内的乙炔与空气混合气排净，即给焊割炬点火；用氧气胶管吹除乙炔胶管的堵塞物，致氧气进入罐内；在更换电石和工作结束打开盖子时，有些焊工在盖上盖子后，错误地立即将发生器里的水放掉，致空气进入罐内，形成乙炔与空气混合气，等等。

(4) 操作过程中发生回火。

3. 电石质量原因

(1) 电石含磷过多。

(2) 电石颗粒太细。

(3) 电石含有硅铁。

4. 乙炔发生器的温度或压力过高。

5. 安全管理原因主要有：安全操作的规章制度不健全，工作现场管理混乱，非气焊与气割工操作使用乙炔发生器等。

四、乙炔发生器安全装置

为了保证乙炔发生器的安全运行，必须发挥一系列安全装置的作用，来防止爆炸的发生，并在一旦发生爆炸时保住罐体免遭破坏。乙炔发生器的防爆安全装置包括阻火装置、防爆泄压装置和指示装置三类。下面讨论各类安全装置的构造原理、作用及其正确使用方法。

1. 阻火装置

常用的是回火防止器，其作用是发生回火时防止火焰窜入贮气罐和主罐或阻止火焰在管道中蔓延。

(1) 回火及其原因。气焊火焰进入焊割炬喷嘴而逆向燃烧的现象称为回火。

焊接发生回火的原因，总的说来是火焰的燃烧速度大于乙炔和氧气混合气体的流速。回火的具体原因有：

① 焊、割炬过分接近熔融金属，焊、割嘴喷孔附近的压力增大，混合气体难以流出，喷射速度变慢。

② 焊嘴过热，混合气体受热膨胀，压力增高，增大混合气体的流动阻力。

③ 焊嘴被熔化金属飞溅堵塞，或焊炬内的气体通道被固体碳质微粒堵塞时，混合气体难以外流。

④ 焊炬阀门不严密，造成氧气倒回乙炔管道形成混合气，或加电石后没有放掉乙炔与空气的混合气，就对焊、割炬点火。

⑤ 乙炔调得太小、压力低或胶管阻塞、打折等，也会引起回火。这种现象在熄灭火焰（关火）时最常见。

(2) 回火防止器分类。回火防止器按阻火介质分为水封式和干式两种；按作用和容量分为岗位式和集中式（如安装于乙炔站供气管的总回火防止器）两种；按压力分为低压式（<0.07 MPa）和中压式($0.07 \sim 0.15$ MPa）两种；按结构分为开口式和闭合式两种。由于气焊与气割操作中的回火现象时有发生，尤其是在技术不甚熟练时更为常见，因此，回火防止器是乙炔发生器不可少的安全装置。安全规则规定，没有回火防止器或其结构和工作性能不符合安全要求，乙炔发生器则不得投入运行，不得进行气焊或气割操作。

(3) 回火防止器使用安全要求

① 回火防止器有缺陷（乙炔的流量不足或带水过多等）影响工艺要求时，应及时进行检修或更换。

② 每个岗位式回火防止器只能供一把焊炬或割炬使用。

③ 焊炬或割炬点火前，应排净回火防止器内的空气（或氧

气）与乙炔的混合气。

④ 每次回火后，应检查阻火介质（水封式的水量、干式的粉末冶金片或陶瓷管），以及泄压部位（爆破片或泄压阀），正常后才能继续使用。

⑤ 水封回火防止器使用时应垂直挂放，器内的水量不得少于水位计（或水位龙头）标定的要求。但也不宜过多，以免乙炔带水多而影响火焰温度。

⑥ 冬季使用水封回火防止器，工作结束后应把水全部排出、洗净，以免冻结。如发现冻结现象，只能用热水或蒸汽解冻，严禁用明火或红铁烘烤。

⑦ 乙炔气容易产生带黏性油质的杂质，因此，应经常检查水封回火防止器逆止阀的密封性。干式回火防止器的阻火元件如发生堵塞现象，可将其浸于丙酮里清洗，再用压缩空气吹干，保持气路通畅。

2. 泄压装置

其作用是当发生器的压力升高超过一定限值时，或是爆炸而产生压力时，能及时地自动泄出气体，降低压力，从而防止发生器罐体的破裂。例如安全阀、爆破片等。

(1) 爆破片。为保证乙炔发生器爆破片的安全可靠性，要求爆破片必须是罐体的薄弱环节，一旦发生爆炸时应立即破裂，而且必须有足够的泄压孔面积，否则，罐体仍然会被炸坏。

目前用于发生器的爆破片材料有铝箔片和橡胶片等。比较起来，用铝箔片作爆破片比较理想。它的特点是延伸性和弹性都小，脆性大，并有足够的强度，厚度 0.1 mm 的铝箔片破裂压力为 0.18～0.25 MPa，使用寿命长，气密性好。当泄压孔直径小于 100 mm 时，可采用厚度为 0.1 mm 的铝箔片；孔径为 100～300 mm 时，应采用 0.2 mm 厚的铝箔片，以便消除爆破片发生鼓包变形现象。同时可以在铝箔片上刻画刀痕或滚花，以减弱爆破片的破裂强度，保证在发生爆炸时及时破裂。橡胶片韧性较好，受压后易鼓包变形，但往往因不能及时破裂而失去安全作用。目前有用再生胶片的，并在胶片上安装剪刀刃，以促使在爆炸发生时及时破裂，但仍缺乏安全可靠性，一般不宜采用。

乙炔发生器的罐体每次发生爆炸后，应当用规定的材料及时更换破裂的爆破片，不得随便用其他材料替换。

(2) 安全阀。亦称泄压阀，它的作用是保证中压乙炔发生器的压力超过安全规定的压力时能自动开启，把罐内乙炔放出一部分，当压力降至安全范围时即自动关闭，以保证不超压运行，从而实现把乙炔压力自动控制在安全规则规定的范围内。安全规则规定，乙炔发生器安全阀的开启压力应为 0.115 MPa。安全阀开放时，乙炔从阀中喷出，会发出“吱吱”的响声，还能起到一种自动报警的作用。

为保证安全阀经常保持灵敏有效，应定期作排气试验，以防止排气管、阀体及弹簧等被乙炔气流中的灰渣、黏性杂质及其他脏物粘结堵塞。应经常检查安全阀是否有漏气或不停地排气等现象，并及时检修。禁止采取拧紧调节螺栓甚至用铁丝捆死阀门或其他使安全阀失效的错误做法来消除泄漏。

安全阀泄漏一般是由于密封面被腐蚀或磨损而产生凹坑沟痕，或者阀芯与阀座的同心度由于安装不正确或其他原因而被破坏，以及安全阀装配质量不好等原因造成的。

3. 指示装置

乙炔的燃爆与温度、压力、发生器的冷却条件等直接有关。指示装置的作用是显示乙炔的压力，水和乙炔的温度及水量等。这类装置有压力表、温度计和水位指示器等。

(1) 压力表。中压乙炔发生器必须装设压力表，以直接指示罐体内部的乙炔压力值。常用的是弹簧管式乙炔专用压力表，表盘的量程为 0.25 MPa。

为使压力表保持灵敏准确，在使用过程中应注意维护和检修。

(2) 温度计。用于测量乙炔气温和发生器电石分解区域水温的温度计，应采用酒精温度计，禁止使用水银温度计。温度计的玻璃护管应经常擦洗，使温度计的刻度清晰易见。

(3) 水位指示器。可以采用水位计或水位龙头。应当按水位计的标志或水位龙头指示的水位要求，给发生器各罐体灌足水量。水位计的指示刻度应保持清晰易见，水位龙头不应锈蚀。

固定式乙炔发生器必须保证上述一系列安全装置齐全和工作性能正常。容量较小的移动式发生器可以不装设温度计。

五、乙炔发生器使用安全要求

发生器的操作人员必须受过专门安全培训，熟悉发生器的结构原理、维护规则及安全操作技术，并经安全技术考试合格。禁止非气焊工操作乙炔发生器。

发生器的使用需注意下列安全事项：

1. 乙炔发生器的布设原则

移动式发生器可以安置在室外，也可以安置在自然通风良好的室内。但禁止安置在锻工、铸工和热处理等热加工车间和正在运行的锅炉房内。固定式发生器应布置在单独的房间，在室外安置时，应有专用棚子。

乙炔发生器不应布设在高压线下和吊车滑线下等处；不准靠近空气压缩机、通风机的吸风口，并应布置在下风侧；不得布设在避雷针接地导体附近，乙炔发生器与明火、散发火花地点、高压电源线及其他热源的水平距离应保持在 10 m 以上，不准安放在剧烈震动的工作台和设备上。夏季在室外使用移动式发生器时应加以遮盖，严禁在烈日下暴晒。

2. 使用前的准备工作

首先应检查发生器的安全装置是否齐全，工作性能是否正常，管路、阀门的气密性是否良好，操纵机构是否灵活等，在确认正常后才能灌水并加入电石。

灌水必须按规定装足水量。冬季使用发生器时如发现冻结，只能用热水或蒸汽解冻，严禁用明火或烧红铁烘烤，更不准用铁器等易产生火花的物体敲击。

3. 乙炔发生器的启动

发生器启动前要检查回火防止器的水位，待一切正常后，才能打开进水阀给电石送水，或通过操纵杆让电石篮下降与水接触产生乙炔。这时应检查压力表、安全阀及各处接头等处是否正常。

4. 工作过程中的管理与维护

在供气使用前应排放发生器内留存的乙炔与空气混合气。运行过程中清除电石渣的工作，必须在电石完全分解后进行。

发生器内水温超过 80℃时，应该灌注冷水或暂时停止工作，采取冷却措施使温度下降。不可随便打开发生器和放水，以防止因电石过热引起着火和爆炸。

5. 停用时的清理工作

发生器停用时应先将电石篮提高脱离水面或关闭进水阀使电石停止产气。然后再关闭出气管阀门，停止乙炔输出。开盖取出电石篮后应排渣和清洗干净。

必须强调指出，在开盖取出电石篮时，若发生器着火，不得采取盖上盖子后立即放水的操作办法。在工作结束时，发生器因较长时间的运行，容易造成电石过热而发生乙炔着火现象。此时，有些操作者误认为只要把水放掉，罐里就空了，没有水和电石起作用，也就安全了。因为这种错误操作造成的伤亡事故时有发生，所以，近来在有些发生器的使用说明书上，对此已有专门的条文做了规定。正确的操作方法是：开盖发现着火时，应立即盖上盖子，以隔绝空气。接着使电石与水脱离接触，待冷却降温后才能再开盖和放水。

第五节　常用气瓶

用于气焊与气割的氧气瓶属于压缩气瓶，乙炔瓶属于溶解气瓶，液化石油气瓶属于液化气瓶。应当根据各类气瓶的不同特点，采取相应的安全措施。

一、气瓶结构

1. 氧气瓶

氧气瓶是用来贮存和运输氧气的高压容器。最高工作压力为 14.7 MPa，搬运装卸时还要承受震动、滚动和碰撞冲击等外界作用力。瓶装压缩纯氧是强烈氧化剂，由于氧气中通常含有水分，瓶内壁会受到腐蚀损伤，因此对氧气瓶的制造质量要求十分严格，出厂前必须经过严格技术检验，以确保质量完好。

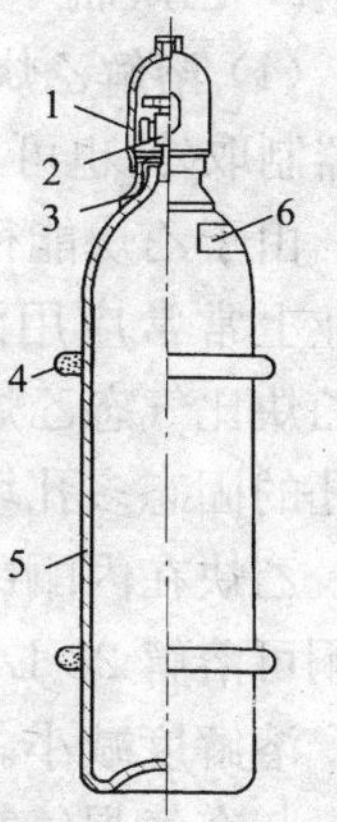

图 4—7　氧气瓶

1—瓶帽　2—瓶阀

3—瓶箍　4—防震圈

5—瓶体　6—标志

氧气瓶的结构如图 4—7 所示。通常采用优质碳素钢或低合金钢轧制成无缝圆柱形。瓶体 5 的上部瓶口内壁攻有螺纹，用以旋上瓶阀 2，瓶口外部还套有瓶箍 3，用以旋装瓶帽 1，以保护瓶阀不受意外的碰撞而损坏。防震圈 4（橡胶制品）用来减轻震动冲击，瓶体的底部呈凹面形状或套有方形底座，使气瓶直立时保持平稳。瓶壁厚度约为 5～8 mm。

氧气的充装量一般可用氧气瓶的容积与压力的乘积来计算：

$$V=V_0 p$$

式中　V——氧气充装量，m^3；

V_0——氧气瓶容积，L（一般常用 $V_0=40$ L）；

p——气瓶压力，MPa 表压（满瓶压力 $p=14.7$ MPa）。

目前我国生产的氧气瓶规格见表 4—4。

表 4—4　　　　　　　　　　氧气瓶规格

瓶体表面涂色	工作压力（MPa）	容积（L）	瓶体外径（mm）	瓶体高度（mm）	重量（kg）	水压试验压力（MPa）	采用瓶阀
天蓝	14.7	33 40 44	ϕ219	1 150±20 1 137±20 1 490±20	54±2 55±2 57±2	22.5	QF—2 铜阀

氧气瓶外表面漆天蓝色，并有黑漆写的“氧气”字样。

2. 乙炔瓶

(1) 溶解乙炔。气焊与气割用乙炔，除了各厂矿自己用乙炔发生器制取外，也可采用专门工厂制造的用乙炔瓶盛装的溶解乙炔。

由于乙炔能很好地溶解于许多液体之中，尤其是有机溶剂，工业上常常应用丙酮（CH_3COCH_3）溶解乙炔。溶解于丙酮内的乙炔比气态乙炔的爆炸危险小得多，如果将溶液吸收在具有显微孔的固态多孔填料内，则溶解的乙炔就更安全。

乙炔在丙酮中有较大的溶解度，在 15℃和 0.2 MPa 时每升丙酮可溶解 23 L 乙炔。提高压力则溶解度增大，提高温度则相反，溶解度减小。

与在气焊气割加工地点由乙炔发生器直接得到的气态乙炔相比，溶解乙炔具有许多显著的优点：

① 据国内外实际经验表明，溶解乙炔由于是大量生产的，可节省电石 30%左右，即电石利用率高，经济性好。

② 乙炔气的纯度高，有害杂质和水分含量很少。

③ 经对乙炔瓶的震动、冲击、升温、局部加热、回火和枪击等试验，证明乙炔瓶具有较好的安全性，因此允许在热加工车间和锅炉房使用。

④ 可以在低温情况下工作。因为没有水封回火防止器及橡胶皮管中水分结冰而停止供气的危险，所以对北方寒冷地区更具优越性。

⑤ 焊接设备轻便，操作简单省事，工作地点也较清洁卫生。因为没有电石、给水、排水和贮存电石渣的装置，可省去经常性的加料、排渣和看管发生器等操作事项。

⑥ 乙炔气的压力高，能保证焊炬和割炬的工作稳定。

由于上述多方面的优点，乙炔瓶已逐渐取代乙炔发生器。

(2) 乙炔瓶构造。乙炔瓶是一种贮存和运输乙炔用的压力容器，如图 4—8 所示。瓶体 4 内装着浸满丙酮的多孔性填料 5，使乙炔稳定而又安全地贮存于乙炔瓶内。使用时打开瓶阀 2，溶解于丙酮内的乙炔就分解出来，通过瓶阀流出，气瓶中的压力即逐渐下降。瓶口中心的长孔内放置过滤用的不锈钢线网和毛毡 3（或石棉）。瓶里的填料可以采用多孔而轻质的活性炭、硅藻土、浮石、硅酸钙、石棉纤维等。目前多采用硅酸钙。

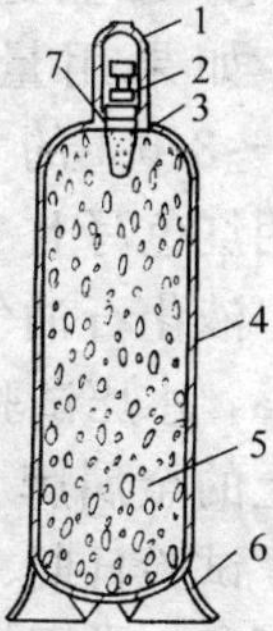

图 4—8　乙炔瓶

1—瓶帽　2—瓶阀　3—毛毡　4—瓶体　5—多孔性填料　6—瓶座　7—瓶口

乙炔瓶的公称容积和直径，可按表 4—5 选取。

表 4—5　　乙炔瓶公称容积和直径

公称容积 (L)	≤25	40	50	60
公称直径 (mm)	220	250	250	300

乙炔瓶的设计压力为 3 MPa，水压试验压力为 6 MPa。乙炔瓶采用焊接气瓶，即气瓶筒体及筒体与封头（圆形或椭圆形）用焊接法连接。

乙炔瓶的外表面漆白色，并标注红色的“乙炔”和“火不可近”字样。

3. 液化石油气瓶

液化石油气瓶的外形如图 4—9 所示。一般采用 16Mn 钢、优质碳素钢等薄板材料制造，气瓶壁厚为2.5～4 mm。气瓶贮存量分别为10 kg、15 kg及30 kg等。一般民用气瓶大多为10 kg，工业上常采用20 kg或30 kg气瓶。如果用量很大，还可制造容量为1.5～3.5 t的大型贮罐。气瓶漆银灰色，并用红色写上“液化石油气”字样。

图4—9　液化石油气瓶

液化石油气瓶最大工作压力为1.56 MPa，水压试验压力为3 MPa。气瓶试验鉴定后，应在固定于瓶体上的金属牌上注明：制造厂名、编号、重量、容量、制造日期、试验日期、工作压力、试验压力等，并标有制造厂检查部门的钢印。常用的液化石油气瓶规格见表4—6。

表4—6　　液化石油气瓶规格

类　别	容积 (L)	外径 (mm)	壁厚 (mm)	瓶高 (mm)	自重 (kg)	材　质	耐压试验水压为 (MPa)
10 kg	23.5	325	4	530	13	20#或Q235	3.2
12～12.5 kg	29	325	2.5	—	11.5	16 Mn	3.2
15 kg	34	335	2.5	645	12.5	16 Mn	3.2
20 kg	47	380	3/2.5	650	20/25	Q235/16 Mn	3.2

二、气瓶发生爆炸事故的原因和安全措施

1. 氧气瓶

(1) 发生爆炸事故的原因。氧气瓶的爆炸大多属于物理性爆炸。其主要原因有：

① 气瓶的材质、结构有缺陷，制造质量不符合要求，例如材料脆性，瓶壁厚薄不匀，有夹层、瓶体受腐蚀等。

② 在搬运装卸时，气瓶从高处坠落、倾倒或滚动，发生剧烈碰撞冲击。

③ 气瓶直接受热。

④ 开气速度太快，气体含有水珠，铁锈等颗粒，高速流经

瓶阀时产生静电火花，或由于绝热压缩引起着火爆炸。

⑤ 未按规定期限作技术检验。

⑥ 气瓶瓶阀由于没有瓶帽保护，受震动或使用方法不当时，造成密封不严、泄漏，甚至瓶阀损坏，使高压气流冲出。

⑦ 由于气瓶压力太低或安全管理不善等造成氧气瓶内混入可燃气体。

⑧ 解冻方法不当。氧气从气瓶流出时，体积膨胀，吸收周围的热量，瓶阀处容易发生霜冻现象，如用火烤或铁器敲打，易造成事故。

⑨ 氧气瓶阀等处沾附油脂。

(2) 氧气瓶安全措施

① 为了保证安全，氧气瓶在出厂前必须按照《气瓶安全监察规程》的规定，严格进行技术检验。检验合格后，应在气瓶肩部的球面部分作明显的标志，标明瓶号、工作压力和检验压力、下次试压日期等。

② 充灌氧气瓶时，必须首先进行外部检查，同时还要化验鉴别瓶内气体成分，不得随意充灌。

气瓶充灌时，气体流速不能过快，否则易使气瓶过热，压力剧增，造成危险。

③ 气瓶与电焊机在同一工地使用时，瓶底应垫以绝缘物，以防气瓶带电。与气瓶接触的管道和设备要有接地装置，防止由于产生静电而造成燃烧或爆炸。

冬季使用气瓶时由于气温比较低,加之高压气体从钢瓶排出时,吸收瓶体周围空气中的热量,所以瓶阀或减压器可能出现结霜现象。可用热水或蒸汽解冻,严禁使用火焰烘烤或用铁器敲击瓶阀,也不能猛拧减压器的调节螺丝,以防气体大量冲出造成事故。

④ 防震。在贮运和使用过程中，应避免剧烈震动和撞击，搬运气瓶必须用专门的抬架或小推车，禁止直接使用钢绳、链条、电磁吸盘等吊运氧气瓶。车辆运输时，应用波浪形瓶架将气

瓶妥善固定，并应戴好瓶帽，防止损坏瓶阀。轻装轻卸，严禁从高处滑下或在地面滚动气瓶。使用和贮存时，应用栏杆或支架加以固定、扎牢，防止突然倾倒。

⑤ 防热。氧气瓶应远离高温、明火和熔融金属飞溅物，安全规则规定应相距 5 m 以上。夏季在室外使用时应加以覆盖，不得在烈日下暴晒。

⑥ 开气应缓慢，防静电火花和绝热压缩。

⑦ 留有余气。氧气瓶不能全部用尽，应留有余气 0.2～0.3 MPa，使氧气瓶保持正压，并关紧阀门防止漏气。目的是预防可燃气体倒流进入瓶内，而且在充气时便于化验瓶内气体成分。

⑧ 不得使用超过应检期限的气瓶。氧气瓶在使用过程中，必须按照安全规则的规定，每 3 年进行一次技术检验。每次检验合格后，要在气瓶肩部的标志上标明下次检验日期。满灌的氧气瓶启用前，首先要查看应检期限，如发现逾期未作检验的气瓶，不得使用。

⑨ 防油。氧气瓶阀不得沾附油脂，不得用沾有油脂的工具、手套或油污工作服等接触瓶阀和减压器。

（3）液态氧贮罐安全。在气焊与气割工艺中一般直接采用瓶装或罐贮液态氧。液态氧在进入焊割工具之前，需预先使其蒸发变为气体后，才能使用。

液态氧贮罐安全措施主要有：

① 液氧贮罐周围 30 m 内不得有任何明火及可燃物。

② 必须经常检查并保持压力计和安全阀工作性能的可靠性。

③ 贮罐应放置在不燃材料建造的地面上，在 0.9 m 范围内不准铺设柏油及沥青路面。放置贮罐的地面如有坡度，应有防止漏出液氧流散的措施，否则，遇油脂即会发生爆炸。

④ 贮罐的保温材料不得随便用有机物替换。

⑤ 定期分析液氧中乙炔的浓度。

⑥ 工作过程中应注意避免使液氧粘附在工作服和皮肤上。

2. 乙炔瓶

(1) 乙炔瓶发生着火爆炸事故的原因

① 与氧气瓶爆炸原因相同。

② 乙炔瓶内填充的多孔物质下沉，产生净空间，使部分乙炔处于高压状态。

③ 由于乙炔瓶横躺卧放，或大量使用乙炔时丙酮随之流出。

④ 乙炔瓶阀漏气等。

(2) 乙炔瓶的安全措施

① 与氧气瓶安全措施的①～⑥条相同（其中有关气瓶的出厂检验，应按照《溶解乙炔瓶安全监察规程》的规定）。

② 使用乙炔瓶时，必须配用合格的乙炔专用减压器和回火防止器。

③ 瓶体表面温度不得超过 40℃。瓶温过高会降低丙酮对乙炔的溶解度，导致瓶内乙炔压力急剧增高。在普通大气压下，温度 15℃时，1 L 丙酮可溶解 23 L 乙炔，30℃为 16 L，40℃时为 13 L。因此，在使用过程中要经常用手触摸瓶壁，如局部温度升高超过 40℃（会有些烫手），应立即停止使用，在采取水浇降温并妥善处理后，送充气单位检查。

④ 乙炔瓶存放和使用时只能直立，不能横躺卧放，以防丙酮流出引起燃烧爆炸（丙酮与空气混合气的爆炸极限为 2.9%～13%）。乙炔瓶直立牢靠后，应静候 15 min 左右，才能装上减压器使用。开启乙炔瓶的瓶阀时，不要超过一圈半，一般情况只开启 3/4 圈。

⑤ 存放乙炔瓶的室内应注意通风换气，防止泄漏的乙炔气滞留。

⑥ 乙炔瓶不得遭受剧烈震动或撞击，以免填料下沉，形成净空间。

⑦ 乙炔瓶的充灌应分两次进行。第一次充气后的静置时间不少于 8 h，然后再进行第二次充灌。不论分几次充气，充气静

置后的极限压力都不得大于表 4—7 的规定。

表 4—7　　乙炔瓶内允许极限压力与环境温度的关系

温度（℃）	—10	—5	0	+5	+10	+15	+20	+25	+30	+35	+40
压力（表压，MPa）	7	8	9	10.5	12	14	16	18	20	22.5	25

⑧ 瓶内气体严禁用尽，必须留有不低于表 4—8 规定的剩余压力。

表 4—8　　乙炔瓶内剩余压力与环境温度的关系

环境温度（℃）	<0	0～15	15～25	25～40
剩余压力（MPa）	0.05	0.1	0.2	0.3

3. 液化石油气瓶

(1) 发生着火爆炸事故的原因

① 同氧气瓶发生爆炸事故原因的①～⑥。

② 液化石油气瓶充灌过满，受热时瓶内压力剧增。

③ 气瓶角阀、O 形垫圈漏气。

(2) 安全措施

① 同氧气瓶安全措施的①～⑥。

② 气瓶充灌必须按规定留出气化空间，不能充灌过满。

③ 衬垫、胶管等必须采用耐油性强的橡胶，不得随意更换衬垫和胶管，以防因受腐蚀而发生漏气。

④ 冬季使用液化石油气瓶，可在用气过程中以低于 40℃的温水加热。严禁用火烤或沸水加热，不得靠近炉火和暖气片等热源。

⑤ 使用和贮存液化石油气瓶的车间和库房下水道的排出口，应设置安全水封，电缆沟进出口应填装砂土，暖气沟进出口应砌砖抹灰，防止气体窜入其中发生火灾爆炸。室内通风孔除设在高处外，低处亦应设有通风孔，以利空气对流。

⑥ 不得自行倒出石油气残液，以防遇火成灾。

⑦ 液化石油气瓶出口连接的减压器，应经常检查其性能是否正常。减压器的作用不仅是把瓶内的液化石油气压力从高压减到3 510 Pa的低压，而且在切割时，如果氧气倒流入液化气系

统，减压器的高压端还能自动封闭，具有逆止作用。

4. 减压器安全要求

(1) 各种气体专用的减压器，禁止换用。

(2) 减压器在专用气瓶上应安装牢固。采用螺纹连接时，应拧足 5 个螺纹以上，采用专门夹具夹紧时，装卡应平整牢靠。

(3) 同时使用两种不同气体进行焊接、气割时，不同气瓶减压器的出口端都应各自装有单向阀，防止相互倒灌。

(4) 禁止用棉、麻绳或一般橡胶等易燃物料作为氧气减压器的密封垫圈。禁止油脂接触氧气减压器。

(5) 不准在减压器上挂放任何物件。

三、气瓶的定期检验和涂色

气瓶在使用过程中必须根据国家《气瓶安全监察规程》和《溶解乙炔瓶安全监察规程》的要求，进行定期技术检验。充装无腐蚀性气体的气瓶，每 3 年检验一次；充装有腐蚀性气体的气瓶，每两年检验一次。气瓶在使用过程中如发现有严重腐蚀、损伤或有怀疑时，可提前进行检验。气瓶的受检期限见表 4—9。

表 4—9　　焊接常用气瓶受检期限和试验压力

气体		最高工作压力 (MPa)	水压试验压力 (MPa)	阀门螺纹	受检期限 (年)
压缩气体	氧	15	22.5	右旋	3
	氮	15	22.5	右旋	3
	氩	15	22.5	右旋	3.5
	氢	15	22.5	左旋	3
液化气体	石油气	1.6	3.2	右旋	3
	二氧化碳	12.5	18.75	右旋	
溶解气体	乙炔	1.55	6.0	左旋	

乙炔瓶在使用过程中不再进行水压试验，只作气压试验，试验压力为 3.5 MPa，所用气体为纯度不低于 90% 的干燥氮气。试验时将乙炔瓶浸入地下水槽内，静置 5 min 后检查，如发现瓶壁渗漏，则予以报废。

各种气瓶应涂有规定的颜色和标志，以便识别，见表 4—10。

表 4—10　　气瓶的漆色

气瓶的用途	漆　色	标字的内容	标字的颜色	线条颜色
氩	黑色	氮	黄色	棕色
氨	黄色	氨	黑色	—
乙炔	白色	乙炔	红色	—
氢	深绿色	氢	红色	—
硫化氢	白色	硫化氢	红色	红色
空气	黑色	压缩空气	白色	—
二氧化硫	黑色	二氧化硫	白色	黄色
二氧化碳	黑色	二氧化碳	黄色	—
氧	浅蓝色	氧	黑色	—
氯	保护色	—	—	绿色
光气	保护色	—	—	红色
其他一切非可燃气体	黑色	气体名称	黄色	—
其他一切可燃气体	红色	气体名称	白色	—

第六节　焊　割　炬

一、构造原理

1. 焊炬

焊炬的作用是使可燃气体和氧气按一定比例互相均匀混合，以获得具有所需温度和热量的火焰。在焊接过程中，由于焊炬的工作性能不正常或操作失误，往往会导致焊接火焰自焊炬烧向胶管内而产生回火燃烧、爆炸事故，或熔断焊炬。为了安全使用焊炬，需要对其结构原理作一简单介绍。

焊炬又名焊枪、龙头、烧把或熔接器。按可燃气体与氧气混合的方式分为射吸式和等压式两类。目前国内生产的焊炬均为射吸式。图 4—10 所示为目前使用较广的 H01—6 型射吸式焊炬。开启乙炔调节手轮 3 时，乙炔聚集在喷嘴口外围并单独通过射吸式的混合气管 4 由焊嘴 5 喷出，但压力很低，流动较慢。当开启氧气调节手轮 6 时，氧气即从喷嘴口快速射出，将聚集在喷嘴周围的低压乙炔吸出，并在混合气管内按一定的比例混合后从焊嘴喷出。

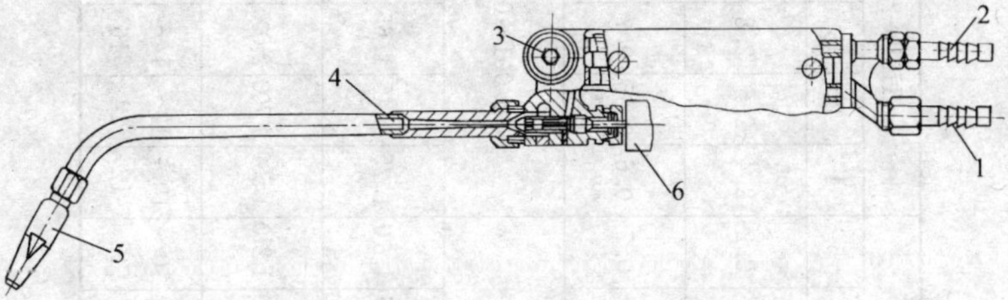

图 4—10　H01—6 型射吸式焊炬

1—氧气接头　2—乙炔接头　3—乙炔调节手轮

4—混合气管　5—焊嘴　6—氧气调节手轮

射吸式焊炬的主要技术数据见表 4—11。

2. 割炬

作用是使氧气与乙炔按比例进行混合，形成预热火焰，并将高压纯氧喷射到被切割的工件上，使切割处的金属在氧射流中燃烧，氧射流并把燃烧生成物吹走而形成割缝。

目前我国采用最普遍的是射吸式割炬，其结构形状如图 4—11所示。割炬与焊炬不同的地方，就是多了一套切割用氧的管子和喷嘴，以及调节切割用氧的手轮和阀门。

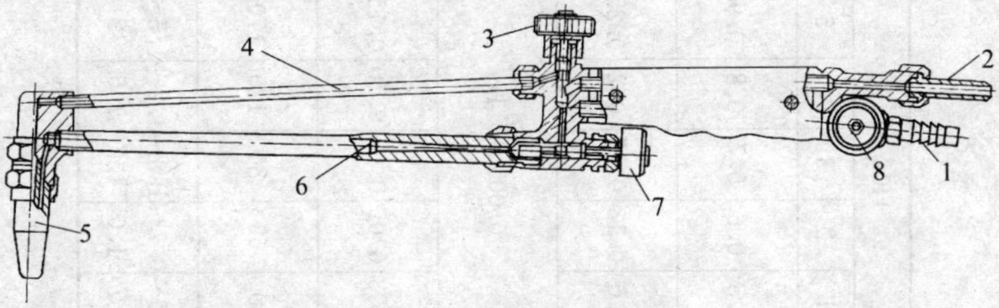

图 4—11　射吸式割炬

1—乙炔接头　2—氧气接头　3—高压氧调节手轮　4—高压氧气管

5—割嘴　6—混合气管　7—氧气调节手轮　8—乙炔调节手轮

割炬的型号及主要技术数据见表 4—12。

表 4—11　射吸式焊炬的型号及主要技术数据

焊炬型号	H01—2					H01—6					H01—12					H01—20				
焊嘴号码	1	2	3	4	5	1	2	3	4	5	1	2	3	4	5	1	2	3	4	5
焊嘴孔径 (mm)	0.5	0.6	0.7	0.8	0.9	0.9	1.0	1.1	1.2	1.3	1.4	1.6	1.8	2.0	2.2	2.4	2.6	2.8	3.0	3.2
氧气压力 (MPa)	1.0	0.13	0.15	0.2	0.25	0.2	0.25	0.3	0.35	0.4	0.4	0.45	0.5	0.6	0.7	0.6	0.65	0.7	0.75	0.8
乙炔压力 (MPa)	0.001～0.1					0.001～0.1					0.001～0.1					0.001～0.1				
氧气消耗量 (m^3/h)	0.03	0.05	0.07	0.10	0.15	0.15	0.20	0.24	0.28	0.37	0.37	0.49	0.65	0.86	1.10	1.25	1.45	1.65	1.95	2.25
乙炔消耗量 (L/h)	40	55	80	120	170	170	240	280	330	430	430	580	780	1 050	1 210	1 500	1 700	2 000	2 300	2 600
焊接厚度 (mm)	0.5～0.7	0.7～1.0	1.0～1.2	1.2～1.5	1.5～2	1～2	2～3	3～4	4～5	5～6	6～7	7～8	8～9	9～10	10～12	10～12	12～14	14～16	16～18	18～20

表 4—12 普通割炬的型号及主要技术数据

割炬型号	G01—30			G01—100			G01—300				G02—100				
结构型式	射吸式										等压式				
割嘴号码	1	2	3	1	2	3	1	2	3	4	1	2	3	4	5
割嘴切割氧孔径（mm）	0.6	0.8	1.0	1.0	1.3	1.6	1.8	2.2	2.6	3	0.7	0.9	1.1	1.3	1.6
切割厚度范围（mm）	3～10	10～20	20～30	10～25	25～50	50～100	100～150	150～200	200～250	250～300	3～100				
氧气压力（MPa）	0.20	0.25	0.30	0.20	0.35	0.50	0.50	0.65	0.80	1.00	0.2	0.25	0.3	0.4	0.5
乙炔压力（MPa）	0.001～0.10	0.001～0.10	0.001～0.10	0.001～0.10	0.001～0.10	0.001～0.10	0.001～0.10	0.001～0.10	0.001～0.10	0.001～0.10	0.04	0.04	0.05	0.05	0.06
氧气消耗量（m^3/h）	0.8	1.4	2.2	2.2～2.7	3.5～4.2	5.5～7.3	9.0～10.8	11～14	14.5～18	19～26					
乙炔消耗量（m^3/h）	210	240	310	350～400	400～500	500～610	680～780	800～1 100	1 150～1 200	1 250～1 600					
割嘴形状	环形			梅花形和环形			梅花形				梅花形				

二、焊炬使用安全要求

目前国内广泛应用射吸式焊炬，其使用安全注意事项主要有以下几点。

1. 先安全检验后点火

使用前必须先检查其射吸性能。检查方法为：将氧气胶管紧固在氧气接头上，接通氧气后，先开启乙炔调节手轮，再开启氧气调节手轮，然后用手指按在乙炔接头上，若感到有一股吸力，则表明其射吸性能正常。如果没有吸力，甚至氧气从乙炔接头中倒流出来，则说明射吸性能不正常，必须进行修理，否则严禁使用。

射吸性能检查正常后，接着检查是否漏气。检查方法为：把乙炔胶管也接在乙炔接头上，将焊炬浸入干净的水槽里，或者在焊炬的各连接部位、气阀等处涂抹肥皂水，然后开启调节手轮送入氧气和乙炔气，不严密处将会冒出气泡。

2. 点火

经以上检查合格后，才能给焊炬点火。点火时有先开乙炔和先开氧气两种方法，为安全起见，最好采取先开乙炔，点燃后立即开氧气并调节火焰。与先开氧气后开乙炔的方法比较起来，这种点火方法有下列优点：点火前在焊嘴周围的局部空间，不会形成氧气与乙炔的混合气，可避免点火时的鸣爆现象；可根据能否点燃乙炔及火焰的强弱，帮助检查焊炬是否有堵塞，漏气等弊病；点燃乙炔后再开氧气，火焰由弱逐渐变强，燃烧过程较平稳等。其缺点是点火时会冒黑烟，影响环境卫生。大功率焊炬点火时，应采用摩擦引火器或其他专用点火装置，禁止用普通火柴点火，防止烧伤。

3. 关火

关火时，应先关乙炔后关氧气，防止火焰倒袭和产生烟灰。使用大号焊嘴的焊炬在关火时，可先把氧气开大一点，然后关乙炔，最后再关氧气。先开大氧气是为了保持较高流速，有利于避免回火。

4. 回火

发生回火时应急速关乙炔，随即关氧气，倒袭的火焰在焊炬内会很快熄灭。稍等片刻再开氧气，吹出残留在焊炬里的烟灰。此外，在紧急情况下可拔去乙炔胶管，为此，一般要求乙炔胶管与焊炬接头的连接，应掌握避免太紧或太松，以不漏气并能插上和拔下为原则。

5. 防油

焊炬的各连接部位、气体通道及调节阀等处，均不得沾附油脂。

6. 焊炬的保存

焊炬停止使用后，应拧紧调节手轮并挂在适当的场所，也可卸下胶管，将焊炬存放在工具箱内。必须强调指出，禁止为使用方便而不卸下胶管，将焊炬、胶管和气源作永久性连接，并将焊炬随意放在容器里或锁在工具箱内。这种做法容易造成容器或工具箱的爆炸或在点火时常发生回火，并容易引起氧气胶管爆炸。

三、割炬使用安全要求

焊炬使用的安全要求，基本上也适用于割炬。此外还应注意以下两点。

(1) 在开始切割前，工件表面的漆皮、铁屑和油水污物等应加以清理。在水泥地路面上切割时应垫高工件，防止锈皮和水泥地面爆溅伤人。

(2) 在正常工作停止时，应先关闭氧气调节手轮，再关闭乙炔和预热氧手轮。

第七节 胶管和管道

一、胶管着火爆炸事故原因与安全要求

胶管的作用是向焊割炬输送氧气和乙炔气，是一种重要的辅

助工具。用于气焊与气割的胶管由优质橡胶内、外胶层和中间棉织纤维层组成，整个胶管需经过特别的化学加工处理，以防止其燃烧性。

1. 胶管发生着火爆炸的原因

（1）由于回火引起着火爆炸。

（2）胶管里形成乙炔与氧气或乙炔与空气的混合气。

（3）由于磨损、挤压硬伤、腐蚀或保管维护不善，致使胶管老化，强度降低并造成漏气。

（4）制造质量不符合安全要求。

（5）氧气胶管粘有油脂或高速气流产生的静电火花等。

2. 胶管使用安全要求

（1）应分别按照氧气胶管国家标准和乙炔胶管国家标准的规定保证制造质量。胶管应具有足够的抗压强度和阻燃特性。

根据国家标准规定，氧气胶管为蓝色，乙炔胶管为红色。

（2）胶管在保存和运输时必须注意维护，保持胶管的清洁和不受损坏。要避免阳光照射、雨雪浸淋，防止与酸、碱、油类及其他有机溶剂等影响胶管质量的物质接触。存放温度为－15～40℃，距离热源应不少于 1 m。

（3）新胶管在使用前，必须先把内壁滑石粉吹除干净，防止焊割炬的通道被堵塞。胶管在使用中应避免受外界挤压和机械损伤，也不得与上述影响胶管质量的物质接触，不得将胶管折叠。

（4）为防止在胶管里形成乙炔与空气（或氧气）的混合气，氧气与乙炔胶管不得互相混用和代用，不得用氧气吹除乙炔胶管的堵塞物。同时应随时检查和消除焊割炬的漏气堵塞等缺陷，防止在胶管内形成氧气与乙炔混合气。

（5）如果发生回火倒燃进入氧气胶管的现象，则不可继续使用旧胶管，必须更新。因为回火常常将胶管内胶层烧坏，压缩纯氧又是强氧化剂，若再继续使用必将失去安全性。

（6）气割操作需要较大的氧气输出量，因此与氧气表高压端连接的气瓶（或氧气管道）阀门应全打开，以便保证提供足够的流量和稳定的压力。防止低压表虽已表示工作压力，但使用氧气时压力突然下降，此时容易发生回火，并可能倒燃进入氧气胶管而引起爆炸。

二、管道发生着火爆炸事故的原因与安全措施

由乙炔站集中供应焊接或气割用气体时，乙炔和氧气是采用管路输送的。乙炔和氧气管道属于可燃易爆介质和助燃介质的管道，因此应该采取管道工程的防爆设施。

1. 管道发生着火爆炸事故的原因

(1) 气体在管道内流动时，夹杂于气流中的锈皮、水珠等与管道发生摩擦，当超过一定流速时就会产生静电积聚而放电。

(2) 由于漏气，在管道外围形成爆炸性气体滞留的空间，遇明火即可发生燃烧和爆炸。

(3) 外部明火导入管道内部。这里包括管道附近明火的导入，以及与管路相连接的焊接工具由于回火造成火焰倒袭进入管道内。

(4) 管道里的铁锈及其他固体微粒随气体高速流动时产生的摩擦热和碰撞热（尤其在管道拐弯处）是管道发生燃爆的一个因素。

(5) 管道过分靠近热源，管内气体过热引起的燃烧爆炸。

(6) 氧气管道阀门粘附油脂。

(7) 由于雷击等意外情况产生巨大的电磁热、机械效应和静电作用等，常使管道及构筑物遭到破坏或引起火灾爆炸事故。

2. 管道防爆措施

(1) 应按照防爆手册的规定限制气体流速、管径和选择管材。

(2) 防止静电放电的接地措施。管道在室内外架空或埋地敷设时，都必须可靠接地。室外管道埋地敷设时，每隔 200～300 m 设一接地极；架空敷设时，每隔 100～200 m 设一接地极。室内

管道不论架空还是地沟敷设（不宜采用埋地敷设），每隔 30～50 m 均应设一接地极。但不论管道长短如何，在管道起端和终端及管道进入建筑物的入口处，都必须设接地极。接地装置的接地电阻不大于 20 Ω。

离地面 5 m 以上架空敷设的氧气、乙炔管道，为防止雷击产生的静电或电磁感应对管道的作用，须缩短接地极间的距离，一般不超过 50 m。

（3）防止外部明火导入管道内部。防止外部明火导入管道可采用水封回火防止器，也可采用火焰消除器（或称防火器、阻火器）。阻火器可用粉末冶金材料制成，或是用多层铜网（或铝网）重叠起来制成。

（4）防止管道外围形成爆炸气体滞留的空间。乙炔管道通过厂房车间时，应保证室内通风良好，并应定期监测乙炔气体浓度，以便及时采取措施排除爆炸性混合气，并检查管道是否漏气、防止燃烧爆炸事故。

（5）管道的脱脂。氧气和乙炔管道在安装使用前都应进行脱脂。常用脱脂剂二氯乙烷和酒精为易燃液体，四氯化碳和三氯乙烯虽不是易燃体，但在明火和灼热物体存在的条件下，易分解成剧毒气体——光气。故脱脂现场必须严禁烟火。

（6）气密性和泄漏性试验。氧气和乙炔管道除与一般受压管道同样要求作强度试验外，还应作气密性试验和泄漏量试验。

（7）埋地乙炔管道不应敷设的地点

① 烟道、通风地沟和直接靠近高于 50℃的热表面。

② 建筑物、构筑物和露天堆场的下面。

架空乙炔管道靠近热源敷设时，宜采取隔热措施，管壁温度严禁超过 70℃。

（8）乙炔管道可与供同一使用目的的氧气管道共同敷设在有不可燃盖板的不通行地沟内。地沟内必须全部填满沙子，并严禁与其他沟道相通。

（9）乙炔管道严禁穿过生活间、办公室。厂区和车间的乙炔管道，不应穿过不使用乙炔的建筑物和房间。

（10）氧气管道严禁与燃油管道同沟敷设。架空敷设的氧气管道不宜与燃油管道共架敷设，如确需共架敷设时，氧气管道宜布置在燃油管道的上面，且净距离不应小于 0.5 m。

（11）乙炔管路使用前，应当用氮气全部吹洗，取样化验合格后方准使用。

第五章

电弧焊与电阻焊安全

第一节　焊条电弧焊与碳弧气刨安全

一、基本原理与安全特点

1. 焊条电弧焊基本原理与应用

(1) 引弧。焊条电弧焊是利用电弧放电时产生的热量熔化焊条及焊件，从而获得牢固接头的焊接过程。如图5—1所示，图中焊件为一电极，焊条为另一电极。焊条电弧焊的应用最为广泛，无论细小的零件或庞大笨重的构件，都能适用。

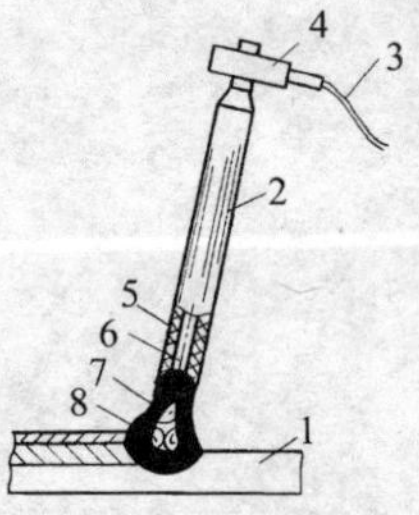

图5—1　焊条电弧焊示意图

1—焊件　2—焊条　3—电缆
4—焊钳　5—焊药　6—焊芯
7—电弧　8—熔滴

在两电极之间的气体介质中持久有力的放电现象称为电弧。电弧放电时，一方面产生高热（6 000 K左右），同时产生强光，两者在工业上都得到应用。电弧的高热，可用以进行电弧焊接、切割以及电弧炼钢等；电弧的强光能照明（如探照灯）或用弧光灯放映电影等。

产生焊接电弧的操作称为引弧。引弧有高频高压引弧和短路引弧两种方式。焊条电弧焊通常采用的引弧方法是短路引弧，即先将焊条与工件接触（电流通过接触点时产生很大电阻热），然后迅速分离并保持相当于焊条直径的距离，此时在高温和电场发射电子等的作用下，促使两电极间的气体发生剧烈电离，而形成电弧。

由于开始引弧时，两电极及其间的气隙尚未充分加热，为加强气体的电离作用，电极间须有较高的电压，以便传递具有较大动能的电子，这个电压称为空载电压，一般为 55～90 V（直流焊机）或 60～80 V（交流焊机）。随后，当气隙正常地受热和被电离时，引弧所需要的电压就变得低些。为使电弧在焊条与焊件之间保持连续稳定燃烧，必须在两电极间保持一定的电压，一般为 16～35 V，这个电压称电弧电压。

(2) 电弧的温度。电弧由弧柱、阴极区和阳极区三部分组成，各部分的热量是不同的，弧柱中心的最高温度可达 5 000～6 000 K，两极辉点的温度可达 3 500～3 800 K。

在焊条接负极，焊件接正极的正接法直流电弧焊中，阳极部分的温度略高于阴极部分，正接法适宜焊接厚件。工件接负极、焊条接正极的反接法，工件温度较低，适合焊接薄件。使用交流电焊接时，由于极性是交替变化的，因此焊条与焊件上的温度和热量分布基本相同。

电弧燃烧时的温度高，会产生强烈的紫外线和红外线辐射，伤害焊工的眼睛和皮肤，必须采取保护措施。

(3) 电弧的静特性曲线。电弧稳定燃烧时，电弧电压与焊接电流变化的关系，一般也称伏—安特性。

电弧静特性曲线形状如图 5—2 所示。

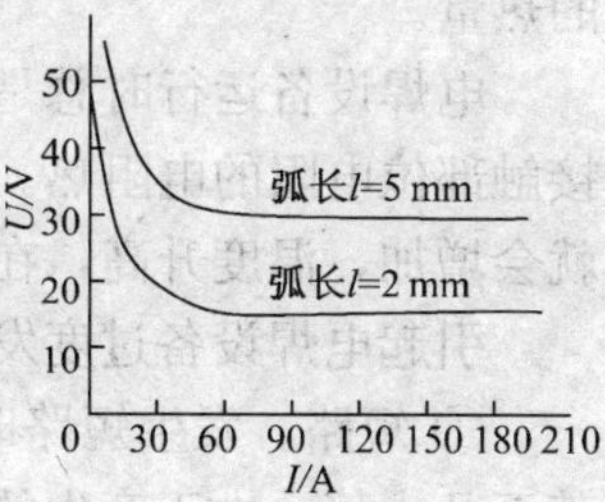

图 5—2　焊接电弧静特性曲线

焊条电弧焊电弧一般工作在静特性曲线水平段，就是说，在保持弧长一定的电弧稳定燃烧时，电弧电压高低与焊接电流大小无关，而与电弧长度成正比。电弧越长，电弧电压越大，如图 5—2 所示，弧长变长时电弧静特性曲线往上移，电弧电压增大。

（4）应用范围。焊条电弧焊由于其设备比较简单，价格相对便宜且轻便；不需辅助气体保护；操作灵活，适应性强；能在空间任意位置（全位置）焊接等优点，所以被广泛应用于各个工业领域，是应用最为广泛的焊接方法之一。

焊条电弧焊适用于大多数工业用的金属和合金的焊接。焊条电弧焊选用合适的焊条不仅可以焊接碳素钢、低合金钢，而且可以焊接高合金钢和有色金属，还可进行各种金属的堆焊等。

2. 焊条电弧焊安全特点

（1）在电焊操作中，焊工接触电的机会多，经常需要带电作业，诸如接触焊件、工作台、焊钳等，还有如调节焊接电流和更换焊条都是经常性的带电作业。电就在手上，就在身边，有时还需要站在焊件上操作，电就在脚下。如果电器装置有毛病，防护用品有缺陷或违反安全操作规程等，都可能发生触电事故。尤其在容器管道里的操作，四周都是金属导电体，触电危险更大。所以触电是焊条电弧焊的主要危险。

（2）电焊作业中可能发生电气火灾、爆炸和灼烫事故。

1）电焊设备和线路出现危险温度。危险温度是电气设备（如弧焊变压器）和线路过热造成的，这种过热主要来源于电流的热量。

电焊设备运行时总是要发热的，这是由于存在着导体电阻和接触部位电阻的电阻热。但是当其正常运行遭到破坏时，发热量就会增加，温度升高，在一定条件下可以引起火灾。

引起电焊设备过度发热的不正常运行大致有以下几种原因：

① 短路。发生短路时，线路中的电流比正常值要增加几倍甚至几十倍。由于产生的电阻热量又和电流的平方成正比，所以使得温度急剧上升，大大超过允许的温度范围，不仅能使绝缘材料燃烧，甚至能使金属熔化。焊接电源绝缘层受到高温、潮湿和

腐蚀作用而失去绝缘能力；绝缘导线直接缠绕、钩挂在铁器上；由于磨损或导电性粉尘、纤维进入电焊设备，以及接线和操作失误等，都可造成短路事故。

② 超负荷。允许连续通过而不致使导线过热的电流量，称为导线的安全电流。通过焊机或线路的电流超过安全电流值或超过规定的连续运行时间（如焊机负载持续率），则称为超负荷。

③ 接触电阻过大。接触部位（如导线与导线的连接，或导线与接线柱的连接）是电路中的薄弱环节，也是发生过热的一个重点部位。由于接触表面粗糙不平、有氧化皮或连接不牢等造成的接触不良，将会引起局部接触电阻过大而产生过热，使得导线、电缆的金属芯变色甚至熔化，并能引起绝缘材料、可燃物质或积留的可燃性灰尘燃烧。

④ 其他原因。通风不好、散热不良等可造成焊机过热；弧焊变压器的铁心材质不良或长时间过电压，使涡流损耗和磁滞损耗增加也可引起过热。

2）电火花和电弧。电火花是电极间击穿瞬间放电的结果，电弧是电极间持久有力的放电现象。

电火花一般具有较高温度，电弧的温度可高达 5 000～6 000K。因此，电火花和电弧不仅能引起可燃物燃烧，而且还能使金属熔化、飞溅，构成危险的火源。在有爆炸着火危险的场所和登高作业点的地面上存放有可燃易爆物品等情况下，电火花和电弧是十分危险的因素，不少电焊火灾爆炸事故都是由此引起的。

电火花包括工作火花和事故火花两类。工作火花是电焊设备正常工作时或正常的焊接操作过程中产生的火花，如直流弧焊发电机电刷与整流子滑动接触处的火花。事故火花包括线路或设备发生故障时，和操作失误等出现的火花，如由于焊接电缆连接处松动而产生的火花等。

3）在电焊操作过程中还会由于熔融金属的飞溅，以及电气火灾与爆炸而发生灼烫事故。

（3）高空作业的电焊操作较多，除直接从高空坠落的危险外，还可能发生因触电失控，从空中坠落的二次事故。笨重焊件大多采用电焊，可能发生挤伤、压伤和砸伤等机械性伤害。

（4）焊接电弧比气焊火焰有更高的温度。焊条电弧焊时，焊条、焊件和药皮在电弧高温（3 500 K 以上）作用下，发生蒸发、凝结和气化，产生大量烟尘；同时，电弧周围的空气在弧光强烈辐射作用下，还会产生臭氧、氮氧化物等有毒的气体。在通风不良的条件下，长期接触会引起危害焊工健康的多种疾病。特别是在化工设备、管道、锅炉里面和船舱等处焊接时，由于作业环境狭小，通风不良，焊接烟尘、有毒气体四处弥漫，浓度高，危害性更大。

（5）焊接时人体直接受到弧光辐射（主要是紫外线和红外线的过度照射）时，会引起眼睛和皮肤的疾病。

3. 碳弧气刨基本原理和应用

（1）原理。碳弧气刨及气割是利用在碳棒与工件之间产生的电弧热量将金属熔化，同时用压缩空气将这些熔化金属吹掉，从而在金属上刨削出沟槽或切割的一种热加工工艺。其工作原理如图 5—3 所示。

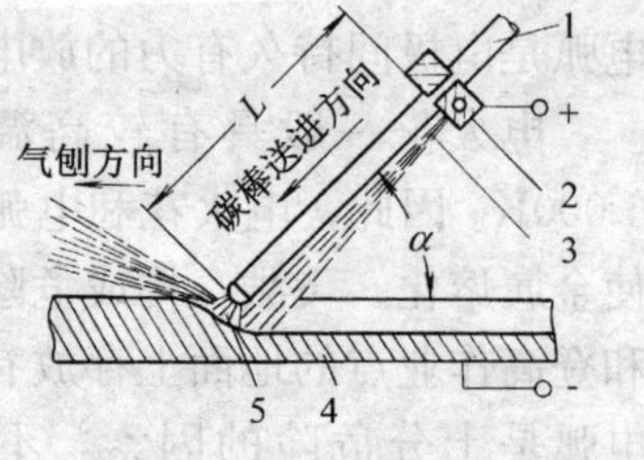

图 5—3 碳弧气刨工作原理示意图

1—碳棒 2—气刨枪夹头 3—压缩空气 4—工件 5—电弧 L—碳棒外伸长 α—碳棒与工件夹角

碳弧气刨与风铲或砂轮相比，效率高、噪声小，并可减轻劳动强度。由于碳弧气刨是利用高温而不是利用氧化作用刨削金属的，因而不但适用于黑色金属，而且还适用于不锈钢、铝、铜等有色金属及其合金；由于碳弧气刨是利用压缩空气把熔化金属吹去，因而可进行全位置操作；手工碳弧气刨的灵活性和可操作性较好，因而在狭窄工位或可达性差的部位，碳弧气刨仍可使用。在清除焊缝或铸件缺陷时，被刨削面光洁铮亮，在电弧下可清楚地观察到缺陷的形状和深度，故有利于清除缺陷。碳弧气刨与等离子弧气刨相比，设备简单，压缩空气容易获得且成本低。

(2) 应用

① 用碳弧气刨清焊根。

② 开坡口。利用碳弧气刨开焊接坡口，特别是中、厚板对接坡口、U形坡口等。

③ 清理铸件的毛边、飞刺、浇冒口及铸件中的缺陷。

④ 清理焊缝中的缺陷。

⑤ 碳弧空气切割可切割不锈钢等金属的中、薄板。

4. 碳弧气刨的安全特点

(1) 碳弧气刨和切割作业过程中，压缩空气吹渣时会造成大量的熔化金属和烟雾四处喷射，容易发生灼烫和造成粉尘污染。

(2) 操作过程中有强烈的弧光辐射。

(3) 压缩空气的高速喷射会产生噪声。

(4) 镀铜碳极在作业过程中的烧损，使烟尘中除含有大量氧化铁和其他合金元素的蒸气外，还含有铜的蒸气，以及碳极的黏结剂（沥青），使烟尘的毒性较大。

二、焊接工艺参数与选用方法

1. 焊条电弧焊工艺参数与选用方法

手弧焊的工艺参数包括焊条直径、焊接电流强度、焊接速度、电弧电压和焊接层数等。

(1) 焊条直径。焊条直径的选择取决于焊件的厚度、焊缝的位置、焊接层次和焊接接头形式等。

① 焊件厚度。厚度较大的焊件，应选用直径较大的焊条。在一般情况下，根据焊件厚度选定焊条的直径，见表5—1。

② 焊缝位置。基本原则是进行平焊时，焊条直径可选大些；

表 5—1　　　　焊条直径与焊件厚度的关系

焊件厚度（mm）	2	3	4～7	8～12	≥13
焊条直径（mm）	1.6～2	2.5～3.2	3.2～4	4～5	5～5.8

相对地说，进行立焊、横焊和仰焊时，焊条直径应选小些。通常平焊缝焊条直径最大为 6 mm，立焊不超过 5 mm，横焊、仰焊不超过 4 mm。

③ 焊接层次。多层多道焊接时，为了防止产生未焊透的缺陷，在焊第一层焊缝时，应选择较小的焊条直径（通常为 3.2～4 mm），以后各层可根据焊件厚度，选用较大直径的焊条。

④ 焊接接头形式。搭接和 T 形接头焊缝，可选用较大直径的焊条。

（2）焊接电流。焊接电流大小选择是否合理，对焊接的生产率和质量有重要影响。电流过大，则熔池金属容易飞溅，焊缝容易造成烧穿、咬边等缺陷，同时电弧不稳定，生产率亦低。因此，应当选择合适的焊接电流。

焊接电流主要是根据焊条直径、焊缝位置和焊接层次等进行选择。

① 焊条直径。焊接电流根据焊条直径选择，可利用以下经验公式：

$$I=Kd$$

式中，K 是经验系数。当焊条直径 d 为 1～2 mm 时，K 取 25～30；d 为 2～4 mm 时，K 取 30～40；d 为 4～6 mm 时，K 取 40～60。

在使用一般碳素钢焊条时，焊接电流（I）与焊条直径 d 的关系为：

$$I=(35\sim55)\ d$$

以上关系式计算出来的焊接电流，是一个大概的参考数值。

焊接电流和焊条直径的关系，也可参考表5—2选取。

表5—2　　焊接电流和焊条直径的关系

焊条直径（mm）	焊接电流（A）	焊条直径（mm）	焊接电流（A）
1.6	25～40	4.0	160～210
2.0	40～65	5.0	200～270
2.5	50～80	5.8	260～300
3.2	100～130		

② 焊缝位置。焊平焊缝时可以选取较大的焊接电流，其他焊缝位置选用焊接电流宜减小。通常立焊时选用的焊接电流比平焊减小10%～15%，仰焊时宜减小15%～20%。

③ 焊接层次。多层多道焊的第一层焊缝，应选用较小的焊接电流。

(3) 电弧电压。电弧电压亦即焊机的工作电压。为维护电弧的稳定燃烧，电弧越长，则电弧电压越大；反之短弧焊接时，电弧电压较低。因为电弧越长，空气越易侵入熔池，产生气孔，而且电弧不稳定，易造成熔深较浅、熔池金属飞溅等。通常焊接时，弧长不超过焊条直径，而在立焊、横焊和仰焊以及其他情况下，力求采用短弧焊接。

(4) 焊接速度。焊接速度是焊条沿焊接方向移动的速度。焊接速度快，则能提高生产率。但焊接速度过快，易产生未焊透、气孔等缺陷，焊缝断面小；而焊接速度太慢，易产生烧穿等缺陷。一般地说，在焊接工艺和质量允许的条件下，选用较大的焊接电流和焊条直径，提高焊接速度，有利于提高生产率。

(5) 焊接层次。厚板焊接时，一般要开坡口并采用多层焊或多层多道焊。此时，前一焊道对后一焊道起预热作用，而后一焊道对前一焊道起热处理作用。因此，接头的延性和韧性都比较好。

2. 碳弧气刨工艺参数及选用方法

碳弧气刨工艺参数主要包括电源极性、电流与碳棒直径、刨削速度、压缩空气压力、碳棒的外伸长、碳棒与工件间的夹角、电弧长度等。

（1）电源极性。一般采用直流反接，电弧较稳定，熔化金属的流动性较好、凝固温度较低，刨削过程较稳定。

（2）电流与碳棒直径。电流与碳棒直径成正比关系，一般可参照下列经验公式选择电流：

$$I=(30\sim50)D$$

式中 I——电流，A；

D——碳棒直径，mm。

碳棒的直径，可根据被刨板的厚度进行选择。被刨板越厚，选用的碳棒直径越大。不同板厚需选用的碳棒直径，见表 5—3。

表 5—3　　碳棒直径的选择　　mm

钢板厚度	碳棒直径
3	一般不刨
4～6	4
6～8	5～6
8～12	6～7
10～15	7～10
15 以上	10

碳棒直径的大小还与所要求的刨槽宽度有关。一般碳棒直径应比所要求的槽宽小 2～4 mm。

不同直径的碳棒刨削的电流，亦可参照表 5—4 选择。

表 5—4　　碳弧气刨专用碳棒的规格及适用电流

断面形状	规格（mm）	适用电流（A）	断面形状	规格（mm）	适用电流（A）
圆形	3×355	150～180	扁形	3×12×355	200～300
	4×355	150～200		4×8×355	180～270
	5×355	150～250		4×12×355	200～400
	6×355	180～300		5×10×355	300～400
	7×355	200～350		5×12×355	350～450

(3) 刨削速度。刨削速度太快，会使刨槽的深度变浅，宽度变窄，而达不到要求，并且容易使碳棒与前端金属相碰触形成短路，电弧熄灭，产生“夹碳”缺陷。一般刨削速度为 0.5～1.2 m/min左右较为合适。

(4) 压缩空气压力。压缩空气的作用是用来吹走已熔化的金属。压缩空气压力高，刨削有力，能立即把熔化的金属吹掉。因此，适当的提高压缩空气压力，能够提高刨削速度和刨槽表面的光滑程度。常用压缩空气压力为 0.4～0.6 MPa。

(5) 碳棒与工件的倾角。碳棒与工件的倾角 α（如图 5—3 所示）的大小，主要影响刨槽的深度和刨削速度。倾角增大，使刨槽的深度增大，宽度变小，刨削速度减小；相反，倾角减小，则使刨槽深度变浅，宽度增加，刨削速度增快。碳棒倾角与刨槽深度的关系，见表 5—5。

表 5—5　　碳棒倾角与刨槽深度的关系

碳棒倾角 α	25°	30°	35°	40°	45°	50°
刨槽深度（mm）	2.5	3.0	4.0	5.0	6.0	7.0～8.0

(6) 碳棒的伸出长度。碳棒从钳口导电嘴到电弧端的长度称为碳棒的伸出长度，如图 5—3 所示。刨削时，碳棒伸出长度应为 80～100 mm 左右，当碳棒烧损 20～30 mm 后，就需要进行调整。如果碳棒伸出太长，压缩空气对熔池的吹力不足，就不能及时把熔化金属吹走，同时碳棒本身的烧损也大；相反，碳棒伸出太短，会引起操作不便，容易把槽刨偏，也容易使气刨枪与工件短路，造成电弧不稳和烧坏气刨枪。

(7) 电弧长度。电弧长度对气刨的表面质量影响很大。当弧长超过 3 mm 时，电弧很不稳定，甚至发生熄弧。因此，操作时要尽量采用短弧，这样不仅使气刨能顺利进行，而且可以提高生产率和电极的利用率，但电弧太短，容易引起“夹碳”缺陷。一般弧长约 1～2 mm，在刨削过程中弧长应尽量保持不变，以保证刨槽尺寸均匀。

三、常用设备结构原理

1. 焊条电弧焊电源结构原理

焊条电弧焊电源可分为交流电源和直流电源两类。交流电源是一种交流弧焊变压器。直流电源有旋转式直流弧焊发电机和弧焊整流器之分。用于不同焊接方法的电源，其内部结构、工作原理及技术参数等也有所不同。

弧焊电源除包括供焊接用的电源外，还有繁简程度不同的控制、调节机构。焊条电弧焊电源的电流调节部分是一种最简单的调节控制机构。

(1) 对弧焊电源的基本要求

① 合适的空载电压。弧焊电源的焊接二次回路开路时，电源两个输出端之间的电压称为空载电压。空载电压在满足焊接工艺要求的同时，应考虑对焊工操作安全有利。目前我国生产的电焊机中，一般直流电焊机的空载电压为 55～90 V；交流电焊机的空载电压为 60～80 V。过高的空载电压，虽然有利于引弧，但对焊工操作时的安全不利。所以焊条电弧焊用的电焊机空载电压限制在 90 V 以下。

② 良好的动特性。弧焊电源应能承受瞬时短路，因为在引弧时以及焊条熔滴进入溶池的过程中，经常会出现短路；熔滴脱离焊条后，又要立即重新引燃电弧。可见，电弧状态经常发生变化，电弧电压和焊接电流不断地发生瞬间变化。

所谓电源动特性，就是指电弧（负载）状态发生突然变化时，电源输出电流和输出电压对电弧瞬间变化的适应能力。也可以说动特性就是电源适应电弧变化的能力。动特性好，引弧和重新引弧容易，电弧燃烧稳定，熔滴过渡平稳顺利，飞溅少，焊缝成形良好。

对电源动特性的要求主要是在引弧和发生熔滴短路时，短路电流不能太大，熔滴脱离焊条后要迅速恢复电弧电压等。一般要求电焊机的短路电流不超过焊接电流的 50%，也即采用 200 A 焊接电流时，短路电流不应大于 300 A。同时要求在焊接过程中，电流的变动范围要小。

随着电弧长度的变化，电焊机的电压应当迅速相应改变。当电弧长度增加或缩小时，电弧电压也应随之升高或降低。一般电焊机的电弧电压（工作压力）为 25～40 V。

③ 合适的电源外特性。为了保证焊接电弧稳定燃烧，正常进行焊接工作，并保证焊接参数稳定，弧焊电源要有合适的外特性。电源稳态输出电压与输出电流之间的关系曲线，称为电源外特性。

电源的外特性有平特性、上升特性和下降特性等，焊条电弧焊电源应具备下降外特性才能保证电弧的稳定燃烧。如图 5—4 所示，电源外特性曲线 l 与水平的电弧静特性曲线 l_0 相交于 A_0 点，电源电压与电弧（负载）电压相等，供电—用电系统在 A_0 点工作。如果弧长从 l_0 变短到 l_1，电弧电压降低了，于是电源电压大于负载电压，结果电流增大，下降外特性使电源电压降低，直至电源电压等于电弧电压，即在 A_1 点工作。如果弧长恢复到 l_0，即从 l_1 变长到 l_0，电弧电压增大，于是电源电压小于负载电压，结果电流减小，使电源电压升高，直至电源电压又等于电弧电压，即恢复到 A_0 点工作。总之，这样的供电用电系统能稳定工作，保证电弧稳定燃烧。

其次，陡降外特性的弧焊电源，在焊接过程中弧长变化时，焊接电流比缓降外特性电源稳定，即电流变化小。如图 5—5 所示，当弧长由 l_1 变到 l_2，缓降外特性电源的焊接电流变化 ΔI_1；陡降外特性电源的焊接电流变化 ΔI_2，显然比缓降外特性电源小。

此外，下降外特性电源的稳态短路电流 $I_{短}$，能够符合 $I_{短}=(1.25\sim2)\ I_{焊}$ 的要求。短路电流太小，引弧困难，熔滴过渡困难；短路电流太大，飞溅增大，甚至烧坏焊机。

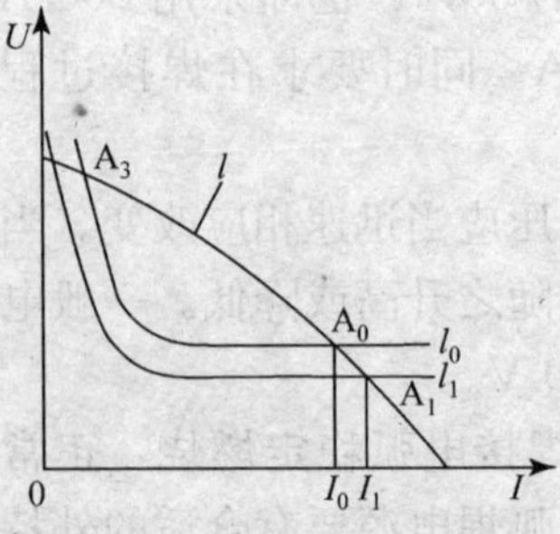

图 5—4 稳定工作条件

l—电源外特性曲线

l_0，l_1—电弧静特性曲线

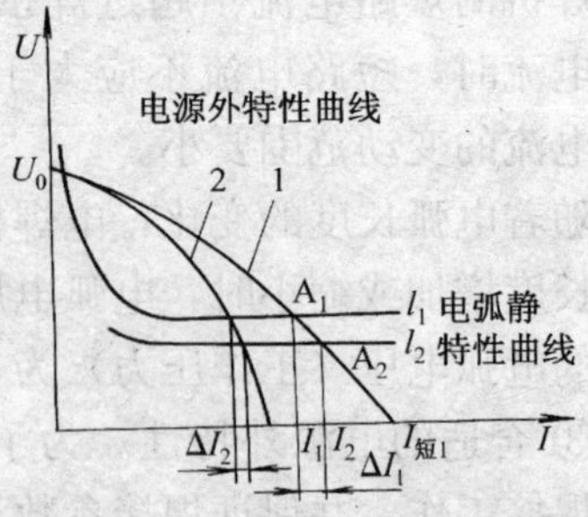

图 5—5 弧长变化时焊接电流的变化

1—缓降外特性曲线 2—陡降外特性曲线

l_1，l_2—电弧静特性曲线

④ 电焊机应具有适当的功率和良好的调节焊接电流的性能，以便根据不同产品和焊接条件选用需要的焊接电流。

焊机的结构必须牢固和便于维修。焊机各接触点和连接件应连接牢靠，不得出现松动或松脱等现象。

⑤ 焊接电源必须有独立而容量足够的控制装置，如熔断器或自动断电装置。控制装置应能可靠地切断设备最大额定电流，以保证安全。

⑥ 焊机的所有外露带电部分必须有完好的隔离防护装置。焊机的接线柱、极板和接线端应有防护罩。

使用插销孔接头的焊机，插销孔的接线端应用绝缘板隔离，并装在绝缘板平面内。

⑦ 焊机的线圈和线路带电部分对外壳和对地之间、弧焊变压器的一次线圈与二次线圈之间，相与相及线与线之间，都必须符合绝缘标准的要求，其电阻值均不得小于 1 MΩ。

（2）电源型号。按有关标准规定，型号由若干汉语拼音字母和阿拉伯数字组成，如以下表示：

型号中 1，2，3，6 各项用汉语拼音字母表示；4，5，7 各

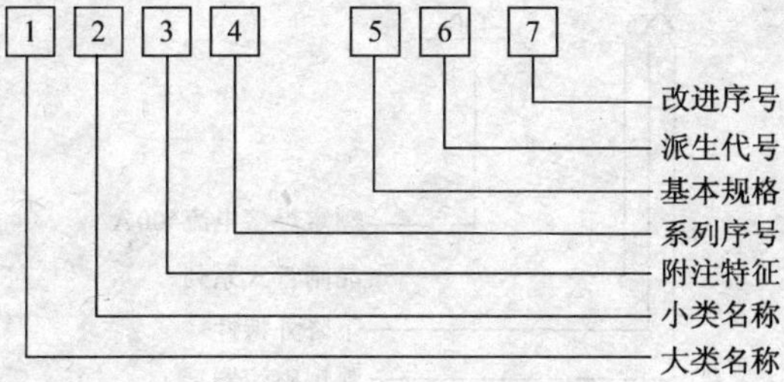

项用阿拉伯数字表示；3，4，6，7 项如不用时，其他各项排紧。

第 1 项表示焊机大类，如 B 表示交流弧焊变压器，Z 表示弧焊整流器，A 表示旋转式直流弧焊发电机，W 表示钨极氩弧焊机，M 表示埋弧焊机，N 表示熔化极气体保护焊机等。

第 2 项表示同一大类中又分几个小类的名称。如弧焊电源中，X 表示下降外特征，P 表示水平特性；电弧焊机中，Z 表示自动弧焊机（用机械方式完成电弧相对于工件的移动及输送焊丝或填充焊丝，并可自动地进行电弧调节，保持弧长一定的弧焊机），B 表示半自动弧焊机（由手工操作焊枪或焊炬沿焊缝移动，用机械方式输送焊丝或填充焊丝的弧焊机）等。

附注特征和系列序号用于区别同小类的各系列和品种，包括通用和专用产品。

第 5 项表示基本规格，如各种弧焊电源和电弧焊机中，基本规格均用额定焊接电流表示，单位是 A（安）。例如：

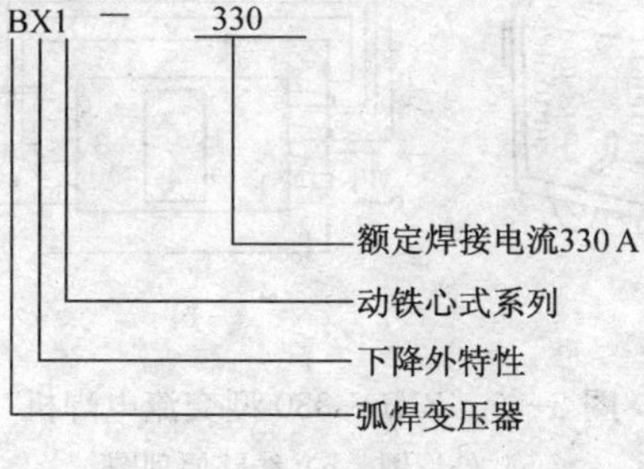

ZX5 — 400

- 400：额定焊接电流400 A
- 5：晶闸管式系列
- X：下降外特性
- Z：弧焊整流器

AX — 320

- 320：额定焊接电流320 A
- X：下降外特性
- A：旋转式直流弧焊电源

（3）交流弧焊电源。交流弧焊电源是结构特殊的降压变压器。

国内生产的交流电源品种很多。现介绍目前使用较广的BX1—330型（BS—330型）交流弧焊电源。其结构属于动铁心漏磁式类型，焊机的空载电压为60～70 V，工作电压为30 V，电流调节范围为50～450 A，焊机的外形如图5—6a所示。其工作原理如图5—6b所示。焊机的降压特性是借助可动铁心的漏磁

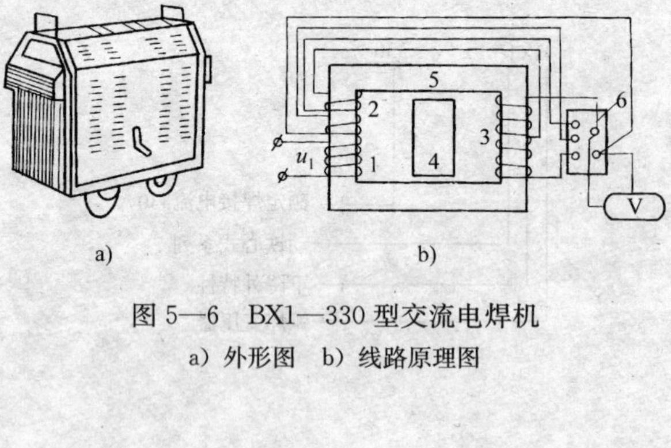

a)　　b)

图5—6　BX1—330型交流电焊机

a）外形图　b）线路原理图

作用而获得的。

空载时，由于无焊接电流通过，电抗线圈不产生电压降，故形成较高的空载电压，便于引弧。

焊接时，二次绕组有焊接电流通过，同时，在铁心内产生磁通，可动铁心中的漏磁显著增加，这样二次侧电压就下降，从而获得了降压的外特性。

短路时，由于很大的短路电流通过电抗线圈，产生了很大的电压降，使二次线圈的电压接近于零，这样就限制了短路电流。

焊接电流的调节：BX1—330 型交流弧焊机电流的调节有粗调节和细调节两种。

粗调节是通过二次线圈不同的接线方法，改变二次线圈的匝数进行的。在二次线圈的接线板上有两种接线方法，如图 5—7 所示。当连接片接在Ⅰ位置时，空载电压为 70 V，焊接电流调节范围为 50～180 A；当连接片接在Ⅱ位置时，空载电压为 60 V，焊接电流调节范围为 160～450 A。

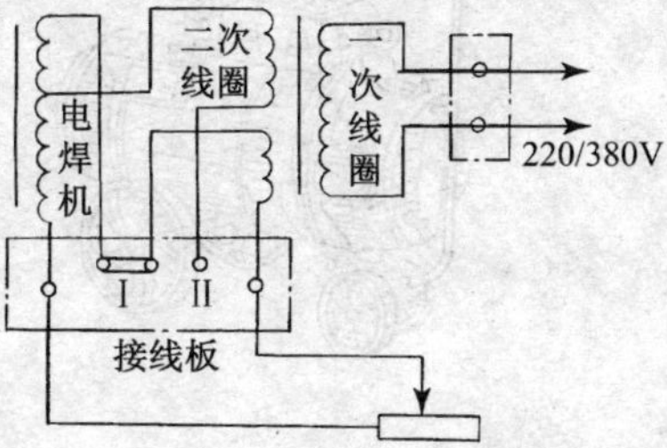

图 5—7　焊接电流粗调节

细调节是通过改变可动铁心的位置进行的，如图 5—8 所示。在两种接法中，均可改变可动铁心的间隙，从而改变漏磁的大小。可动铁心离开固定铁心时，漏磁减少，焊接电流增大；反之则焊接电流减小。

(4) 旋转式直流弧焊机。直流弧焊机是用三相电动机带动的一个结构特殊的直流发电机。硅整流式直流电焊机是通过硅整流元件将交流变为直流。下面介绍目前使用较广泛的一种焊机——AX—320 型（AT—320 型）旋转式直流弧焊机。

AX—320 型直流弧焊机的结构属于裂极式类型。焊机的空

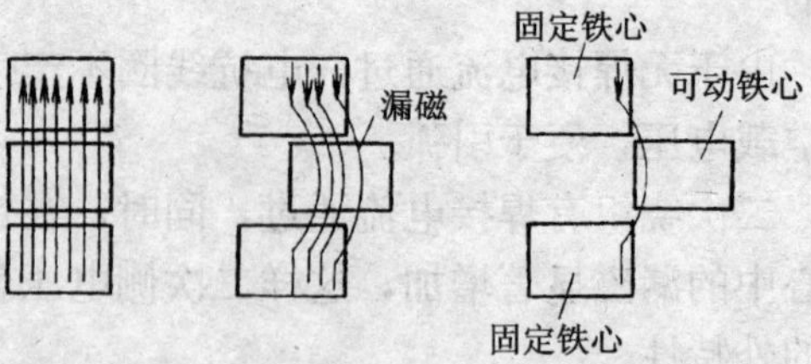

图 5—8　焊接电流细调节

载电压为 50～80 V，工作电压为 30 V，电流调节范围为 45～320 A，焊机的外形如图 5—9a 所示。

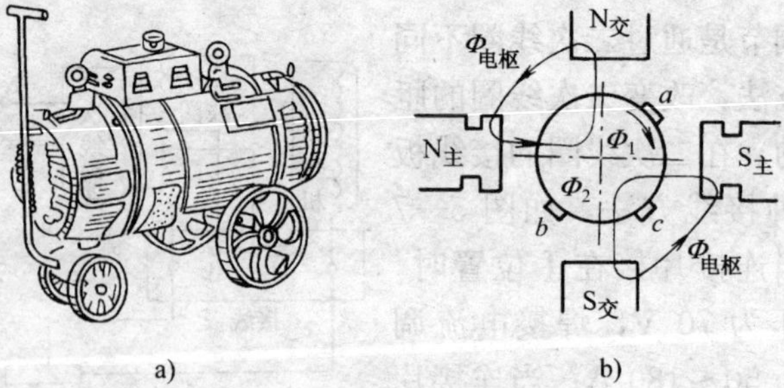

图 5—9　AX—320 型旋转式直流弧焊机

a）外形图　b）原理图

焊机的构造原理如图 5—9b 所示。裂极式直流电焊机有四个磁极，在水平方向的磁极称为主极，垂直方向的磁极称为交极。主极带有切口，这样截面积较小，工作时能迅速达到饱和。电焊发电机磁极的排列与普通直流发电机不同，南北极不是互相交替，而是两个北极 $N_{主}$，$N_{交}$，两个南极 $S_{主}$，$S_{交}$ 相邻的配置，也即并排在一起。它们的合成磁通好像一对磁极，所以称为裂极式直流弧焊发电机。

焊机的降压特性是借电枢反应的退磁作用而获得的。所谓电枢反应，就是当发电机的电枢有电流通过时，它所产生的磁通会起着削弱原来磁场的作用。从图 5—9 可以看出，焊机的电压 U_{ab}是由电刷 a～c 与 c～b 的电压之和决定的，即

$$U_{ab}=U_{ac}+U_{cb}$$

式中，U_{ac}由主极磁通决定；U_{ab}由交极磁通决定。

空载时，由于发电机电枢中无焊接电流通过，不产生电枢反应，所以发电机空载电压较高，便于引弧。

焊接时，在发电机电枢中有焊接电流通过便产生电枢反应，它所产生的磁通 $\Phi_{电枢}$和主极磁通 Φ_1 方向相同，而与交极磁通 Φ_2 方向相反，这样使交极磁通减小，而主极磁通增加。但由于主极开有切口而早已磁性饱和，因此只能使交极磁通减小，因而削弱了发电机所产生的总磁通，使发电机的电压下降到相当于电弧稳定燃烧的电压，也就获得了焊机的降压外特性。

焊接过程中，随着电弧长度的变化，焊接电流大小和电枢反应也相应改变，影响发电机产生的总磁通。当弧长增加时，由于电阻增加，焊接电流和电枢反应减小，发电机总磁通增加，所以发电机的电压也增加；相反则发电机电压减小，这样就满足了焊接时的实际需要。

(5) 焊接整流器。目前国内生产的硅整流式直流电焊机种类很多，其工作原理如图 5—10 所示。这类电焊机具有电弧稳定性好，噪声小，维护简单，成本较低和容易制造等优点。

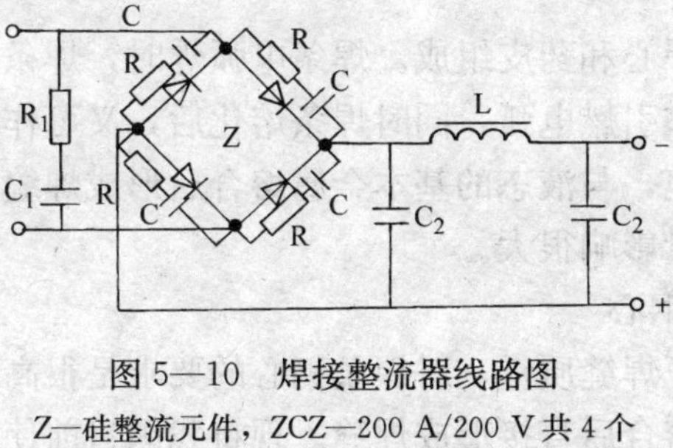

图 5—10　焊接整流器线路图

Z—硅整流元件，ZCZ—200 A/200 V 共 4 个

C_2—电解电容 30～200 μF 之间共 2 个　L—电感

（6）弧焊电源负载持续率。弧焊电源工作时的发热，会使温度升高而造成线圈绝缘损坏烧毁。温升与焊接电流大小有关，还与弧焊电源使用状态有关，连续使用与断续使用时的温升不一样。负载持续率就是用来表示电焊机工作状态的参数。

所谓负载持续率，就是焊机在规定的工作周期中，负载时间所占的百分率：

$$负载持续率=\frac{工作周期中有负载的时间（min）}{规定的工作周期（min）}\times 100\%$$

对于 500 A 以下的焊条电弧焊用弧焊电源，我国规定工作周期为 5 min。对于自动焊或半自动焊用的弧焊电源，工作周期可以是 10 min、20 min 或连续。

例如，焊条电弧焊电源连续焊 3 min，换焊条 1 min、敲渣 1 min，那么此时的负载持续率为：

$$负载持续率=\frac{5-（1+1）}{5}\times 100\%=\frac{3}{5}\times 100\%=60\%$$

设计弧焊电源时，根据其最经常的工作条件选定的负载持续率称为额定负载持续率。我国标准规定，电弧焊机额定负载持续率有 35%、60%、80%和 100%等几种。焊条电弧焊用弧焊电源一般取 60%，轻便型可取 20%或 35%，自动或半自动焊用的弧焊电源一般取 100%、80%或 60%。

四、焊条

焊条由焊心和药皮组成。焊条电弧焊时，焊条一方面可以传导焊接电流和引燃电弧，同时焊条熔化后，又可作为填充金属直接过渡到熔池，与液态的基本金属熔合后形成焊缝。因此，焊条对焊缝的质量影响很大。

1. 焊条钢心

为了保证焊缝质量，对焊条钢心的要求是很高的，因为它与基本金属在熔合后直接形成焊缝。现将我国目前使用的碳素结构钢焊条钢心的种类及其化学成分列于表 5—6。

表 5—6　碳素结构钢焊条钢心的种类及其化学成分　%

牌号	元素含量						
	碳	锰	硅	铬	镍	硫	磷
						不大于	
H08	≤0.10	0.30～0.55	≤0.03	≤0.15	≤0.30	0.04	0.04
H08A	≤0.10	0.30～0.55	≤0.03	≤0.10	≤0.25	0.03	0.03
H08Mn	≤0.10	0.80～1.10	≤0.03	≤0.15	≤0.30	0.04	0.04
H08MnA	≤0.10	0.80～1.10	≤0.03	≤0.10	≤0.25	0.03	0.03
H15	0.11～0.18	0.35～0.65	≤0.03	≤0.20	≤0.30	0.04	0.04
H15Mn	0.11～0.18	0.80～1.10	≤0.03	≤0.20	≤0.30	0.04	0.04

2. 焊条药皮

(1) 焊条药皮的作用。焊条的药皮在焊接过程中起着极为重要的作用，它也是决定焊缝质量的主要因素之一。现将焊条药皮的作用概述如下：

① 提高电弧燃烧的稳定性。没有药皮的焊条称为裸焊条(或光焊条)，用直流电焊接时，虽然能保持电弧燃烧不中断，但非常不稳定；当采用交流电焊接时，则更不易引燃电弧。若焊条上涂有药皮后，不但能提高电弧的稳定性，而且完全能使用交流电进行正常的焊接。

② 防止空气对熔池的不良作用。焊接时，药皮熔化后产生大量保护性气体笼罩着电弧和熔池，使熔化金属与空气隔离，起着保护熔化金属的作用；熔化后的药皮还能形成熔渣，覆盖在焊缝的表面保护焊缝金属。同时，焊渣还能使焊缝金属缓慢冷却，促进了气体的逸出，减小了产生气孔的可能性。以上是焊缝金属的气保护和渣保护作用。

③ 保证焊缝金属的脱氧作用。药皮虽然能产生保护气体隔离空气与熔化金属接触，但不能完全隔绝，还会有少量空气侵入，并且氧还能进入熔池。氧和金属作用后，生成氧化物，使合金烧损，导致焊缝质量降低。因此，需在药皮中加入一些还原剂，使被氧化的金属还原，可保证焊缝质量。

④ 加入合金元素以提高焊缝金属的机械性能。由于电弧的高温作用，焊缝金属中所含某些合金元素会被烧损，使焊缝金属的机械性能降低。因此，必须通过在药皮中加入一些合金元素，使之随着药皮的熔化而过渡到焊缝金属中去，以提高焊缝金属的机械性能，甚至超过基本金属。

(2) 药皮的成分。焊条药皮的组成成分较复杂，每种焊条的药皮配方中，一般由 7～9 种以上原料配成。根据原料的不同作用可分为：稳弧剂、造渣剂、造气剂、合金剂、黏结剂以及稀渣剂等。现将药皮原料的种类、名称及其作用列于表 5—7。

表 5—7　　药皮原料的种类、名称及其作用

原料种类	原料名称	作用
稳弧剂	碳酸钾、碳酸钠、长石、大理石、钛白粉、钠水玻璃、钾水玻璃	改善引弧性能和提高电弧燃烧的稳定性
脱氧剂	锰铁、硅铁、钛铁、铝铁、石墨、木炭	降低药皮或熔渣的氧化性（先期脱氧）和脱除金属中的氧
造渣剂	大理石、萤石、菱苦土、长石、花岗石、黄土、钛铁矿、锰矿、赤铁矿、钛白粉、金红石	造成具有一定物理—化学性能的熔渣，并能良好地保护焊缝和改善焊缝成形
造气剂	淀粉、木屑、纤维素、大理石	进一步加强对焊接区的保护
合金剂	锰铁、硅铁、钛铁、铬铁、钼铁、钨铁、钡铁、石墨	使焊缝金属获得必要的合金成分
粘结剂	钾水玻璃、钠水玻璃	将药皮牢固地粘结在焊条钢心上
稀渣剂	萤石、长石、钛铁矿、钛白粉、锰矿	增加熔渣的流动性，降低熔渣的黏度

(3) 焊条药皮类型及其工艺性能。目前国产的焊条，其药皮类型主要分为钛钙型、低氢型等六种（见表 5—10 中。表中 1～6 类型是目前生产焊条的主要药皮类型，而其中 6 和 7 类型同属低氢型）。

根据药皮成分及其工艺性能的不同，焊条可分为酸性焊条和碱性焊条两类。

① 酸性焊条。表5—10中钛型、钛钙型、钛铁矿型、氧化铁型以及锰型等类焊条，由于药皮中不采用强碱性氧化物，所以一般将这五类焊条称为酸性焊条。

酸性焊条的特点是在药皮中主要含有氧化铁、氧化锰以及氧化钛等，药皮的氧化性较强，致使药皮中合金元素的烧损也很大，焊缝金属的机械性能，特别是冲击韧性较碱性焊条低。酸性焊条焊接时，由于碳的氧化造成熔池的沸腾，大大有利于已熔入熔池中的气体重新逸出，所以对铁锈、油脂及水分的敏感性不大。酸性焊条可以采用交流电或直流电进行焊接。

② 碱性焊条。低氢型焊条由于不含铁或锰等氧化物，药皮成分中的大理石（$CaCO_3$）和萤石（CaF）含量较多，因此，其碱度很大，所以称这类焊条为碱性焊条。

碱性焊条的特点是在焊条药皮中含有大理石和萤石，并含有较多的铁合金作为脱氧剂和合金剂，所以药皮具有足够的脱氧性。焊接时，大理石分解成 CO_2 作为保护气体。氟与氢作用形成氟化氢（HF），与酸性焊条相比较，保护气体中氢很少，因此又称为低氢型焊条。

碱性焊条焊接的焊缝金属机械性能很好，特别是冲击韧性很高。它主要用于重要结构的焊接。为了避免或减少气孔的产生，应采取一定的工艺措施，如焊前将焊条在250～450℃烘箱内焙烘2 h，并保存在150℃烘箱内待用。另外，应及时清除焊件上的铁锈、油脂及水分等。

酸性焊条与碱性焊条性能特点的比较见表5—8。

表5—8　　酸性焊条与碱性焊条性能比较

焊条性能	酸性焊条	碱性焊条
1. 脱S、P能力	较差。焊缝含S，P多	较好。焊缝含S，P少
2. 焊缝金属性能	抗裂性差，冲击韧性较差，塑性较差	抗裂性好，冲击韧性较好，塑性较好

续表

焊条性能	酸性焊条	碱性焊条
3. 对油锈水的敏感性	敏感性小，抗气孔能力强	敏感性大，抗气孔能力差
4. 焊条工艺性能	工艺性能好。稳弧性、脱渣性、焊缝成型均好	工艺性较差。稳弧性、脱渣性，焊缝成形较差
5. 除氢能力	较差	好。称低氢型焊条
6. 产生有害气体	较少	较多（HF）
7. 电流种类	交流或直流两用	结 507 只能直流反接，结 506 可交直流两用
8. 烘干温度	贮存应干燥，一般只需低温烘干（70～150℃）	要求严格烘干，一般为 350～450℃，保温 2 h
9. 用途	广泛用于一般结构	重要结构
10. 准备工作	一般要求	严格清除坡口两侧的油、锈、水。焊条应放置于保温筒里

3. 焊条的型号和牌号

碳素钢焊条型号的国家标准为 GB 5117—85，低合金钢焊条型号的国家标准为 GB 5118—85。根据国家标准的规定，焊条型号的字母和数字含义为：字母“E”表示焊条；前两位数字表示熔敷金属抗拉强度的最低值（单位为 MPa）；第三位数字表示焊条的焊接位置，如“0”及“1”表示焊条适用于全位置焊接；第三位和第四位数字组合时，表示焊接电流种类及药皮类型。

常见焊条型号 E4303、E5015 和 E5016 的含义如下：“E”表示焊条；“43”表示熔敷金属抗拉强度最低值 420MPa，“50”表示熔敷金属抗拉强度最低值 490MPa；第三位数字“0”和“1”均表示适用于全位置焊接（平、立、横、仰焊）；第三、第四位数字“03”表示钛钙型药皮、交流或直流，“15”表示低氢钠型药皮、直流反接，“16”表示低氢钾型药皮、交流或直流两用。

我国生产的结构钢焊条品种很多，其牌号是按照焊缝金属抗拉强度等级和焊条药皮类型划分的。牌号前加“结”字，表示结构钢焊条；紧接着的第一、第二位数字，表示焊缝金属抗拉强度等级（见表5—9）；第三位数字表示焊条药皮类型和适用的焊接电流种类（见表5—10）。

表5—9　　焊缝金属抗拉强度等级

牌　号	焊缝金属（不小于）	
	抗拉强度等级（MPa）	屈服强度等级（MPa）
结42×	411.6（42）	294（30）
结50×	490（50）	343（35）
结55×	539（55）	392（40）
结60×	588（60）	441（45）
结70×	686（70）	490（50）
结85×	833（85）	—
结100×	980（100）	—

表5—10　　焊条药皮类型和适用的焊接电源种类

牌　号	焊条药皮类型	焊接电源
××0	不属已规定的类型	不　规　定
××1	钛型	直流或交流
××2	钛钙型	直流或交流
××3	钛铁矿型	直流或交流
××4	氧化铁型	直流或交流
××5	锰型	直流或交流
××6	低氢型	直流或交流
××7	低氢型	直　　流
××8	石墨型	直流或交流
××9	盐基型	直　　流

例如，结422焊条为钛钙型药皮，抗拉强度等级为420 MPa，交直流两用；结507焊条为低氢型药皮，抗拉强度为490 MPa，采用直流电焊接，等等。

有特殊性能和用途的结构钢焊条，应在牌号后面加注起主要作用的元素和主要用途的汉字，但一般不超过两个。如结507铜磷焊条为低氢型药皮，主要用于焊接铜磷钢，有抗大气、抗硫化氢和耐海水腐蚀的特殊用途。

4. 常用焊条特性和应用

焊接低碳钢和低合金通常采用的焊条主要有结 422、结 507。现将它们的焊接特性分叙如下：

(1) 结 422 焊条。它是酸性钛钙型药皮的低碳钢优质焊条。药皮的主要成分是氧化钛和氧化钙。它具有良好的工艺性能，焊接时电弧稳定，熔化速度快，流动性好，脱渣容易，可交、直流两用，能进行全位置焊接。它广泛用于焊接低碳钢结构和强度等级较低的普通低合金结构钢等。

(2) 结 507 焊条。它是碱性低氢型药皮的低合金钢焊条，药皮的主要成分是大理石和萤石，不含任何有机化合物。在焊接过程中，由于大理石分解产生 CO_2 作为保护气体，萤石的主要作用是防止产生氢气孔，保证获得高质量的焊接接头。

结 507 焊条焊接时，由于药皮内含有较多量的萤石（氟化钙），所以用交流电焊接时，电弧不稳定，必须采用直流反接极。当药皮中加入适量的稳弧剂时，也能采用交流电焊接（如结 506）。

结 507 焊条能进行全位置焊接，适用于焊接重要的低碳钢、中碳钢以及某些普通低合金结构钢等重要结构。

低碳钢和普通低合金钢一般按其强度等级选用相应的焊条。同种钢焊接按等强度原则选用；异种钢焊接按强度较低一侧的钢材选用，一般选用强度较低的焊件相应的焊条（包括不同牌号的普通低合金钢焊接时）。对于有特殊性能（如耐腐蚀等）要求的钢材焊接，则应选用专用焊条。

另外，有关焊条的保存也很重要。焊条应保存在干燥的通风良好的仓库内，要防止焊条受潮变质，并应设专用的焊条贮藏发放间和专用烘箱，以便随时烘干发放。如发现保存的焊条钢心生锈、焊条药皮变质等，应降级使用，严重者应予以报废。

五、碳弧气刨设备和工具

碳弧气刨系统由电源、气刨枪、碳棒、电缆气管和压缩空气源等组成，如图 5—11 所示。

1. 电源

碳弧气刨一般采用具有下降特性且动特性较好的直流弧焊电源，由于气刨时负载持续率较大，而使用的电流也较大，所以应选用功率较大的电源，常用的有 ZX5—630、ZX—500 型整流弧焊机等。

2. 气刨枪

气刨枪的作用是夹持碳棒、传导电流和输送压缩空气，因此，其电极夹头应导电性良好，夹持牢固，外壳绝缘及绝热性能良好，更换碳棒方便，重量轻等。常用的有焊钳式气刨枪、扁碳棒气刨枪和圆周送风式气刨枪。图 5—12 为侧面送气气刨枪示意图。

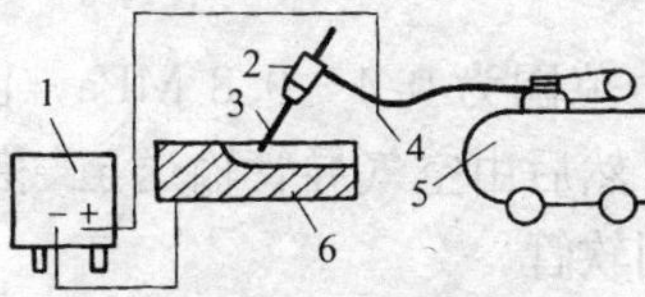

图 5—11　碳弧气刨系统示意图

1—电源　2—气刨枪　3—碳棒　4—电缆气管　5—空气压缩机　6—工件

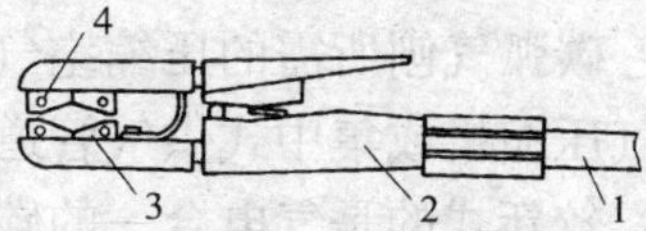

图 5—12　侧面送气气刨枪结构示意图

1—电缆气管　2—气刨枪体　3—喷嘴　4—喷气孔

3. 碳棒

由碳、石墨加上适当的黏合剂通过挤压成形，焙烤后镀一层铜而制成。有圆、扁和半圆碳棒三种，其中圆碳棒最常用。碳棒在碳弧气刨时作为电极，用作传导电流和引燃电弧。对碳棒的要求是耐高温、导电性良好和不易开裂，镀铜的目的是更好地传导电流。圆碳棒主要用于在焊缝反面挑焊根、清焊根，扁碳棒刨槽较宽，可以用于开坡口、刨焊瘤或切割大量金属的场合。

碳弧气刨用碳棒的规格及适用的电流，见表 5—11。

表 5—11　　碳弧气刨用碳棒规格及适用电流

断面形状	规格（mm）	适用电流（A）	断面形状	规格（mm）	适用电流（A）
圆形	ϕ3×355	150～180	圆形	ϕ8×355	250～400
圆形	ϕ3.5×355	150～180	圆形	ϕ9×355	350～500
圆形	ϕ4×355	150～200	圆形	ϕ10×355	400～550
圆形	ϕ5×355	150～250	圆形	ϕ12×355	—
圆形	ϕ6×355	180～300	圆形	ϕ14×355	—
圆形	ϕ7×355	200～350	圆形	ϕ16×355	—
扁形	3×12×355	200～300	扁形	5×15×355	400～500
扁形	4×8×355	—	扁形	5×18×355	450～550
扁形	4×12×355	—	扁形	5×20×355	500～600
扁形	5×10×355	300～400	扁形	5×25×355	550～600
扁形	5×12×355	350～450	扁形	6×20×355	—

4. 空气压缩机和空气导管

碳弧气刨所需的压缩空气的压力范围为 0.4～0.8 MPa，由空气压缩机或集中式供气管道供气，然后由空气导管输送至气刨枪，较新式的是气电合一的碳弧气刨软管。

六、操作规范和安全要求

1. 焊条电弧焊操作要点

焊条电弧焊的基本操作技术主要包括引弧、运条、接头和收弧方法等。掌握好这四种方法是保证焊缝质量的关键，对安全操作也有重要意义。

(1) 引弧。引燃电弧的过程叫引弧。

焊条电弧焊的引弧有擦划法和敲击法两种。敲击法是将焊条垂直与焊件接触短路然后迅速提起 2～4 mm，电弧即引燃。划擦法是将焊条在焊件表面上划动一下，即可引燃电弧。擦划方式引弧比敲击式较容易掌握。但是擦划引弧时，凡电弧擦过的地方都会造成电弧擦伤和沾染飞溅。焊接受压部件时，工件表面擦伤是很有害的。所以，在焊接锅炉压力容器时，不得在焊缝外引弧，而只能在坡口内擦划引弧。最好是采用敲击法引弧。敲击法引弧飞溅少，对工件的损害小。

(2) 运条。焊接过程中，焊条相对焊缝所做的各种动作总称为运条。

引燃电弧后，焊条要保持三个基本方向的运动，才能使焊缝成形良好。这就是朝着熔池方向逐渐送进；横向摆动以及沿着焊接方向逐渐移动。

焊条朝着熔池方向逐渐送进的目的，是用来维持所需要的电弧长度。焊接时宜采用短弧。

焊条的横向摆动，主要是为了获得一定宽度的焊缝。对于开坡口的焊件，应该采用摆动的方法，使坡口两侧的金属能够焊透。

焊条沿焊接方向的移动速度就是焊接速度。

常见的运条方法有直线形、直线往复形、锯齿形、月牙形、三角形以及圆圈形等，如图 5—13 所示。每种方法各有特点，在实际操作中，应根据不同的焊接位置、接头形式、焊件厚度以及焊接时的工艺参数，选用不同的运条方法。

直线形运条法的特点是焊条沿焊缝纵向作直线前移，不作摆动，焊缝较窄，熔深较大，电流亦较稳定。这种运条法常用于不开坡口对接平焊（焊件厚度为 3～5 mm）、多层焊的第一层焊缝和多层多道焊。

直线往返运条法的特点是焊条沿焊接方向作往返直线摆动，焊接速度较快，焊缝较窄，散热较好。它适用于薄板焊缝焊接，以及多层焊的第一层焊缝间隙较大时的焊接。

锯齿形运条法的特点是焊条沿着焊接方向连续作锯齿形摆动。图中两侧圆点表示焊条（电弧）在焊缝两侧稍作停留，以防止产生咬边。这种运条法焊缝成形较好，操作容易，广泛应用于厚板焊接，以及填角焊缝等。

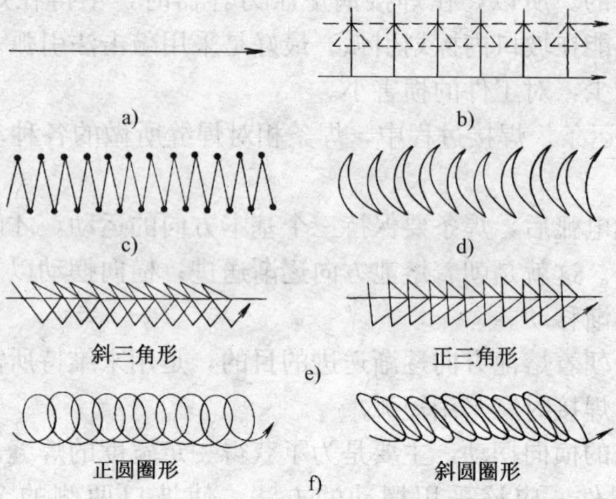

图 5—13 运条方法

a）直线形运条法 b）直线往返形运条法 c）锯齿形运条法 d）月牙形运条法 e）三角形运条法 f）圆圈形运条法

月牙形运条法的特点是焊条沿焊接方向作月牙形摆动，焊条在焊缝两侧稍作停留。其优点是熔化金属保温时间较长，使熔池里的气体易析出，有利于熔渣上浮，常用于厚板焊接。

三角形运条法有斜三角形和正三角形两种运条法。其共同特点是焊条沿焊接方向连续作三角形摆动，借助焊条的较大幅度摆动来控制熔敷金属，焊缝成形较好。斜三角形运条法适用于平焊和仰焊的填角焊和横焊；正三角形运条法适用于立焊和填角点焊。

圆圈形运条法有正圆圈形和斜圆圈形两种运条法。其共同特点是焊条沿焊接方向作连续环形摆动，借大幅度摆动控制熔池的金属，有利于焊缝成形，还可延长熔化金属的加热时间，使熔池里的气体易析出，熔渣易上浮。正圆圈形运条法适用于厚件平焊；斜圆圈形运条法适用于平焊和仰焊的填角焊缝和横焊。

（3）接头。焊接过程中由于受焊条长度的限制或断弧等原因，产生焊缝接头是不可避免的。有冷接头和热接头两种。

冷接头在施焊前，应将焊缝连接处进行加工清理，如手工砂轮或其他机械方法将连接处打磨出斜坡形过渡带，在接头前方10 mm 处引弧。

热接头是在熔池熔渣尚未完全凝固的状态下，重新引燃电弧，此法适用于厚板的大电流焊接。另外也可在熔池前方 5 mm 左右处引弧后，将电弧迅速拉回熔池进行焊接。

(4) 收尾。一条焊缝的焊接即将结束时的结尾操作，应注意维持正常的熔池温度，停止焊条沿焊接方向的移动，作横摆点焊动作，逐渐填满熔池，而后将电弧拉向一侧提起灭弧。

2. 管子的焊接

(1) 准备工作。管子焊接应做好如下准备工作。

① 将焊件接头处的油污、铁锈等清理干净。

② 坡口和间隙。当管子壁厚为 2.5 mm 以下时，开 I 形坡口，应留有 1～2 mm 的间隙，其目的是为了能焊透。管子壁厚大于 3 mm 时，应开 V 形坡口。

③ 定位焊。对直径小于 70 mm 的管子可定位两点，对直径大于 70 mm 的管子可定位 4～6 点。不论管径大小，定位焊点都应均匀对称布置。焊接时的起焊点应在两定位焊点中间，如图 5—14 所示。

(2) 水平固定管子焊接操作要点。水平固定管子焊接的操作要点如下。

① 水平固定管的气焊，难度比较大，它包括仰、立、平焊的焊接位置，一般采用两层焊，大直径厚壁管采用多层焊。焊缝余高不超过 1～2 mm，其宽度应盖过坡口边缘 1～2 mm，并应均匀平滑过渡到基本金属。

② 焊接起焊点应在两定位焊点的中间（见图 5—14）。

③ 焊接操作程序如图 5—15 所示，从点 1 开始，沿接缝焊到 4 的位置结束。起点和终点处应相互重叠为 5～10 mm，以保

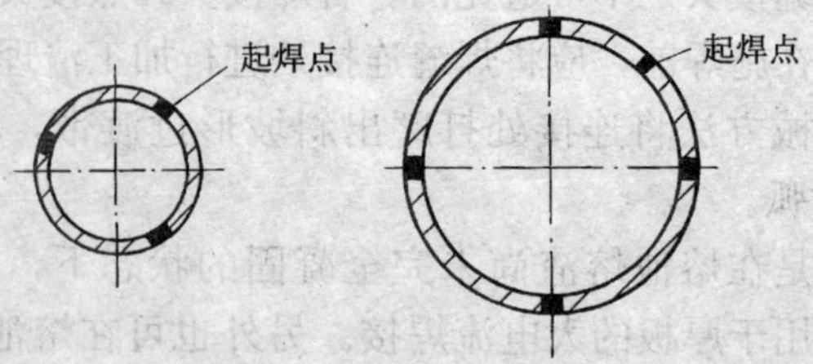

a)　　b)

图 5—14　不同管径定位焊及起点

a）直径小于 70 mm　b）直径大于 70 mm

证接头处的质量。

3. 焊条电弧焊操作安全要求

（1）先安全检验后作业。焊接工作前，应先检查焊机设备和工具是否安全可靠，如焊机外壳的接地或接零、焊机各接线点接触是否良好，焊接电缆的绝缘有无破损等，不允许未进行安全检查就开始操作。

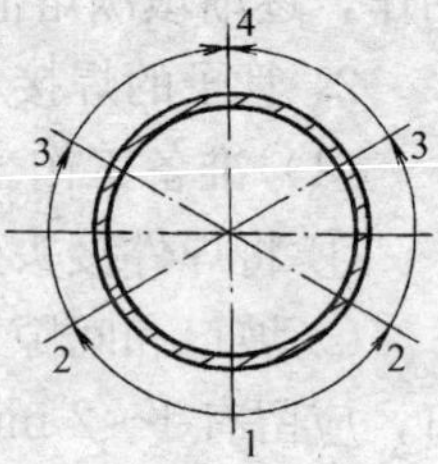

图 5—15　管子水平固定焊接位置

（2）焊工的手和身体不得随便接触二次回路的导电体。特别是在夏天身上大量出汗，衣服湿透等情况下，不能倚靠在工作台、焊件或接触焊钳（枪）带电体等。尤其在狭小空间、船舱、容器管道内的焊接作业，更需注意避免触电。对于焊机空载电压较高的焊接操作，以及在潮湿工作地点的操作，还应在操作点附近地面上铺设橡胶绝缘垫。

（3）下列操作应切断电源开关才能进行：

① 转移工作地点搬动焊机。

② 更换熔丝。

③ 焊机发生故障的检修。

④ 改变焊机接头。

⑤ 更换焊件而需改装二次回路的布设等。

推拉闸刀开关时，必须戴皮手套。同时焊工头部需偏斜，以防电弧火花灼伤脸部。

(4) 在金属容器内（如油槽、气柜、锅炉、管道和舱室等）、金属结构上以及其他狭小工作场所焊接时，触电的危险性最大。这时必须采取专门的防护措施，如采用橡皮垫、戴皮手套、穿绝缘鞋等，以保障焊工身体与焊件间的绝缘。不允许采用无绝缘外壳的简易电焊钳，并且要采取两人轮换工作制，以便互相照顾，或设一名监护人员，随时注意焊工的安全动态，遇有危险情况时，可立即切断电源，进行抢救。使用行灯的电压不应超过 36 V或 12 V。

(5) 电焊操作者必须注意，在任何情况下都不得使自身、机器设备的传动部分或动物等成为焊接电路，以防焊接电流造成人身伤害或设备事故。

例如，某建筑工地有位焊工，坐在金属构架上休息，弧焊变压器二次回路的一端连着构件。他手拿焊钳，用烧红的焊条头点烟，电流通过人体，遭电击。

(6) 焊接与切割操作中，应注意防止由于热传导作用，使工程结构和设备的可燃保温材料发生着火事故。

(7) 焊接工作地点周围 10 m 内，必须清除一切可燃易爆物品。

(8) 加强个人防护。焊工个人防护用品包括完好的工作服、绝缘手套、套鞋及垫板等。

(9) 电焊设备的安装、修理和检查须由电工进行，焊工不得擅自拆修设备和更换熔丝。临时施工点应由电工接通电源，焊工不得自行处理。

4. 碳弧气刨操作要点

(1) 气刨前，要先检查电源极性，然后根据碳棒直径选择并调节好电流。使气刨枪夹紧碳棒并调节碳棒伸出长度至 80～100 mm左右。打开气阀并调节好出气量，使风口对准刨槽。

（2）刨削时，使碳棒与工件接触引燃电弧。在垂直位置气刨时，应由上向下移动，由于重力作用便于熔渣流出。

（3）碳棒倾角按要求的槽深而定：刨削要求深，倾角就应大一些，一般可在45°左右为宜。开始时倾角要小，然后逐渐增大到所需角度。

（4）碳棒中心线应与刨槽中心线重合，否则刨槽形状不对称。

（5）要保持均匀的刨削时速度，刨削时均匀清脆的嘶嘶声表示电弧稳定，能得到光滑均匀的刨槽。速度太快易短路，太慢则易断弧。每段刨槽衔接时，应在弧坑上引弧，防止触伤刨槽或产生严重凹痕。

（6）刨削结束时，应先断弧，过几秒钟再停气，使碳棒冷却。

5．碳弧气刨操作安全要求

（1）露天作业时，应尽可能顺风向操作，防止吹散的铁水及熔渣造成灼烫和烧损工作服。注意场地防火安全。

（2）在容器或舱室内操作时，空间不能过于狭小，且必须加强通风、除尘措施。

（3）气刨时使用的电流较大，应与电源功率相匹配，不得超过电源的暂载率和超载运行，防止电源过热。

（4）气刨时应使用专用碳棒，以免产生过多有害气体及烟尘。

（5）在刨削时，不允许中断压缩空气，以免烧损气刨枪。

（6）刨削时碳棒伸出长度不得小于30 mm。

（7）未切断电源前，不准使刨枪铜头与工件短接。

其他安全要求与焊条电弧焊相同。

6．碳弧气刨的缺陷及预防措施

（1）夹碳。刨削速度太快或碳棒送进速度不稳，使碳棒头部碰到铁水或未熔化的金属上，电弧就会因短路而熄灭。碳棒粘在未熔化的金属上，就成为“夹碳”缺陷。产生夹碳后，在夹碳处电弧就不能再引燃，于是阻碍了气刨的继续进行。此外，夹碳处还形成一层硬脆的且不易清除的碳化铁（碳含量达6.7%）。对这种缺陷必须注意防止和清除，否则若夹碳存在坡口中，焊后易出现气孔和裂纹。预防措施是提高操作技术水平，及时调整刨削速度和碳棒送进速度。发生夹碳后，可用砂轮、风铲或重新气刨进行清除。

（2）黏渣。碳弧气刨时吹出来的物质叫“渣”。它的表面是一层氧化铁，内部是含碳量很高的金属。如果渣黏在刨槽的两侧，即所谓“黏渣”，焊接时容易形成气孔。

黏渣的主要原因是由于压缩空气压力太小引起，其次碳棒对焊件的倾角太小时也容易引起黏渣。预防措施是调整好空气压力，保持碳棒合理的倾角。

黏渣可用钢丝刷、砂轮或风铲等清除。

（3）刨槽不正和深浅不匀。碳棒歪向槽的一侧就会引起刨槽不正。碳棒运动时上、下波动引起刨槽的深度不匀，甚至偏刨的缺陷，产生的原因是操作不熟练。预防措施主要是保持刨削速度和碳棒送进速度稳定；碳棒在空间位置应稳定；操作者的注意力应集中，使碳棒对准预定的刨削路径。

（4）铜斑。因碳棒镀铜质量不好或电流过大时而造成铜皮成块剥落。剥落的铜皮呈熔化状态，在刨槽表面形成铜斑点。只要在焊前用钢丝刷将铜斑刷干净，就可避免了母材的局部渗铜。如不注意清理，铜进入焊缝金属的量达到一定数值后，焊接时就会引起热裂纹。预防措施是选用质量好的碳棒和选择合适的电流。

第二节　气体保护电弧焊安全

一、基本原理和安全特点

1. 原理

气体保护电弧焊简称气电焊，它是一种利用电弧作热源，气体作保护介质的熔化焊。焊接过程中，在电弧周围造成气体保护层，阻止空气及其他有害气体侵入熔滴和熔池，从而有效地保护电弧热量集中和稳定燃烧。目前应用的气体保护介质主要有氩气、二氧化碳等。

(1) 氩弧焊。氩弧焊利用氩气作为保护介质，按照电极的不同分为熔化电极和不熔化电极两种。溶化电极氩弧焊是采用连续送给的焊丝（金属丝）作为电极；不熔化电极氩弧焊是采用高熔点的钨棒作为电极，称钨极氩弧焊，如图 5—16 所示。氩气 3 从焊枪喷嘴 2 喷出，形成环状的保护气屏幕，保护钨极（或焊丝）和焊接熔池不被氧化。

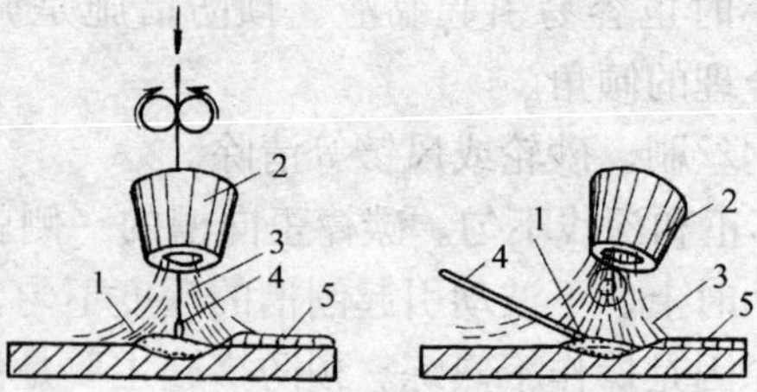

图 5—16 氩弧焊示意图

a）熔化极氩弧焊 b）钨极氩弧焊

1—熔池 2—喷嘴 3—氩气 4—焊丝 5—焊缝

(2) 二氧化碳气体保护焊。二氧化碳气体保护焊（简称 CO_2 焊）属于熔化极电弧焊，焊接过程如图 5—17 所示。焊丝 7 由送丝机构 6 通过软管经导电嘴 10 送出。CO_2 气体 3 从喷嘴 2 以一定的流量喷出。当焊丝与焊件接触引燃电弧后，连续送给的焊丝末端和熔池被 CO_2 气体层流所保护，防止空气对熔化金属的有害作用，从而保证获得高质量的焊缝。

2. 应用

(1) 氩弧焊的保护效果良好，焊接质量较好，但成本较高，主要用于高强度合金钢、铝、镁、铜及其合金和稀有金属等的焊接。

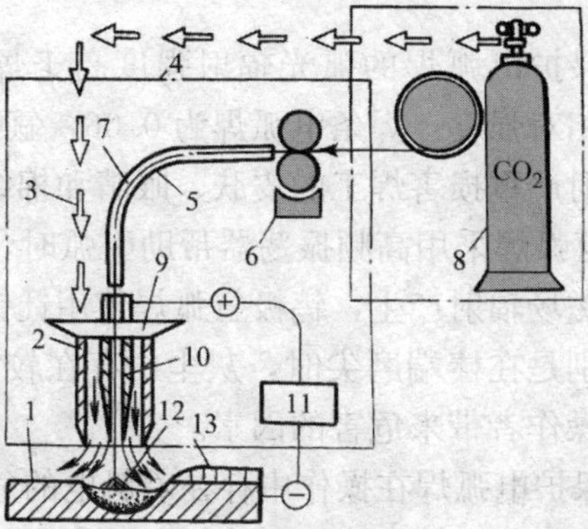

图 5—17　CO_2 焊示意图

1—焊件　2—喷嘴　3—CO_2 气体　4—焊接设备
5—软管　6—送丝机构　7—焊丝　8—气瓶　9—焊枪
10—导电嘴　11—电源　12—熔池　13—焊缝

（2）由于 CO_2 气体价格低廉，易于制取，所以焊接成本低，且具有焊缝抗锈能力强、生产率高等优点。在汽车、机车、造船及航空等工业部门，CO_2 焊被广泛应用于低碳钢、低合金钢、耐热钢及不锈钢等材料的焊接，而且还用于磨损零件、铸钢件及其他焊件缺陷的补焊。

3. 安全特点

（1）气体保护电弧焊采用保护气体代替焊药和焊剂，所以不像焊条电弧焊那样在电弧周围充满药皮、焊剂和焊材的蒸气（烟尘）。但是由于气体保护电弧焊的电流密度大，弧温很高，弧光很强，所以在短波紫外线和高温作用下，可产生较高浓度的有害气体。例如，氩弧焊时产生大量的臭氧和氮氧化物，其浓度分别是焊条电弧焊的 4.4 倍和 7 倍。CO_2 焊在电弧高温作用下，可以产生出 CO 气体等，这是因为有毒气体与粉尘存在着内在联系，粉尘浓度越高，电弧辐射越弱，有毒气体浓度越低；反之，电弧辐射越强，则有毒气体浓度越高。因此对气电焊来说，其主要危害是有毒气体。

(2) 气体保护电弧焊的弧光辐射强度高于焊条电弧焊，例如，紫外线的相对强度：焊条电弧焊为0.06，氩弧焊为1.0。强烈的紫外线辐射严重损害焊工的皮肤、眼睛和棉织工作服。

(3) 钨极氩弧焊采用高频振荡器帮助引弧时，在高频振荡器工作期间有电磁场辐射产生，钨极氩弧焊使用钍钨棒时，钍是放射性物质，特别是在棒端磨尖时，灰尘中存在较多放射性粒子。这些都是会给操作者带来危害的因素。

(4) 气体保护电弧焊在操作中存在着触电的危险。

(5) 气体保护电弧焊都使用压缩钢瓶，在运输、贮存和使用时，存在着引起气瓶爆炸的危险性。

二、常用保护气体及其性质

1. 氩气

氩气是惰性气体，它与熔化金属不起化学反应，也不溶于金属，因此氩弧焊是高质量的焊接方法，但氩气的价格较高，制取不便。氩气是在液态空气分溜制氧时获得的副产品。由于氩气的沸点介于氧气和氮气的沸点之间（氩的沸点为－185.7℃，氧的沸点为－183℃，氮的沸点为－195.8℃），沸点温度差值较小，所以在制氩过程中，不可避免的要含一定数量的 O_2、N_2、CO_2 和水分等杂质，这些气体与水分将直接影响焊缝的质量。

2. 二氧化碳

CO_2 并不是人们常说的“惰性气体”，在通常情况下，它是一种阻燃性气体。实际上 CO_2 是氧化性气体，焊接时，在电弧的高温作用下，被分解成一氧化碳及氧，其化学反应式为：

$$CO_2 \xlongequal{\text{电弧}} CO + O$$

3. 混合气体

混合气体是指惰性气体与氧化性气体的混合气体。熔化极活性气体保护电弧焊是采用在惰性气体中加入一定量的活性气体

（氧化性气体），如氩气—二氧化碳气体（Ar+CO_2），氩气—氧气（Ar+O_2），氩气—二氧化碳—氧气（Ar+CO_2+O_2）等作为保护气体的一种熔化极气体保护焊方法。这种方法可用于平焊和各种位置焊接，尤其适用于碳钢、低合金钢和不锈钢等黑色金属材料。

三、常用设备结构原理

1. 熔化极气体保护电弧焊

熔化极气体保护电弧焊设备有半自动焊和自动焊两种类型。

熔化极气体保护电弧焊的设备由弧焊电源、送丝系统、焊枪与行走系统（自动焊）、供气系统与冷却水系统以及控制系统等部分组成，如图 5—18 所示。

（1）焊接电源。通常采用直流电源。电源的外特性有平特性（恒压），陡降特性（恒流）和缓降特性三种。当焊丝直径比较细时通常采用平特性电源，焊丝直径比较粗时通常采用下降外特性电源。

① CO_2 气体保护焊的电弧静特性曲线是一条上升的曲线，焊丝直径越细，上升越快。因此，为了保护电弧稳定燃烧，细丝 CO_2 气体保护焊的弧焊电源要求平硬外特性曲线，配合等速送丝系统。粗丝 CO_2 气体保护焊的电弧静特性曲线上升慢，因此，进行焊丝直径大于 2 mm 的粗丝 CO_2 气体保护焊时，可以采用下降（缓降）外特性的弧焊电源，配用变速的均匀调节送丝系统。

CO_2 气体保护焊用交流电源焊接时，电弧很不稳定，飞溅很严重。因此，CO_2 气体保护焊应采用直流弧焊电源。

此外，CO_2 气体保护焊电源还要求有良好的动特性，焊接电流和电弧电压能在一定范围内调节等。

② 熔化极半自动氩弧焊时，采用焊丝直径小于 2.5 mm，此时电流密度大，电弧静特性曲线是上升的，因此应该采用具有平特性的弧焊电源配合等速送丝系统。熔化极自动氩弧焊时，所用焊丝直径常大于3 mm，电弧静特性曲线基本上呈水平形。此

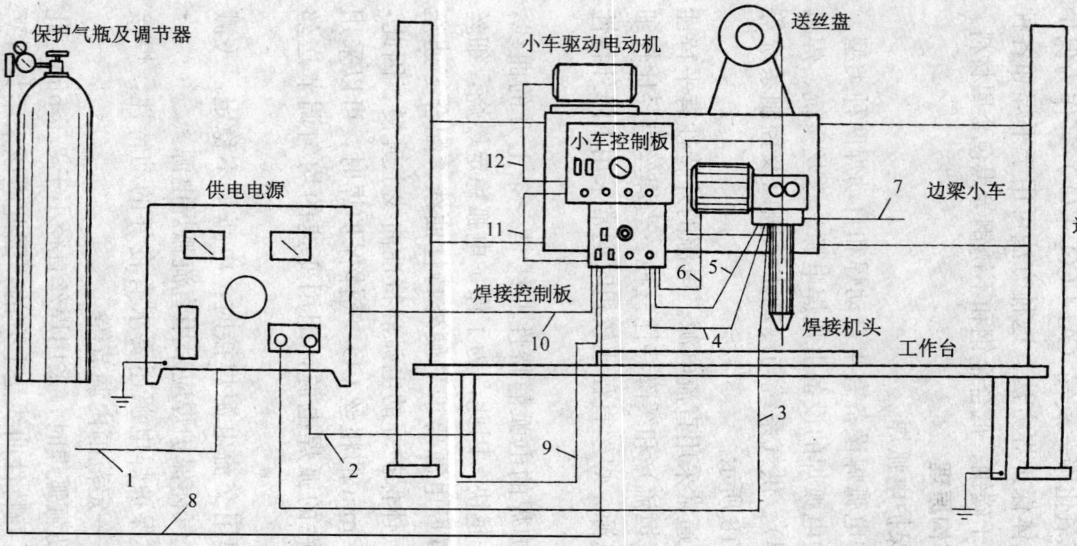

图 5—18　熔化极气体保护电弧焊的设备组成

1—一次电源输入　2—工件插头及连线　3—供电电缆　4—保护气输入　5—冷却水输入　6—送丝控制输入　7—冷却水输出　8—输入到控制箱的保护气体　9—输入到控制箱的冷却水　10—输入到控制箱的 220 V 交流　11—输入到小车控制箱的 220 V 交流　12—小车电动机控制输入

时可采用具有下降外特性的弧焊电源配合可变速的反馈调节送丝系统。

(2) 送丝系统。送丝系统通常是由送丝机（包括电动机、减速器、校直轮、送线轮)、送丝软管、焊丝盘等组成。

半自动 CO_2 焊的送丝方式通常有推丝式、拉丝式和推拉式三种。此外还有行星式。

① 推丝式。这是半自动熔化极气体保护焊最广泛使用的送丝方式。这种送丝方式的焊枪结构简单、轻便，操作维修都比较方便。但送丝阻力较大，随着送丝软管长度的增长、焊丝直径变细、焊丝材质变软，送丝稳定性变差。因此，对于直径1 mm以上的焊丝，一般送丝软管长度为 3～5 m。

② 拉丝式。半自动 CO_2 焊拉丝式送丝通常是把送丝机构和焊丝盘都装在焊枪上，不用送丝软管，送丝速度稳定；但焊枪重量增加，常用于细直径（例如 0.8 mm）焊丝焊接薄板。

③ 推拉式。这种送丝方式用于长距离送丝，送丝软管最长可达 15 m 左右。推丝、拉丝两种动力要同步配合，并处于一方从属于另一方状态。

半自动熔化极氩弧焊的送丝系统与 CO_2 气体保护焊的送丝系统相同，送丝方式也分推丝式、拉丝式和推拉式三种。如铝合金熔化极氩弧焊时，当铝焊丝直径小于 1.6 mm 时，采用拉丝式或推丝式送丝机构；当铝焊丝直径大于 2 mm 时，可采用推丝式送丝机构。

(3) 焊枪及软管。熔化极气体保护焊焊枪的作用是导电、导丝和导气。

半自动焊枪按送丝方式分，有推丝式焊枪和拉丝式焊枪两种，还可以分为水冷、气冷鹅颈式、手枪式。

推丝式焊枪有两种形式：鹅颈式焊枪和手枪式焊枪。鹅颈式焊枪适合于小直径焊丝，使用灵活方便，适合于紧凑部位，难以达到的拐角处和某些受限区域的焊接。手枪式焊枪适合于较大直径焊丝，常采用水冷却。图 5—19 为典型鹅颈式焊枪示意图。

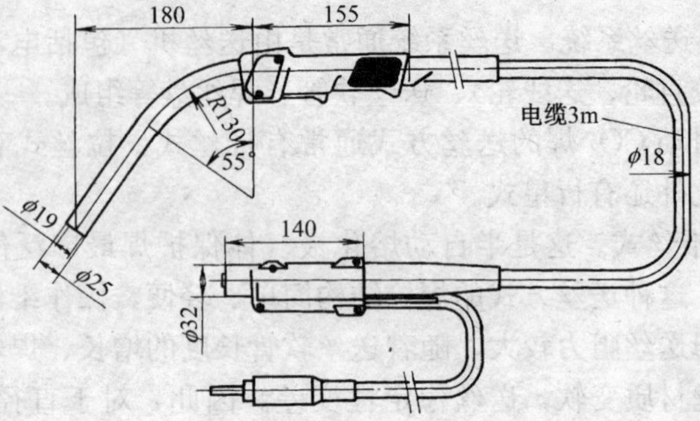

图 5—19　典型鹅颈式焊枪示意图

焊接软管和导丝管应安装在接近送丝轮处，送丝软管支撑保护和引导焊丝从送丝轮到焊枪。导丝管材料和内径都十分重要，钢和铜等硬材料推荐用弹簧钢管；铝和镁等软材料推荐用尼龙管。

拉丝式焊枪也采用手枪式，送丝机构和焊丝盘都装在焊枪上，送丝速度稳定，但结构复杂，笨重，用于直径 0.5～0.8 mm的细丝 CO_2 焊。

自动焊焊枪装在焊接机头下部，有细丝气冷和粗丝水冷两种。焊接机头上部为送丝机构，焊丝通过送丝轮和导丝管进入焊枪。

(4) 供气系统和冷却系统。供气系统由气瓶、减压器、流量计和电磁气阀组成。对 CO_2 气体保护焊供气系统，还需要安装预热器和干燥器，以吸收气体中的水分，防止焊缝产生气孔，如图 5—20 所示。

水冷式焊枪的冷却水系统由水箱、水泵、冷却水管和水压开关等组成。水箱里的冷却水经水泵流经冷却水管，经水压开关流入焊枪，然后经冷却水管回流入水箱，形成冷却水循环。水压开关的作用是保证当冷却水未流经焊枪时，焊接系统不能启动焊

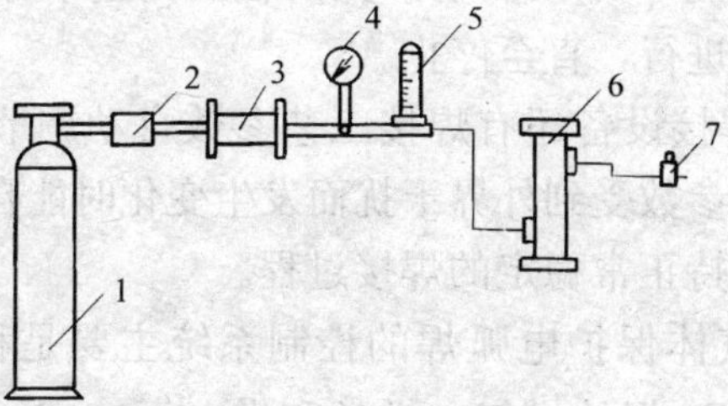

图 5—20　供气系统示意图

1—气瓶　2—预热器　3—高压干燥器　4—气体减压器　5—气体流量计　6—低压干燥器　7—气阀

接，以保护焊枪。

（5）控制系统

1）熔化极氩弧焊机控制系统的主要作用。

① 控制焊接设备的启动和停止。

② 控制电磁气阀动作，实现引弧前送气，焊接停止时延迟停气，使焊接区受到良好保护。

③ 控制引弧和熄弧。

a. 引弧方式一般有 3 种：

（a）爆断引弧。焊丝接触工件，通电使焊丝与工件接触处熔化，焊丝爆断后引燃电弧。

（b）慢送丝引弧。焊丝缓慢送向工件直到电弧引燃，然后提高送丝速度。

（c）回抽引弧。焊丝接触工件，通电后回抽焊丝引燃电弧。

b. 熄弧方式有两种：

（a）电流衰减。送丝速度也相应衰减，填满弧坑，防止焊丝与工件粘连。

（b）焊丝返烧。先停止送丝，经过一定时间后切断焊接电源。

④ 控制送丝和焊车移动。

⑤ 控制程序。焊接启动开关闭合后，整个焊接过程按照设定的程序自动进行，直至停止。

⑥ 高挡焊接设备还有焊接工艺参数自动调节系统。其作用是当焊接工艺参数受到外界干扰而发生变化时能自动调节，保持参数恒定，维持正常稳定的焊接过程。

2）CO_2 气体保护电弧焊的控制系统主要是程序控制系统，其作用是对 CO_2 焊的供气、送丝和供电系统实行控制，自动焊时还要对行走机构的启动和停止进行控制。控制电磁气阀实现提前送气和滞后停气。控制送丝和供电系统，实现供电的通断，控制引弧和熄弧等。

程序控制系统将焊接电源、送丝系统、焊枪和行走机构、供气和冷却水系统有机地组合在一起，构成一个完整的自动控制的焊接设备系统。当焊接启动开关闭合后，整个焊接过程按照设定的程序自动进行。

2. 钨极氩弧焊

（1）电源种类和极性。钨极氩弧焊要求不同的电流种类和极性。铝、镁及其合金一般选用交流，而其他金属焊接均采用直流，通常以直流正接法为主。电源种类和极性可根据焊件材质进行选择，见表 5—12。

表 5—12　　电源种类和极性的选择

焊件材料	直流		交流
	正接	反接	
低碳钢、低合金高强度钢	△①	×③	○②
高合金钢、不锈钢	△	×	○
铝	×	×	△
黄铜、铜基合金	△	×	○
镁	×	×	△
异种金属	△	×	○

注：① △—最佳；② ○—良好；③ ×—最差。

① 直流正接。直流正接时，钨极与电源阴极相接，焊件与电源阳极相接，由于阳极温度比阴极温度高，所以此时熔池深而窄，生产率高，焊件的收缩应力和变形都比较小；相反，钨极得到的热量较少，因此不易过热，烧损少，寿命长，对于同一焊接电源可以采用直径较小的钨极。除铝、镁及其合金外，应尽量采用直流正接。

② 直流反接。直流反接时，钨极是阳极，焊件是阴极，此时钨极温度高，消耗快，寿命短，所以很少采用。但是，它具有一种去除焊缝及其周围母材表面上氧化膜的作用，通常称为“阴极破碎”现象（阴极清理作用）。例如，在焊接铝、镁及其合金时，焊缝及其周围母材表面上会生成一层致密难熔的氧化膜（如 Al_2O_3，它的熔点为 2 050℃，而铝的熔点为 657℃），如不及时消除，焊接时会形成未熔合，并使焊缝表面形成皱皮或内部产生气孔、夹渣。采用直流反接时，氩气被电离后产生的正离子会高速地撞击阴极，使表面的氧化膜被击碎，因而能够得到表面光亮美观、无氧化膜、成形良好的焊缝。

③ 交流电源。交流氩弧焊当电流为负半周时，相当于直流反接，焊件处于阴极，会产生“阴极破碎”现象，可用来破碎氧化膜。而电流为正半周时，相当于直流正接，钨极为负极，此时钨极的损耗要小得多，这样就兼顾了阴极清理作用和钨极烧损少、电弧稳定性好的效果。故铝、镁、铝青铜等金属及其合金钨极氩弧焊时，一般选择的是交流电源。

（2）供气系统和水冷系统。钨极氩弧焊的供气系统由高压气瓶、减压阀、流量计和电磁气阀组成（见图 5—20）。水冷系统当许用电流大于 100 A 的焊枪一般用水冷式。

（3）焊枪。钨极氩弧焊的焊枪分水冷式和气冷式两种。气冷式焊枪用于小电流（≤100 A）焊接，图 5—21 所示为一种水冷式焊枪示意图。

（4）高频振荡器。钨极氩弧焊使用交流电源时，通常采用高频振荡器（2 500 V、250 kHz）来帮助引弧。高频振荡器在引燃电弧后经2～3 s即可切断，但也有在整个施焊过程中不切断高频的。

高频振荡器在钨极氩弧焊中被用于高频高压引弧。电极不与工件接触，当彼此接近到一定距离时即可引燃电弧。有时还用来起稳弧作用。

振荡器是一个高频高压发生器，利用它将低频低压的交流电变换成高频高压的交流电。氩弧焊用高频振荡器，其输出电压为 2 000～3 000 V，频率为 150～260 kHz，如图 5—22 所示。高频振荡器接入电源网路后，T 的二次侧产生 2 000～3 000 V 高压，开始对电容 C1 充电。它的端电压逐渐升高，到某一数值时，火花放电器的钨极间隙被击穿，C1、火花放电器与 L1 形成振荡回路。此时，电容 C1 通过 L1 放电，C1 贮存的电能转换成 L1 的磁场能，直至 C1 放电结束。随后，L1 的磁场能又对 C1 进行反向充电，又将磁场能转变成 C1 的电场能，这样反复转换，形成振荡，于是就产生一定频率的高压，由 L2 耦合输送出去。必须指出，由于线路中存在着电阻，振荡过程的一部分能量消耗在电阻上。所以，实质上 C1，L1 的振荡是衰减的。但由于变压器 T 不断给 C1 充电，故可使振荡连续下去。

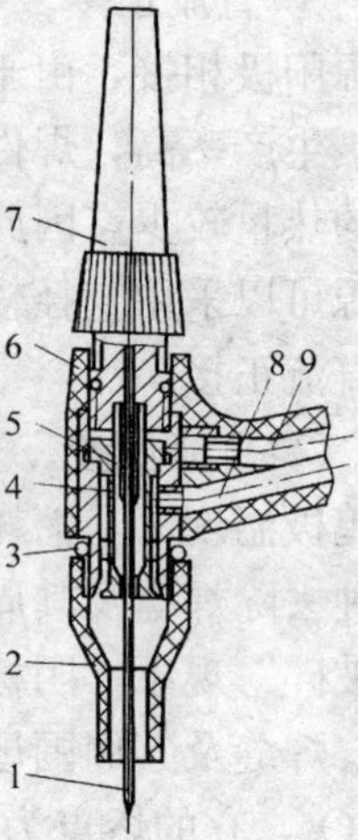

图 5—21　水冷式焊枪示意图
1—钨极　2—陶瓷喷嘴　3—密封环　4—轧头套管　5—电极轧头　6—枪体　7—绝缘帽　8—进气管　9—冷却水管

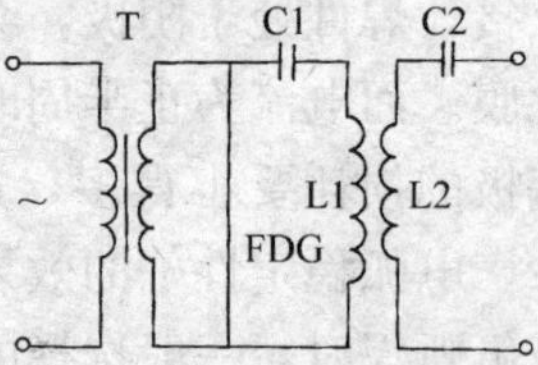

图 5—22　高频振荡器原理图
FDG—火花放电器　L1—振荡线圈　L2—耦合线圈　T—高压变压器　C1，C2—电容

四、常用气瓶的安全使用要求

1. 气瓶结构

（1）氩气瓶与氧气瓶一样，属于压缩气瓶，瓶内充装高压气体。氩气瓶构造与氧气瓶相同，由瓶体、瓶阀、瓶帽和防震圈等组成。瓶体银灰色，漆有“氩气”深绿色字样。氩气瓶工作压力 15 MPa，容积 40 L，满瓶可装氩气 6 000 L（6 m^3）。

（2）CO_2 气瓶属于液化气瓶，瓶体铝白色，漆有“液化二氧化碳”黑色字样。CO_2 气瓶容积 40 L，可装 25 kg 液态 CO_2，液面上为 CO_2 气体，（含有水蒸气、空气等杂质）。满瓶 CO_2 气瓶中，液态 CO_2 和气态 CO_2 约分别占气瓶容积的 80%和 20%。焊接用的 CO_2 气是由气瓶内的液态 CO_2 气化成的。在标准状态下，1 kg 液态 CO_2 可气化成 500 L 气态 CO_2。瓶内有液态 CO_2 时，气态 CO_2 的压力约为 4.90～6.86 MPa，随环境温度而变化。CO_2 气瓶内 CO_2 的贮量不能用瓶内气体压力来表示。

2. 气瓶使用安全要求

（1）运输和装卸气瓶时，必须戴好瓶帽，轻装轻卸、严禁抛、滑、滚、碰。

（2）吊装时，严禁使用电磁吸盘和链绳。

（3）夏季运输应有遮阳、避免暴晒。

（4）气瓶装在车上，应妥善固定。横放时头部应朝向一方，垛高不得超过车厢高度，且不得超过 5 层。

（5）气瓶使用时不得靠近热源，应距 10 m 以上。室外使用气瓶应有防夏季烈日暴晒措施。

（6）气瓶立放时要有防倾倒措施。

（7）每种气瓶要有专用减压器。

（8）气瓶应留有余气，以防其他气体或杂质混入。以便灌瓶时抽查检验。

五、焊接材料和工艺参数及其选择

1. 焊接材料

(1) 焊丝。熔化极气体保护电弧焊的焊丝作用有：

① 作为电极，传导电流，产生电弧。

② 作为填充金属，与熔化的母材一起组成焊缝。

③ 冶金处理，焊丝中有较多的锰、硅等合金元素，起脱氧、渗合金等冶金处理作用。

熔化极气体保护电弧焊用焊丝的有关标准为：《焊接用钢丝》(GB 1300—1977)、《铝及铝合金焊丝》(JB 2737—1980) 和《铜和铜合金焊丝》(JB 2736—1980)。这些标准中规定了焊丝尺寸、公差、化学成分、包装、验收规则和试验方法。

焊丝的选择包括焊丝尺寸和焊丝成分的选择。焊丝尺寸的选择主要应考虑到焊件厚度和焊接位置等因素，焊丝成分的选择主要考虑到冶金焊接性。

(2) 钨极。用于钨极氩弧焊的电极材料要求电子发射能力要强，电弧稳定性好，耐高温，不易熔化，有较大的许用电流；强度高以及防腐性好，不易损耗等。

目前常用的电极有纯钨、钍钨及铈钨三种。

纯钨的熔点高(3 410 ℃,沸点为 5 900 ℃,密度为 19.3 g/cm^3，强度为 850～1 100 MPa，高温挥发性较小，是较早使用的电极材料。但是纯钨发射电子的电压较高，要求焊机具有高的空载电压，另外，纯钨极在大电流或长时间的工作过程中，会产生烧损现象，电流越大，烧损越严重。为了解决上述矛盾，在纯钨中加入一定量（0.7%～2.0%）的氧化钍，这种电极材料称为钍钨极。钍是放射性物质。

钍钨与纯钨比较，具有电子发射能力强、容易引弧、不易烧损、许用电流大、电弧稳定性好等优点，是目前使用较普遍的一种电极材料。但是，钍钨极在生产和使用中尚存在放射性危害的问题。

我国试制成功的一种电极材料——铈钨极，它与钍钨极比较，具有下列优点：

① 用直流小电流焊接时，引弧电流小。

② 弧柱压缩程度好，温度集中。

③ 烧损率下降 5%～50%，使用寿命延长。

④ 最大许用电流密度增加 5%～8%。

⑤ 放射性剂量极低。

2. 熔化极氩弧焊工艺

(1) 熔滴过渡。有短路过渡、大滴过渡和喷射过渡三种形式。

短路过渡形式因在细焊丝和小电流条件下，产生小而快速凝固的焊接熔池，适合于焊接薄板和全位置焊接等。大滴过渡的特征是熔滴直径大于焊丝直径，只能在平焊位置，在重力作用下过渡，飞溅大，焊接过程不稳定，熔化极氩弧焊一般不采用。当焊接电流超过一定值时，熔滴过渡形式会发生一种突变，由原来每秒钟几滴形成每秒钟过渡几十至几百滴，即由原来的大滴过渡转化为喷射过渡，发生这种转变的焊接电流值称为"临界电流"。

熔化极氩弧焊采用喷射过渡时，焊接过程稳定，飞溅少，焊缝成形美观。因此，熔化极氩弧焊一般都采用喷射过渡。但对于铝及铝合金熔化极氩弧焊通常采用射滴和短路相混合的过渡形式，称亚射流过渡。其特点是弧长较短，电弧电压较低，电弧略带轻微爆破声，焊丝端部的熔滴长大到大约等于焊丝直径时便沿电弧轴线方向一滴一滴过渡到熔池，间有瞬时短路发生。铝合金亚射流过渡焊接时，焊接过程稳定，阴极雾化区大，熔池的保护效果好，焊缝成形好，焊接缺陷较少。

熔化极氩弧焊直流反接时，只要焊接电流大于临界电流，就会出现喷射过渡，焊接过程稳定，飞溅少，而直流正接时却很难出现喷射过渡。因此，熔化极氩弧焊生产上都采用直流反接。

(2) 熔化极氩弧焊工艺参数与选择。熔化极氩弧焊的工艺参数主要有：焊接电流、电弧电压、焊接速度、焊丝直径、焊丝伸出长度和气体流量等。

① 焊丝直径。根据工件厚度、焊丝（工件）材料和熔滴过渡形式选择焊丝直径。焊丝直径一般在 0.8～2.5 mm 范围。短路过渡时，焊丝直径偏小一侧；喷射过渡时，焊丝直径偏大一侧。

② 焊接电流和电弧电压。采用平特性电源配合等速送丝系统时，焊接电流决定于送丝速度，当送丝速度增加时，焊接电流也随之增大，即通过调节送丝速度来调节焊接电流大小。当其他参数恒定时，焊接电流增大将增加焊缝的熔深和熔宽；提高熔敷率；增大焊道尺寸。焊丝直径一定时，焊接电流的选择与熔滴过渡类型有关。采用短路过渡时，焊接电流较小，电弧电压也较低。采用喷射过渡时，焊接电流要大于临界电流。焊接电流一定时，电弧电压应与焊接电流相匹配，以减少飞溅、避免气孔和咬边等缺陷。

③ 焊接速度。焊接速度加快时，熔深和熔宽则减小。其他条件不变时，中等焊接速度时熔深最大。焊接速度过高有可能产生咬边。

④ 焊丝伸出长度。伸出长度增加，焊丝电阻加大，会增大焊丝的熔化率，使焊道窄而高。一般为 13～25 mm，视焊丝直径等条件而定。

⑤ 气体流量。为了得到层流的保护气流，加强保护效果，需采用结构设计合理的焊枪和合适的气体流量。气体流量过大或过小都会造成紊流，保护效果差。通常焊枪的喷嘴直径为20 mm 左右，气体流量为 30～60 L/min。

(3) CO_2 气体保护焊工艺参数。CO_2 气体保护焊的工艺参数主要有焊丝直径、焊接电流、电弧电压、焊接速度、焊丝伸出长度和气体流量等。

① 焊丝直径。焊丝直径根据焊件厚度、焊接位置和熔滴过渡形式等来选择，可见表 5—13。

表 5—13　　各种焊丝直径适用范围　　mm

焊丝直径	焊件厚度	焊接位置	熔滴过渡形式
0.5～0.8	1～2.5 2.5～4	各种焊接位置 平焊	短路过渡 颗粒过渡
1.0～1.4	2～8 2～12	各种焊接位置 平焊	短路过渡 颗粒过渡
≥1.6	3～12 >6	立、横、仰焊 平焊	短路过渡 颗粒过渡

② 焊接电流和电弧电压。焊接电流主要影响熔池深度（即焊缝厚度），电流增大时，焊缝厚度增大；此外，当电流增大时，焊缝宽度和余高也会相应增加。焊缝宽度主要决定于电弧电压。在 CO_2 气体保护焊工艺参数中，电弧电压是一个关键的参数。电弧电压大小决定了电弧长短和熔滴过渡的形式，它对焊缝成形、飞溅和焊接过程的稳定有很大影响。短路过渡要求电弧电压低；电弧电压高了，变成颗粒过渡，但也不能过低，否则焊接过程也不稳定。电弧电压必须与焊接电流匹配。表 5—14 所列为三种不同直径焊丝典型的短路过渡工艺参数。采用这种典型参数焊接时飞溅最小。

表 5—14　　典型的短路过渡焊接工艺参数

焊丝直径（mm）	0.8	1.2	1.6
电弧电压（V）	18	19	20
焊接电流（A）	100～110	120～135	140～180

③ 焊接速度。随着焊接速度的增快，焊道厚度、焊道宽度和余高均会减小。焊速过快，容易产生咬边和未焊透等缺陷，气体保护效果变坏，易产生气孔。焊速过慢，易产生烧穿，接头组织粗大，变形增大，生产率降低。通常半自动焊的焊速不超过 0.5 m/min，自动焊的焊速不超过 1.5 m/min。

④ 气体流量。气体流量太小时，保护气体挺度不足，保护效果差，易产生气孔；气体流量过大时，会将外界空气卷入焊接

区，降低保护效果。当焊接电流较大、焊接速度较快、焊丝伸出长度较长时，气体流量应适当加大。通常，细丝小电流短路过渡时，气体流量在 5～15 L/min 之间。

⑤ 焊丝伸出长度。CO_2 气体保护焊时焊丝细，焊丝伸出长度的影响不可忽视。焊丝伸出长度过长，焊丝容易发生过热而成段熔断，焊接过程不确定，飞溅严重，喷嘴至工件距离增大，保护效果变差。焊丝伸出长度过小，喷嘴至工件距离减小，飞溅金属容易堵塞喷嘴。根据生产经验，合适的焊丝伸出长度约为焊丝直径的 10 倍左右。一般焊丝伸出长度在 5～15 mm 范围内，很少有超过 20 mm 的。

在实际工作中，焊接电流、电弧电压和焊接速度的具体数值，需通过试焊来确定。一般根据板厚和焊接位置等选定焊丝直径，再确定焊接电流和电弧电压。焊接速度的大小视焊缝成形而定。至于焊丝伸出长度、气体流量，都有经验数据可参考，一般无需试焊。

细颗粒过渡大多采用较大直径焊丝，以 $\phi1.6$ mm 和 $\phi1.2$ mm 用得最多。表 5—15 为细颗粒过渡的最低电流值和电弧电压范围。

表 5—15　细颗粒过渡的最低电流值和电弧电压范围

焊丝直径（mm）	1.2	1.6	2.0	3.0	4.0
最低电流值（A）	300	400	500	650	750
电弧电压（V）	34～45				

（4）钨极氩弧焊工艺参数。钨极氩弧焊的工艺参数主要有焊接电流种类及极性、焊接电流、焊接速度、钨极直径及端部形状、保护气体流量等。

① 焊接电流种类和极性。主要根据焊件材料进行选择。

② 焊接电流。焊接电流强度是决定焊缝熔深的最主要参数，主要根据焊件材料、厚度、焊接位置、接头形式及焊工技术水平等因素选择。

③ 钨极直径及端部形状。钨极直径根据焊接电流大小、电流种类选择，见表 5—16。

表 5—16　　钨极许用电流

电极直径（mm）	直流（A）				交流（A）	
	正接（电极一）		反接（电极＋）			
	纯　钨	钍钨、铈钨	纯　钨	钍钨、铈钨	钍　钨	钍钨、铈钨
0.5	2～20	2～20	—	—	2～15	2～15
1.0	10～75	10～75	—	—	15～55	15～70
1.6	40～130	60～150	10～20	10～20	45～90	60～125
2.0	75～180	100～200	15～25	15～25	65～125	85～160
2.5	130～230	160～250	17～30	17～30	80～140	120～210
3.2	160～310	225～330	20～35	20～35	150～190	150～250
4.0	275～450	350～480	35～50	35～50	180～260	240～350
5.0	400～625	500～675	50～70	50～70	240～350	330～460
6.3	550～675	650～950	65～100	65～100	300～450	430～575
8.0	—	—	—	—	—	650～830

根据焊接电流种类选择钨极端部形状，见表 5—17。尖端角度会影响钨极许用电流、引弧和稳弧性能。小电流焊接时，选用小直径钨极和小的锥角，可使电弧容易引燃和稳定；大电流焊接时，增大锥角可避免尖端过热熔化，减少损耗。

表 5—17　　钨极尖端形状和电流范围（直流正接）

钨极直径（mm）	尖端直径（mm）	尖端角度（°）	电流（A）	
			恒定电流	脉冲电流
1.0	0.125	12	2～15	2～25
1.0	0.25	20	5～30	5～60
1.6	0.5	25	8～50	8～100
1.6	0.8	30	10～70	10～140
2.4	0.8	35	12～90	12～180
2.4	1.1	45	15～150	15～250
3.2	1.1	60	20～200	20～300
3.2	1.5	90	25～250	25～350

④ 喷嘴直径和气体流量。增大喷嘴直径会增加气体流量，此时保护区扩大，保护效果好。但喷嘴直径过大时，不仅使氩气的消耗增加，而且对一些焊缝位置，可能使焊炬伸不进去，或妨碍焊工视线，不便于观察操作。因此，常用的喷嘴直径取 8～20 mm为宜。

喷嘴直径一定时，如果氩气流量过大，不仅浪费了氩气，而且保护气层产生紊流，反而会将空气卷入，降低了对熔池的保护效果。另外，当气体的流量过大时，带走电弧区的热量也多，不利于电弧的稳定燃烧。因此，对于每一个直径的喷嘴，都有一个最佳流量范围，在此范围内，保护效果最好，见表 5—18。

表 5—18　　喷嘴孔径与保护气流量选用范围

焊接电流(A)	直流正接性		交　流	
	喷嘴孔径(mm)	流量($L\cdot min^{-1}$)	喷嘴孔径(mm)	流量($L\cdot min^{-1}$)
10～100	4～9.5	4～5	8～9.5	6～8
101～150	4～9.5	4～7	9.5～11	7～10
151～200	6～13	6～8	11～13	7～10
201～300	8～13	8～9	13～16	8～15
301～500	13～16	9～12	16～19	8～15

⑤ 焊接速度。焊接速度的选择主要根据焊件厚度，并且和焊接电流、预热温度等配合以保证获得所需的熔深和熔宽。焊接速度过快，保护气体流严重偏后，保护效果减弱。

⑥ 喷嘴至焊件的距离。喷嘴离焊件越远，则空气越容易沿焊件表面侵入熔池，保护气层也越会受到流动空气的影响而发生摆动，使气体保护效果降低。所以，喷嘴至焊件间的距离应尽可能小，但过小时将使操作、观察不方便，易使钨极与熔池接触短路，产生夹钨，因此，通常喷嘴至焊件间的距离取 8～14 mm。

3. 钨极氩弧焊操作技术

(1) 焊接时，焊枪、焊丝和焊件之间必须保持正确的相对位置，如图 5—23 所示，焊丝与工件间的夹角不宜过大，否则会扰

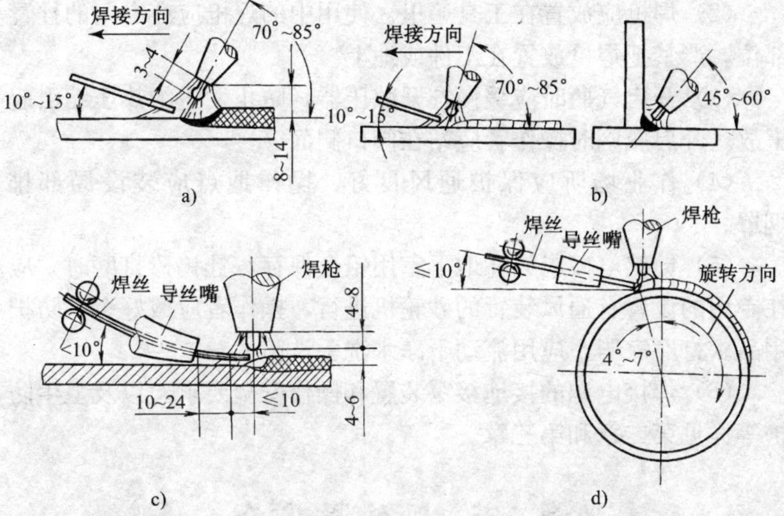

图 5—23 焊枪、焊丝和焊件之间的相对位置

a—焊件与焊枪、焊丝的倾角 b—角接焊时焊件与焊枪、焊丝的倾角

c—平焊对接自动焊 d—环缝自动焊

乱电弧和气流的稳定。

（2）焊直缝时通常采用左向焊法。

（3）必须防止焊丝与高温的钨极接触，以免钨极被污染、烧损、破坏电弧稳定性。

（4）断续送丝时要防止焊丝端头移出气体保护区而被氧化。

（5）熄弧时应填充焊丝，使弧坑填满，特别在焊接热裂纹倾向较大的材料时，尤为重要。当切断电源熄弧后，不应立刻将焊枪抬起或移开，必须在 3～5 s 内继续送给保护气体，直到钨极及熔池区冷却后，才能关掉保护气体，抬起焊枪。

六、气体保护电弧焊安全操作要点

（1）焊接电源使用前应先检查供气、供水系统是否畅通，确认正常后方可进行焊接作业。禁止在漏气、漏水的情况下启动电源和运行。

(2) 焊枪应放置在工具箱里。使用中的焊枪应有专门的挂置部位，严禁把焊枪放置在工件或地上。

(3) 开启气瓶时应缓慢拧开减压器，防止发生绝热压缩引起事故。开启瓶阀时操作者应站在阀口侧面。

(4) 作业场所应保护通风良好，操作地点应装设局部排烟罩。

(5) 钍钨电极应放在地下室用铅盒保存，钍钨棒打磨时，应在专用的设置有通风装置的砂轮机进行，操作者应戴好个人防护用品。打磨完毕，应用流动干净水洗手洗脸。

(6) 焊接电源的接地接零装置和操作安全要求，以及卫生防护等详见第二章和第三章。

第三节 埋弧焊安全

一、 基本原理和安全特点

1. 原理

埋弧焊又称焊剂层下自动电弧焊，焊接时电弧在焊剂层下的液态熔渣和熔池之间燃烧，肉眼看不见电弧。埋弧焊将焊丝的送进和沿焊缝的移动这两种运动实现机械化，如图 5—24 所示。

2. 应用

埋弧焊比焊条电弧焊具有生产率高、焊接质量稳定、节约焊接材料和电能、劳动条件好等优点。但埋弧焊的应用有其局限性，主要用于平焊长直焊缝或曲率半径大的焊缝。因而埋弧焊在造船、锅炉、重型机械、桥梁、石化设备（大型卧式罐、立式罐等压力容器和管道）等得到广泛的应用。

3. 安全特点

触电是埋弧焊的主要危险，焊接过程中焊接电源和电缆的绝缘材料可能受损，以及焊接设备的保护性接地（或接零）不符合

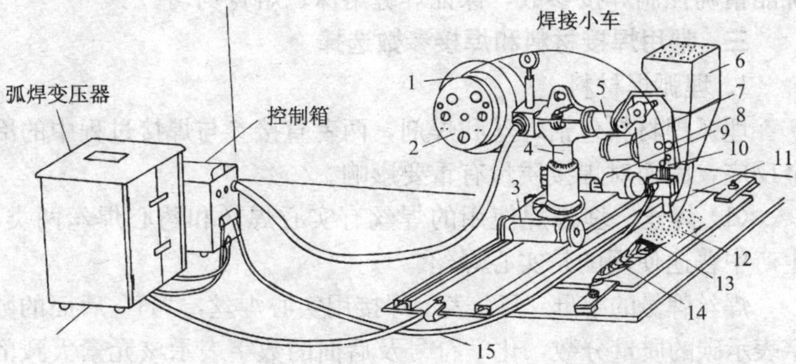

图 5—24　埋弧焊示意图

1—焊丝盘　2—操纵盘　3—车架　4—立柱　5—横梁　6—焊剂漏斗　7—送丝电动机　8—送丝滚轮　9—小车电动机　10—机头　11—导电嘴　12—焊剂　13—渣壳　14—焊缝　15—焊接电缆

安全要求等，都可能造成触电事故。由于电弧是在焊剂层下燃烧，弧光辐射的危害比焊条电弧焊得到改善，但当焊剂层铺设的厚度不均或操作不当，仍会引起弧光外露。此外还存在高温高热引起的灼烫、火灾和爆炸事故等危险性。

二、埋弧焊设备的结构原理

1. 焊接电源

埋弧焊电源有交流电源和直流电源两种。直流电源包括硅弧焊整流器、晶闸管弧焊整流器等，可提供平特性、缓降特性、陡降特性等的输出。交流电源通常是弧焊变压器，一般提供陡降特性的输出。埋弧焊电源都具有大电流，100％负载持续率的输出能力（参见本章第一节“焊接整流器”和“交流弧焊电源”）。

2. 埋弧焊控制系统

埋弧焊的控制系统由送丝与行走驱动控制、引弧和熄弧程序控制、电源输出特性控制等环节组成。

目前比较先进的控制方式是数字控制系统，对电源外特性、送丝速度、焊接速度，以及焊接过程实施数字控制。数字控制系统能精确控制焊接参数，保证焊缝熔深、熔宽均匀。

三、常用焊接材料和焊接参数选择

1. 埋弧焊材料

埋弧焊材料包括焊丝和焊剂，两者直接参与焊接过程中的冶金反应，因而对焊接质量有重要影响。

（1）焊丝。埋弧焊使用的焊丝有实心焊丝和药心焊丝两类，生产中普遍使用的是实心焊丝。

焊丝牌号的字母“H”表示焊接用实心焊丝，“H”后面的数字表示碳的质量分数，化学符号及后面的数字表示该元素大致的质量分数值。当元素的含量小于1%时，元素后面的1省略。当牌号尾部标有“A”或“E”字母时，“A”为优质，即焊丝硫、磷含量比普通焊丝低；“E”为高级优质，即硫、磷含量更低。

例如：

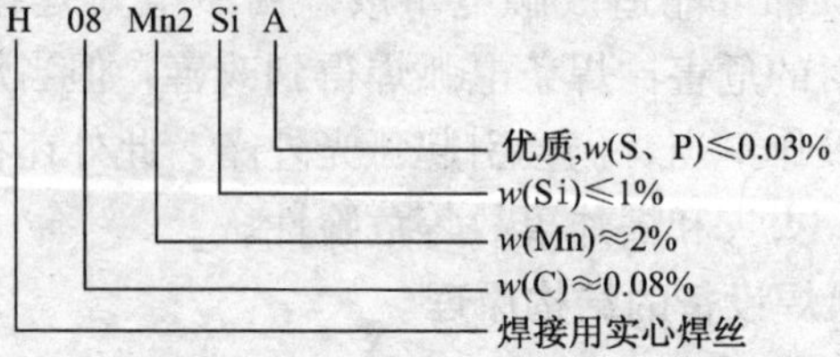

为了焊接不同厚度的钢板，同一牌号的焊丝加工成各种不同的直径，常用焊丝直径规格有 2、3、4、5、6 mm 等几种。

埋弧焊常用焊丝有 H08A、H10Mn2、H08MnA、H08Mn2MoA、H08Mn2Si、H08CrMoV 等，其牌号及化学成分见 GB/T 14957—94《熔化焊用钢丝》。

焊丝应妥善保存，防锈防蚀。为了防锈，常用焊丝多为镀铜焊丝。用其他焊丝，使用前应用人工或专用除油污设备对焊丝进行清理。

（2）焊剂。埋弧焊焊剂在焊接过程中起隔离空气、保护焊缝金属不受空气侵害和参与熔池金属冶金反应的作用。

焊剂按用途分为钢用焊剂和有色金属用焊剂，按制造方法分为熔炼型焊剂和烧结型焊剂。还有按化学成分、化学性质、颗粒结构等分类方法。

① 焊剂的牌号。熔炼焊剂牌号是在牌号前面加字母“HJ”，表示埋弧焊及电渣焊用焊剂。字母后面的第一位数字表示焊剂中氧化锰的含量，其系列按表 5—19（一）规定编排。第二位数字表示焊剂中二氧化硅、氟化钙的含量，其系列按表 5—20（二）规定编排。第三位数字表示同一类型焊剂的不同牌号，按 1、2、3…9 顺序排列。对同一种牌号焊剂生产两种颗粒度，在细颗粒产品后面加“X”字母。

例如

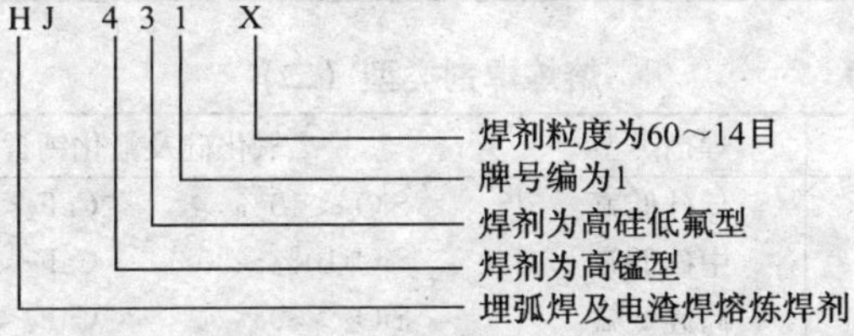

烧结焊剂牌号以字母“SJ”表示埋弧焊用烧结焊剂。字母后面第一个数字表示焊剂熔渣的渣系，其系列按表 5—21 规定编排。第二个、第三个数字表示同一渣系类型焊剂中的不同牌号的编号，按 01、02…09 顺序排列。

例如

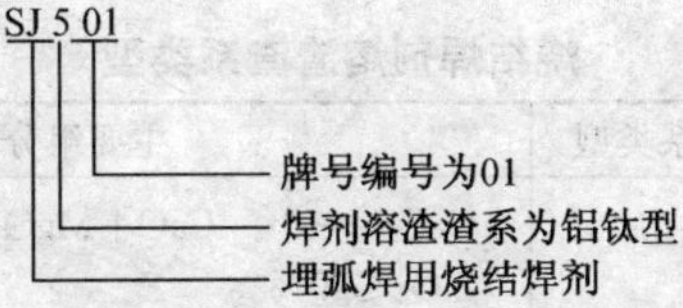

② 焊剂型号。焊剂型号划分原则是根据埋弧焊焊缝金属的力学性能来划分焊剂型号的。熔炼型焊剂型号与牌号对照表见表 5—22。

焊剂型号的表示方法如下：

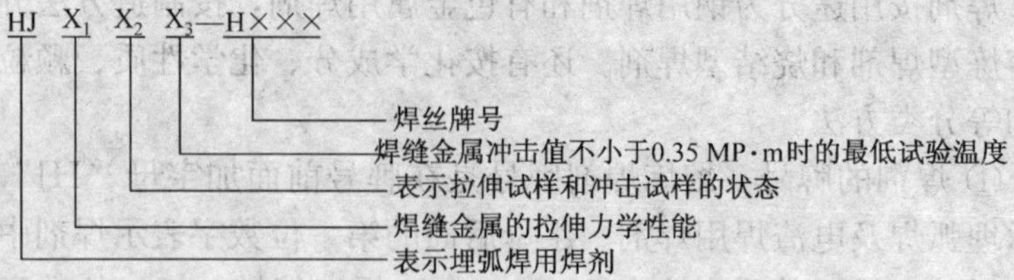

表 5—19　　熔炼焊剂类型（一）

牌　　号	焊剂类型	氧化锰含量
HJ1××	无锰	MnO ＜2％
HJ2××	低锰	MnO 2％～15％
HJ3××	中锰	MnO 15％～30％
HJ4××	高锰	MnO ＜30％

表 5—20　　熔炼焊剂类型（二）

牌　　号	焊剂类型	二氧化硅及氟化钙含量	
HJ×1×	低硅低氟	SiO_2＜10％	CaF_2＜10％
HJ×2×	中硅低氟	SiO_2 10％～30％	CaF_2＜10％
HJ×3×	高硅低氟	SiO_2＞30％	CaF_2＜10％
HJ×4×	低硅中氟	SiO_2＜10％	CaF_2 10％～30％
HJ×5×	中硅中氟	SiO_2 10％～30％	CaF_2 10％～30％
HJ×6×	高硅中氟	SiO_2＞30％	CaF_2 10％～30％
HJ×7×	低硅高氟	SiO_2＜10％	CaF_2＞30％
HJ×8×	中硅高氟	SiO_2 10％～30％	CaF_2＞30％
HJ×9×	其　　他		

表 5—21　　烧结焊剂熔渣渣系类型

焊剂牌号	熔渣渣系类型	主要组分范围
SJ1××	氟碱型	CaF_2≥15％　$CaO+MgO+MnO+CaF_2$＞50％ SiO_2≤20％
SJ2××	高铝型	Al_2O_3≥20％　$Al_2O_3+CaO+MgO$＞45％
SJ3××	硅钙型	$CaO+MgO+SiO_2$＞60％
SJ4××	硅锰型	$MnO+SiO_2$＞50％
SJ5××	铝钛型	$Al_2O_3+TiO_2$＞45％
SJ6××	其他型	

表 5—22　　熔炼型焊剂型号与牌号对照表

焊剂牌号	焊剂型号	焊剂牌号	焊剂型号
HJ130	HJ300—H10Mn2	HJ430	HJ401—H08A
HJ230	HJ300—H08MnA	HJ431	HJ401—H08A
HJ330	HJ301—H10Mn2	HJ433	HJ401—H08A
HJ350	HJ402—H10Mn2	HJ434	HJ401—H08A
HJ351	HJ402—H10Mn2		

③ 常用焊剂的化学成分、用途、焊丝匹配、适用电源种类见表 5—23。

(3) 焊接材料的匹配原则。选用焊丝与焊剂时，必须根据焊件钢材的化学成分和力学性能，焊接结构的接头形式（工件厚度、坡口形式等)，焊后是否热处理以及耐高温、耐低温、耐腐蚀等使用条件综合考虑，并经评定后确定。

埋弧自动焊焊丝与焊剂的选用及匹配原则如下。

1) 焊丝

① 对于碳素钢和普通低合金钢，应保证焊缝的力学性能。

② 对于铬钼钢和不锈耐酸钢等合金钢，应尽可能保证焊缝的化学成分与焊件近似。

③ 对于碳素钢与普通低合金钢或不同强度级别的普通低合金钢之间的异种钢焊接接头，一般可按强度级别较低的钢材选用抗裂性较好的焊接材料。

2) 焊剂

① 采用高锰高硅焊剂与低锰（H08A）或含锰（H08MnA）焊丝相配合，常用于低碳钢和普低钢的焊接。

② 采用低锰或无锰高硅焊剂与高锰焊丝相配合，也用于低碳钢和普低钢的焊接。

③ 强度级别较高的低合金钢要选用中锰中硅型焊剂。

④ 低温钢、耐热钢、耐蚀钢等要选用中硅型或低硅型焊剂。

⑤ 铁素体、奥氏体等合金钢，一般选用碱度较高的熔炼焊

表 5—23　　常用焊剂的化学成分与配用　　%

牌号	类型	组成成分											用途	配用焊丝	适用电源种类
		SiO_2	CaF_2	CaO	MgO	Al_2O_3	MnO	FeO	K_2+Na_2O	S	P	其他			
HJ350	中锰中硅中氟	30～35	14～20	10～18	—	13～18	1～19	≤1.0	—	≤0.06	≤0.07	—	重要低合金高强度钢	Mn—Mo，Mn—Si及含Ni高强度钢焊丝	交、直流
HJ351	中锰中硅中氟	30～35	14～20	19～18	—	13～18	14～19	≤1.0	—	≤0.04	≤0.05	TiO_2 2～4	低合金钢重要结构	Mn—Mo，Mn—Si及含Ni高强度钢焊丝	交、直流
HJ430	高锰高硅低氟	38～45	5～9	≤6	—	≤5	38～47	≤1.8	—	≤0.06	≤0.08	—	重要低碳钢及普低钢	H08A，H08MnA	交、直流
HJ431	高锰高硅低氟	40～44	3～7	≤6	5～8	≤4	34～38	≤1.8	—	≤0.06	≤0.08	—	重要低碳钢及普低钢	H08A，H08MnA	交、直流
HJ433	高锰高硅低氟	42～45	2～4	≤4	—	≤3	44～47	≤1.8	≤0.5	≤0.06	≤0.08	—	低碳钢快速焊	H08A	交、直流
HJ434	高锰高硅低氟	40～45	4～8	3～9	≤5	≤6	35～40	≤1.5	—	≤0.05	≤0.05	TiO_2 1～8	低碳钢和低合金钢	H08A，H08MnA	交、直流

剂及烧结焊剂，以降低合金元素烧损及渗入合金。

(4) 焊剂的烘干。埋弧焊焊剂在使用前应按焊剂说明书规定的参数烘干。熔炼焊剂的烘干温度见表 5—24，烘干时间 2 h。

表 5—24　　埋弧焊熔炼焊剂烘干温度　　℃

焊剂牌号	烘干温度	焊剂牌号	烘干温度	焊剂牌号	烘干温度
HJ130	250	HJ250	300～350	HJ351	300～400
HJ131	250	HJ251	300～350	HJ430	250
HJ150	250	HJ252	350	HJ431	250
HJ151	250～300	HJ260	300～350	HJ433	250
HJ172	300～400	HJ330	250	HJ434	250
HJ230	250	HJ350	300～400		

2. 埋弧焊工艺参数

埋弧焊影响焊缝形状和尺寸的焊接工艺参数有焊接电流、电弧电压、焊接速度、焊丝直径和焊丝伸出长度等。

(1) 焊接电流。焊缝熔深与焊接电流成正比，即电流增大，熔深增加。电流小，熔深浅、余高和宽度不足；但电流过大，熔深大、余高过大、易产生高温裂纹。

(2) 电弧电压。电弧电压和弧长成正比例，电弧电压低，在电流不变时，则熔深大，焊缝宽度窄，易产生热裂纹；电弧电压高时，焊缝宽度增加，余高不够。电弧电压是依据焊接电流调整的，即一定的焊接电流要保持一定的弧长才可能保证焊接电弧的稳定燃烧，所以电弧电压变化范围是有限的。表 5—25 列出交流焊机使用直径 5 mm 焊丝时焊接电流与电弧电压相匹配的关系，可供参考。

表 5—25　　焊接电流与电弧电压

焊接电流（A）	600～700	700～850	850～1 000	1 000～1 200
电弧电压（V）	36～38	38～40	40～42	42～44

(3) 焊接速度。焊接速度的变化，直接影响电弧热量的分配，即影响焊接热输入量，因此对熔深和熔宽都有影响。随焊接

速度的增加，焊缝熔宽明显变窄。当焊接速度超过 40 m/h 时，则熔深逐渐减小，即熔深和熔宽与焊接速度成反比。焊接速度过快会造成未熔合及边缘未熔合。直流电源焊接时，由于焊接速度的增加还会加剧磁偏吹现象。焊接速度过慢时，熔宽增加，余高也增加。

（4）焊丝直径。焊丝直径大，电弧的加热面积加大，使焊缝的熔宽增加，熔深略有减小。当焊接电流不变时，熔丝直径越小，电流密度越大，使电弧吹力增加，熔深相应增加，即熔深与焊丝直径成反比关系。故在使用同样大小的电流时，小直径焊丝可得到较大的熔深。

（5）焊丝伸出长度。当焊丝伸出长度增加时，电阻增加，即增加了电阻热，使焊丝的熔化速度加快，会使熔深略有减小，熔合比也随之减小。这对于直径小于 3 mm 的细焊丝影响显著。因此焊丝伸出长度应加以控制，一般波动范围不超过 5～10 mm。

四、埋弧焊操作安全要求

（1）埋弧焊的焊接电流强度大，因此在工作前应认真检查焊接电流各部位的导线连接是否牢固可靠，否则一旦由于接触不良，接触电阻过大，就会产生大量电阻热，引起设备烧毁，甚至造成电气火灾事故。并且还应检查电源的接地接零装置，确认正常后才可开始运行。

（2）埋弧焊的焊接电缆截面积应符合额定电流的安全要求，过细的电缆在焊接大电流作用下，绝缘套易发热老化，且硬化龟裂，是发生触电和电气火灾爆炸的隐患。

（3）焊接过程中应注意保持焊剂的连续覆盖，防止电弧从焊剂层下外露，造成伤害操作者的眼睛，且影响焊接质量。焊工应戴防辐射眼镜。

（4）焊接电源和机具发生故障时，应立即停机，通知专门维护工进行修理，焊工不得擅自进行维修。

（5）在调整送丝机构及其他运行机具时，注意手指及身体其他部分不得与运动机件接触以防挤伤。

（6）工作结束后，必须切断焊接电源。

第四节　电 阻 焊 安 全

一、电阻焊基本原理和安全特点

1. 原理

电阻焊是利用电流通过焊件时产生的电阻热来加热焊件的一种压力焊。电流通过焊件的发热量为：

$$Q=0.24I^2Rt$$

式中　Q——所产生的热量，J；

I——焊接电流，A；

R——接触电阻，Ω；

t——通电时间，s。

由上式可知，为了将焊件加热到所需的高温（塑性状态并呈现微熔），应采用很大的电流，可达数万安培。通电时间很短，一般只需几分之一秒到几秒即可完成焊接。

综上所述，电阻焊过程是先将焊件压紧，然后通电进行加热，再加压（进行顶锻）后断电，亦即压紧——通电——加压——断电的过程。

2. 分类

电阻焊工艺主要有 4 种：即点焊、凸焊、缝焊和对焊，如图 5—25 所示。

（1）点焊只在工件有限的接触面上，即所谓点上被焊接起来，并形成扁球形的熔核（图 5—25a），可以是单点焊或两对以上电极的多点焊。

（2）缝焊类似点焊，焊件在两个旋转的滚轮电极间通过，形成一条焊点前后搭接的连续焊缝（图 5—25b）。

（3）凸焊是点焊的变形，在焊件上有预制的凸点。凸焊时，

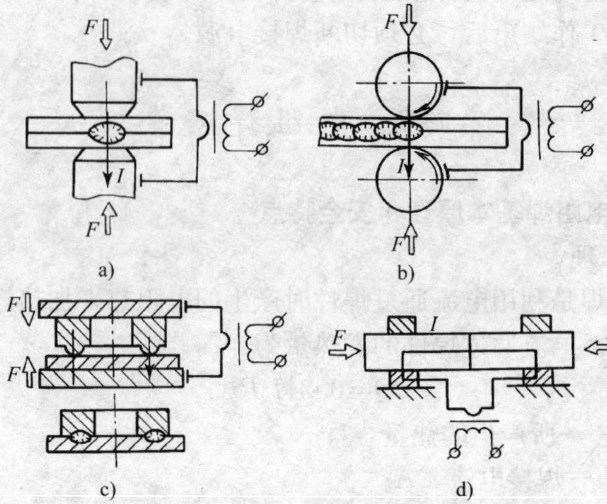

图 5—25 主要电阻焊方法

a）点焊 b）缝焊 c）凸焊 d）对焊

一次可在接头处形成一个或多个熔核（图 5—25c）。

（4）对焊是将两焊件的端面相接触，经加热加压沿整个接触面被焊接起来（图 5—25d），有电阻对焊和闪光对焊两种。

闪光对焊时，将焊件置于电极钳口中夹紧后，先接通电源，并使两工件端面轻微接触，电流通过时，触点的部分金属很快熔化，并有火花从焊件端面间隙喷射出来。重复上述过程，直至端面有熔化层，并在一定深度上使金属达到塑性变形温度，突然加压进行顶锻，并切断电流。这时熔化金属全部被挤出，焊接区产生塑性变形而形成牢固接头。由此可见，闪光对焊是由预热、闪光和顶锻三个过程组成的。

闪光对焊有连续闪光对焊和预热闪光对焊。预热闪光对焊是在闪光对焊之前先经过断续的电流脉冲加热工件，然后再进入闪光和顶锻阶段。目的是减小需用功率、降低焊后的冷却速度、缩短闪光时间等。

3. 应用

电阻焊具有效率高、操作简单并易于实现机械化和自动化、成本低、热影响区小（所以焊件变形和应力小）、劳动条件好等一系列优点。同时电阻焊有多种加工方法（点焊、缝焊和对焊等），可对板材、棒料、箱体等进行焊接，因而广泛应用于航空、航天、电子、汽车和家用电器等不少工业部门。

4. 安全特点

触电是电阻焊的主要危险，由于焊接电流强度大，所以绝缘防护容易老化失效。点焊和凸焊等操作中，焊接设备的振动可能造成线路连接部位松动。此外还有灼烫的危险，闪光对焊时，火花四射，电阻焊过程中有熔化金属溢出等，都可能烧伤人体。

二、电阻焊工艺参数及选择

1. 点焊工艺参数

点焊工艺参数主要有焊接电流、通电时间、电极压力及电极形状和尺寸等。

（1）焊接电流和通电时间。两者的关系可以是在较短的时间内通过较大的焊接电流，这两者的关系称为硬参数，而在较长的时间内通以较小的焊接电流称为软参数。硬参数和软参数各有应用。

采用硬参数具有生产率高、焊点压痕深度浅、电极寿命长、焊件变形小以及能焊接导电性和导热性好的金属等优点。而采用软参数焊接时，由于加热时间长，因此在焊机功率不足或焊件焊后容易产生脆性淬火组织的金属时，应采用软参数。

（2）电极压力。电极压力过小，会因接触电阻过大，增加电极烧损而缩短其使用寿命，而且易产生缩孔。电极压力过大，会因接触电阻和电流密度过小，导致对焊件加热不足，焊点的熔核直径减小，焊点强度下降。因此电极压力的选择应考虑下列因素：

① 焊件材料的性质。材料的高温强度越高、所需的电极压力越大。例如，焊接不锈钢和耐热钢时，应选用较大的电极

压力。

② 焊接工艺参数。焊接参数越硬，电极压力越大。

(3) 电极尺寸和形状。增大电极直径会降低电流密度，减弱焊接区的加热作用，使熔核尺寸变小，从而降低焊点的强度。随着电极的烧损，其直径会逐渐变大，因此，在点焊过程中，应及时修整因磨损而尺寸增大的电极。电极的形状不仅影响散热，而且还影响焊点的表面质量。电极的形状有圆柱平面形、圆锥平面形和球面形三种。冷轧低合金钢点焊工艺参数见表 5—26。

表 5—26　　冷轧低合金钢板点焊工艺参数

板件厚度（mm）	电极直径（mm）	硬参数			中等参数			软参数		
		焊接压力（N）	焊接电流（kA）	焊接时间（s）	焊接压力（N）	焊接电流（kA）	焊接时间（s）	焊接压力（N）	焊接电流（kA）	焊接时间（s）
0.6+0.6	4.0	1 250	7.0	0.1	1 000	6.0	0.1	1 000	5.5	0.2
0.8+0.8	4.5	1 800	9.0	0.12	1 250	6.5	0.12	1 250	7.0	0.3
1.0+1.0	5.0	2 250	10.5	0.16	1 500	9.5	0.2	1 500	7.5	0.4
1.2+1.2	6.0	3 000	11.5	0.2	1 800	10.0	0.24	1 800	8.0	0.44
1.5+1.5	6.5	3 500	13.0	0.24	2 500	10.5	0.3	2 500	8.5	0.54
1.8+1.8	7.0	—	—	—	3 000	11.5	0.4	3 000	9.5	0.5
2.0+2.0	7.5	—	—	—	3 500	12.5	0.44	3 500	10.5	0.6
2.5+2.5	8.0	—	—	—	3 500	13.5	0.5	3 500	11.5	0.8

2. 缝焊工艺参数

缝焊工艺参数主要有焊接电流、电极压力、焊接时间和休止时间、焊接速度等。

(1) 焊接电流。焊接电流的大小决定了熔核的焊透率和重叠量。当电流超过某一定值时，继续增大电流时会产生压痕过深和焊缝烧穿的缺陷。由于缝焊时熔核互相重叠而引起较大分流，因此，焊接电流比点焊时应增大 15%～40%。

(2) 电极压力。缝焊时，电极压力对熔核尺寸的影响同点焊一致。电极压力增加，焊接质量稳定性提高，但压力过高会使压痕过深，同时会加速滚轮的变形和损耗。压力不足会产生缩孔，并会因接触电阻过大易使滚轮烧损而缩短其使用寿命。

(3) 焊接时间和休止时间。缝焊过程主要通过焊接时间控制熔核尺寸，通过休止时间控制重叠量。在较低的焊接速度时，焊接时间和休止时间之比为1.25∶1～2∶1，较为适宜；当焊接速度增加时，焊点间距增加，此时要获得重叠量相同的焊缝，就需加大此比例，以3∶1或更高为宜。

(4) 焊接速度。焊接速度直接影响滚轮与板件的接触面积，以及滚轮与加热部位的接触时间，因而影响了接头的加热和散热。当焊接速度加快时，为了获得足够的热量，必须增大焊接电流，结果会引起板件表面烧损和电极粘附。焊接速度通常为0.2～1 m/min。

3. 对焊工艺参数

(1) 电阻对焊工艺参数。电阻对焊工艺参数主要有焊接电流、通电时间、焊接压力、顶锻压力和伸出长度等。

① 焊接电流和焊接时间。两者可以在一定范围内相应地调配，可以采用大电流、短时间（强条件）；也可采用小电流、长时间（弱条件）。但条件过强时容易产生未焊透缺陷；过弱时，会使接口端面严重氧化，接头区晶粒粗大，影响接头强度。

② 焊接压力与顶锻压力。对接头处的产热和塑性变形都有影响，减小焊接压力有利于产热，但不利于塑性变形，因此宜采用较小的焊接压力和较大的顶锻压力。但焊接压力也不宜太小，否则会引起飞溅、增加端面氧化，并在接口附近造成疏松。

③ 伸出长度。选择工件伸出夹钳电极端面的长度时，要考虑顶锻时工件的稳定性和向夹钳的散热。伸出过长，则顶锻时工件会失稳旁弯；过短则向钳口的散热增强，使工件冷却过快，会增加塑性变形的困难。对于直径为 d 的工件，一般低碳钢的伸出长度 L_0 =（0.5～1）d；铝和黄铜 L_0 =（1～2）d，铜 L_0 =

(1.5～2.5) d。

(2) 闪光对焊工艺参数。闪光对焊工艺参数主要有闪光电流、闪光留量、闪光速度、顶锻留量、顶锻速度、顶锻压力、顶锻电流和伸出长度等。

① 闪光电流和顶锻电流。闪光电流取决于工件断面积和闪光所需的电流密度。在闪光过程中，随着闪光速度的逐渐提高和接触电阻的逐渐减小，电流密度将增大，顶锻时接触电阻迅速消失，电流将急剧增大到顶锻电流。

电流的大小取决于焊接变压器的空载电压，二次空载电压越高，电流密度越大。通常取空载电压为 4～18 V。

② 闪光留量。选择闪光留量时应满足在闪光结束时整个工件端面有一熔化金属层，同时在一定深度上达到塑性变形温度。闪光留量可根据材料性能和闪光时间进行选择，通常闪光量占总留量的 70%～80%，而预热闪光对焊的闪光留量可以比连续闪光对焊小 30%～50%。

③ 闪光速度。足够大的闪光速度才能保证闪光的强烈和稳定，但速度太大会使加热区过窄，增加塑性变形的困难。闪光速度与焊件材料、是否有预热和电流密度等因素有关。当焊接易氧化的材料时，应选大的闪光速度；有预热时可提高闪光速度；电流密度大时可加快闪光速度。闪光速度在闪光过程中一般不是常数，开始时，由于焊件没有预热不易形成闪光，因此开始闪光速度很小，有利于焊件的加热。到闪光后期，为了防止产生氧化物，在即将进入顶锻前应采用较高的闪光速度。钢的平均闪光速度约为 1～3 mm/s。

④ 顶锻压力。通常以单位面积的压力，即顶锻压强来表示。顶锻压力的大小应以使液体金属全部挤出，并使焊件接口处产生适当的塑性变形为宜。其大小与焊件材料的高温性能、顶锻留量和高温区的大小有关。高温强度越高，高温区越小，顶锻力应越大。焊接导热性好的金属（铜、铝合金）时，需要大的顶锻压力

（150～400 MPa）。

⑤ 顶锻速度。为了防止对接处严重氧化及接口间隙中液体金属冷却而造成氧化物难以排除，顶锻速度越快越好。钢件最低的顶锻速度为 15～40 mm/s。焊接导热性好的金属（如铝合金）时，需要较快的顶锻速度（150～200 mm/s）。

⑥ 顶锻留量。影响液体金属和氧化物的排除及塑性变形的大小。顶锻留量太小，液体金属残留在接口处，易形成缩孔、疏松和裂纹等缺陷。顶锻留量太大，接头变形量大，也会使力学性能下降。顶锻留量根据工件断面积选取，随着断面积增大而增大。

⑦ 伸出长度。和电阻对焊一样，焊件的伸出长度直接影响加热条件和塑性变形。伸出长度过短，向电极散热增加，使加热区变窄，不利于塑性变形，所需顶锻压力较大。伸出长度过长，加热区变宽，电能消耗大，对于薄壁管或细棒还容易引起接头弯曲。通常低碳钢棒材和厚壁管合适的伸出长度为：$L=$（0.7～1.0）d。d 为圆棒料直径或方棒料边长。对于导电性和导热性较差的材料应取小值。对于薄板（厚度为 1～4 mm），为了顶锻时不失稳，一般取伸出长度为厚度的 4～5 倍。

三、电阻焊设备结构原理

1. 电阻焊电源

电阻焊采用的焊接变压器有以下特点。

① 大电流低电压。焊接电流一般在 1～100 kA 范围内，变压器二次侧电压通常在几伏至二十几伏。所以焊接变压器二次绕组采用一匝或两匝厚紫铜板构成，同时由于焊接电流大，所以回路导线比较粗，并一般需要水冷。

② 功率大。通常焊接变压器容量大于 50 kA。

③ 电压可调节性。通常采用改变焊接变压器一次绕组匝数来获得不同的二次绕组电压。

④ 工作不连续无空载运行。电阻焊的开关置于一次绕组和

电源线之间，电源一旦接通，变压器便在负载状态下运行，所以一般无空载状态（闪光对焊例外）。

2. 控制系统

为了提高生产率、实现焊接过程自动化，并使每一个焊点所有规范参数基本稳定，使电流和通电时间控制精确，调节更细致，因此要求电阻焊机的控制系统具有以下作用。

① 起电流开关作用，并调节电流大小，控制通电时间。

② 为了使每个焊点的电流大小和通电时间尽量一致，减小焊点质量波动，因而要求控制装置能实现同步焊接过程，在电网电压波动时可进行自动补偿。

③ 进行程序的自动控制，实现过程自动化。

由此可见，电阻焊控制系统主要由开关装置和控制装置两部分组成，控制线路比较复杂。

四、电阻焊操作安全要求

（1）工作前应先检查焊接电源的接地或接零装置，线路连接是否牢固以及绝缘是否良好。同时还应检查冷却水供水系统等，确认正常后才可开始工作。

（2）开启电阻焊电源时，应先开冷却水阀门，焊机不得在漏水的情况下运行，以防焊机烧坏。

（3）调节焊机功率应在焊机空载下进行。

（4）操作者应戴防护眼镜，并应避开火花飞溅方向，以防灼伤眼睛。

（5）闪光对焊时，应对火花飞溅进行屏蔽遮挡，作业点周围应清除可燃易爆物品，以免发生火灾和灼烫事故。

（6）装卸工件时要拿稳，双手与电极应保持适当距离；严禁人手进入两电极之间，避免挤压手指。

（7）操作者应穿戴好个人防护用品，如工作帽、完好干燥的工作服、绝缘鞋及手套等。

（8）电阻焊设备必须由专人定期检修和维护。

第五节　钎焊安全

一、钎焊基本原理和安全特点

1. 原理

钎焊属于固相连接，钎焊加热时母材不熔化，比母材熔点低的钎料熔化，利用液态钎料在母材表面润湿、铺展与母材相互溶解和扩散，并在母材间隙中润湿，毛细流动，填缝与母材相互溶解和扩散而实现零件间的连接。

2. 分类

根据使用钎料的不同，钎焊一般分为：

(1) 软钎焊——钎料液相线温度低于 450℃。

(2) 硬钎焊——钎料液相线温度高于 450℃。

3. 应用

钎焊具有加热温度低，对母材组织和性能影响小；钎焊接头平整光滑，外形美观；焊件变形小和可以实现异种金属合金、金属与非金属的连接等一系列优点，因而有广泛的应用范围，例如：工具钢和硬质合金的钎焊技术，广泛应用于刀具、模具、量具和采掘工具的制造上；不锈钢的钎焊技术广泛应用于航空航天、电子通讯、核能及仪器仪表等工业领域及日常用品（不锈钢锅、杯等）；钛和锆的钎焊技术在石油化工、原子能工业和航天航空等领域得到广泛应用；贵金属如金、银等钎焊技术在电器设备中广泛用于制造开启和闭合电路元件；此外，碳钢和低合金钢钎焊、铸铁的钎焊等等，都得到广泛的应用。

4. 安全特点

钎焊的应用范围十分广泛，钎焊采用的能源亦多种多样，如利用化学能的火焰钎焊、炉中钎焊等；利用电能的高频和中频感应钎焊、电阻钎焊、等离子器钎焊、真空电子束钎焊等；还有利用光能的激光钎焊、利用声能的超声波钎焊等等。

因此，在钎焊过程存在诸多危险性和有害因素，诸如火焰钎焊的主要危险是着火爆炸以及灼烫，高频和中频感应钎焊存在触电、灼烫的危险，以及高频电磁辐射对人体的伤害等。

二、钎焊生产工艺和设备

钎焊利用不同的能源加热工件，所以钎焊方法甚多。本节主要讨论利用化学能加热的火焰钎焊和利用电能加热的感应钎焊。

1. 火焰钎焊

（1）能源。火焰钎焊是利用可燃气体与氧气（或空气）混合燃烧的火焰加热焊件。可燃气体包括乙炔、丙烷、石油气、雾化汽油和煤气等。加热范围甚广，从酒精喷灯的数百度到氧—乙炔火焰的 3 100℃。

氧—乙炔火焰是最常用的火焰。当加热温度不高时，可用压缩空气代替氧，用丙烷、石油气、雾化汽油代替乙炔，这些火焰的温度较低，适用于钎焊较小的工件及铝和铝合金。用氧—乙炔焰钎焊时，一般亦利用温度较低的外焰进行加热。

（2）钎焊过程。火焰钎焊时，将钎剂溶液预先涂在接头表面上或者先将钎料棒加热，蘸以钎剂，再带到加热了的接头表面。钎料可预先安置或手工送进。

钎焊时应先将工件均匀地加热到钎焊温度，然后再加钎料，否则钎料不能均匀地填充间隙。对于预制钎料的接头，也应先加热工件，避免因火焰与钎料直接接触，使其过早熔化。以软钎料进行钎焊时，还可采用喷灯加热。

（3）设备与工具。火焰钎焊的焊炬可以是通用的气焊焊炬，也可以是专用钎焊炬。专用钎焊炬的特点是火焰比较分散，加热集中程度较低，因而加热比较均匀。除可用单焰钎焊外，还可用多焰焊炬。钎焊方式除手工操作外，还有专门的自动火焰钎焊机。图 5—26 为特种火焰钎焊设备示意图。

一般工矿企业都具备用以提供乙炔、氧气和空气的设备，所以此种焊接方法简单方便，应用广泛。

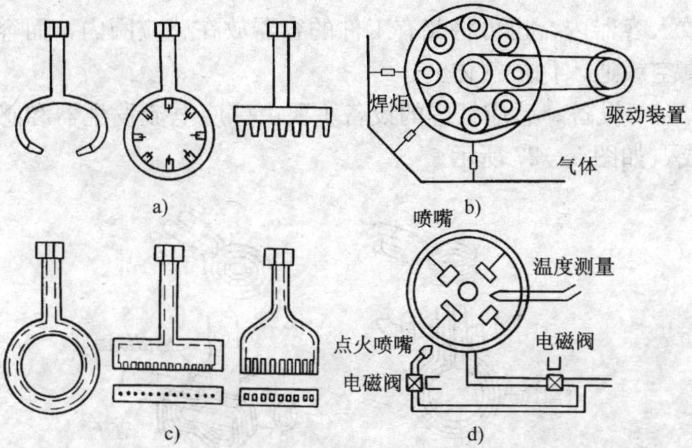

图 5—26　特种火焰钎焊设备

a)、b）特种多孔喷嘴　c)、d）多头固定式钎焊装置

2. 感应钎焊

(1) 能源。感应钎焊是利用工件在交流电的交变磁场中产生感应电流的电阻热来加热焊件的。它具有加热迅速、工件表面氧化少，可防止母材的晶粒长粗等优点。

(2) 钎焊过程。感应钎焊时，工件放在感应器内（或附近），当交流电通过感应器时，在交变磁场的作用下，工件内部产生感应电流，工件被迅速加热。

感应电流通过导体时，沿导体表面电流密度最大，越往中心，电流密度越小，这就是所谓的“集肤效应”。通常取内部的电流密度降至表面的 10/27 处的表面层（其产生的热量为全部电流发生热量的 86.5%）厚度称为电流渗透厚度。电流的频率越高，加热厚度越薄，表面加热越迅速；磁导率越小，加热厚度越大；而电阻率越大，加热厚度亦越大。

感应钎焊可使用各种钎料。由于钎焊加热速度很快，钎料和钎剂都在装配时预先放好。感应钎焊除可在空气中进行外，也可在真空或保护气体中进行。在这种情况下，可同时将工件和感应圈放入容器内，也可将装有工件的容器放在感应圈内，而容器抽以真空或通入保护气体。

（3）设备。感应钎焊的设备主要由感应电流发生器和感应器组成，如图 5—27 所示。

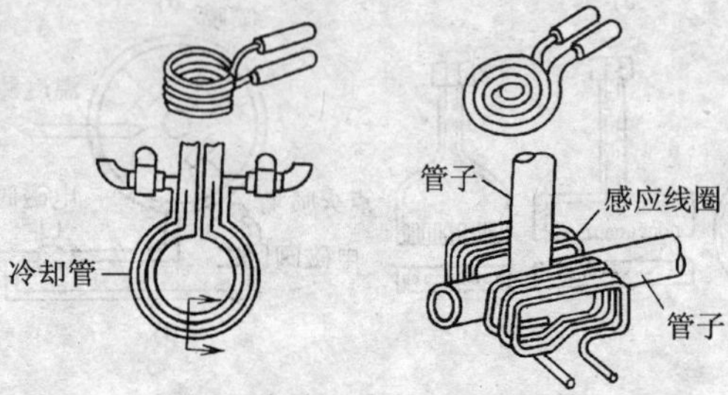

图 5—27　感应线圈及感应钎焊示意图

感应圈是传递感应电流的部件，感应圈设计的是否合理对加热影响极大，其原则是加热迅速、均匀、效率高。感应圈通常使用铜管，内通冷却水，其形状和尺寸取决于加热条件、工件形状和大小，如图 5—27 所示。单匝感应圈的加热宽度小，多匝感应圈的加热宽度大。对多匝感应圈来说，改变节距可使加热形态发生变化。节距小时，加热宽度小，加热深度大；节距大时，正好相反，但节距不能过大。感应圈与工件的耦合对加热的影响也比较明显。原则上说，感应圈与工件的耦合，越紧越好，这时加热效率最高，加热均匀程度也比较好；当感应圈与工件距离较大，即属于松耦合时，加热均匀程度进一步下降。当感应圈与工件的距离较大时，改变感应圈的形状与节距，也能改善加热形态，如增加感应圈中间圈的直径或采用不等的节距。对于多匝内热式感应圈，为改善加热形态，也可用直径变化的感应圈。对于单匝外热式感应圈，可采用改变感应圈面积的方法来达到较均匀加热的目的。为了提高热效率，又防止感应圈与工件发生短路，感应圈与工件的距离应为 3～6 mm，感应圈的匝距一般应为 1.5～2.2 mm。

三、钎焊工艺参数

钎焊工艺参数主要是钎焊温度和保温时间。

1. 钎焊温度

(1) 钎焊温度通常选高于钎料液相温度 25～60℃，以保证钎料能填满间隙。

(2) 对某些结晶温度间隔宽的钎料，由于在液相线温度以下已有相当量的液相存在，具有一定的流动性，所以，此时钎焊温度可以等于或稍低于钎料液相线温度。

(3) 对于某些钎料如镍基钎料，希望钎料与母材充分地反应，钎焊温度可能高于钎料液相线温度 100℃以上。

2. 保温时间

钎焊的保温时间视工件大小、钎料与母材相互作用的程度而定。大件的保温时间应长些，以保证加热均匀。钎料与母材作用强烈的，保温时间要短。过长的保温时间将导致溶蚀等缺陷的发生。

四、钎焊材料

钎焊材料包括钎料和焊剂。

1. 钎料分类

钎料按熔点可分为软钎料和硬钎料两种，软钎料的熔点在 450℃以下，硬钎料的熔点在 450℃以上。按钎料的化学成分，软钎料可分成锡基、铅基、锌基和镉基等多种；硬钎料可分成铝基、铜基、银基和锰基等多种。

2. 钎料型号

钎料型号由两部分组成，第一部分表示钎料类型，“S”表示软钎料，“B”表示硬钎料；第二部分由主要合金组分的化学元素符号组成，第一个化学元素符号表示钎料的基本组成，其他化学元素符号按其质量分数顺序排列，当几种元素具有相同质量分数时，按其原子序数顺序排列。

软钎料每个化学元素符号都要标出其公称质量分数。硬钎料仅第一个化学元素符号后标出公称质量分数。公称质量分数取整数，误差±1%，小于1%的元素在型号中不必标出。如某元素是钎料的关键组分，一定要标出时，按如下规定予以标出：

① 软钎料型号可仅标出其化学元素符号。

② 硬钎料型号中将其化学元素符号用括号括起来。

标准规定，每个型号中最多只能标出6个化学符号。将符号E标在第二部分之后，用于表示是电子行业用钎料。

例如：软钎料：*w*（Sn）60%、*w*（Pb）39%、*w*（Sb）0.4%的软钎料，则其型号表示为：S—Sn60Pb40Sb

例如：硬钎料：*w*（Ag）72%、*w*（Cu）28%的硬钎料，则其型号表示为：B—Ag72Cu28

3. 硬钎焊用钎剂型号

根据JB/T 6045—1992《硬钎焊用钎剂》的规定，硬钎焊用钎剂型号表示方法如下所述。

钎剂型号由硬钎焊用钎剂代号“FB”和根据钎剂的主要元素组分划分的四种种类代号“1，2，3，4”的数字组成及钎剂顺序号表示。X3分别用大写字母S（粉末状、粒状）、P（膏状）、L（液态）表示钎剂的形态。钎剂主要元素组分分类见表5—27。

表5—27　　钎剂主要元素组分分类

钎剂主要组分分类代号（X1）	钎剂主要组分（质量分数：%）	钎焊温度（℃）
1	硼酸＋硼砂＋氟化物≥90	550～850
2	卤化物≥80	450～620
3	硼砂＋硼酸≥90	800～1 150
4	硼酸三甲脂≥60	＞450

钎剂型号的表示方法如下：

4. 软钎焊用钎剂型号表示方法

FB X1 X2 X3

- X3：钎剂形态
- X2：钎剂顺序号
- X1：钎剂主要元素组分分类代号
- FB：硬钎焊用钎剂代号

示例

FB 1 01 S

- S：钎剂形态为粉末状或粒状
- 01：钎剂顺序号为01
- 1：以W(硼酸+硼砂+氟化物)≥90%为钎剂主要元素组分
- FB：硬钎焊用钎剂

根据GB/T 15829.1—1995《软钎焊用钎剂分类、标记与包装》的规定，软钎剂型号表示方法如下：

软钎焊用钎剂型号由代号“FS”加上表示钎剂分类组合而成。

软钎焊用钎剂根据钎剂的主要组分分类，并按表5—28进行编码。

表5—28　钎剂分类及代码

钎剂类型	钎剂主要组分	钎剂活性剂	钎剂形态
1. 树脂类	1. 松香（松脂）	1. 未加活性剂 2. 加入卤化物活性剂 3. 加入非卤化物活性剂	A 液态
	2. 非松香（树脂）		
2. 有机物类	1. 水溶性		
	2. 非水溶性		
3. 无机物类	1. 盐类	1. 加入氯化铵 2. 未加入氯化铵	B 固态
	2. 酸类	1. 磷酸 2. 其他酸	C 膏状
	3. 碱类	1. 胺及（或）氨类	

例如，磷酸活性无机膏状钎剂应编为：3、2、1、C，型号

表示方法为 FS321C。

五、操作安全要求

(1) 利用化学能转化为火焰热能加热焊件的钎焊，其操作安全要求可参考第四章“气焊与气割安全”。

(2) 利用电能转化为热能加热焊件的钎焊，其操作安全要求可参考第五章的焊条电弧焊与碳弧气刨安全、电阻焊安全及其他有关章节。有关电磁辐射防护可参考第三章“焊接与切割作业劳动卫生防护”。

第二部分　焊工安全技术考核复习题及试卷实例

Ⅰ. 安全技术考核复习题

一、判断题（对的画“√”，错的画“×”）

1. 可燃物质发生自燃时，无需着火源作用。（　）

2. 生产中具备可燃物和着火源即可发生燃烧。（　）

3. 生产或生活中，凡是超出有效范围的燃烧均称为火灾。（　）

4. 可燃液体的闪点越高，发生着火爆炸的危险性越大。（　）

5. 可燃物质的自燃点越低，发生火灾的危险性越小。（　）

6. 热源来自外界加热的自燃，称为受热自燃。（　）

7. 可燃物质能发生着火的最低温度称为着火点。（　）

8. 氧气瓶阀接触油脂引起油脂的燃烧称为自热自燃。（　）

9. 消防工作的方针是“以防为主、防消结合”。（　）

10. 采用窒息法灭火是为了消除助燃物。（　）

11. 氧气瓶直接受热引起的爆炸是属于化学性爆炸。（　）

12. 焊补汽油桶时发生的爆炸属于物理性爆炸。（　）

13. 可燃性混合物的爆炸上限越高，发生爆炸的危险性越大。（　）

14. 可燃性混合物的爆炸下限越小，发生爆炸的危险性

越小。 ( )

15. 化学性爆炸可以说是瞬间燃烧。 ( )

16. 乙炔铜受摩擦撞击时会发生爆炸性分解。 ( )

17. 可燃性混合物的爆炸极限范围越宽，则发生爆炸的危险性越大。 ( )

18. 可燃气体爆炸极限的单位是以质量分数来表示的。 ( )

19. 可燃性混合物的含氧量越高，则爆炸极限范围变宽。 ( )

20. 人体触电方式有电击、电伤和电磁场生理伤害。( )

21. 发生双相触电时，加在人体的电压为 220 V。 ( )

22. 电流通过人体的持续时间越长，则对人的伤害越大。 ( )

23. 电流通过人体的途径为手到手时，对人的伤害最大。 ( )

24. 流经人体的事故电流大小取决于外加电压和人体电阻。 ( )

25. 焊条接直流弧焊机的正极，焊件接负极称正接法。 ( )

26. 直流弧焊机采取反接法时，焊件的温度高于焊条的温度。 ( )

27. 人体触及意外带电体而发生的触电事故称为直接电击。 ( )

28. 闸刀开关的开关箱和拉线开关的胶木盒，属于防触电的屏护措施。 ( )

29. 在三相三线制的供电系统中，焊机外壳必须设置保护性接零装置。 ( )

30. 连接接地线时，应先将导线接在电焊设备外壳上，然后将另一端接在接地体上。 ( )

31. 焊机电源线的长度不得超过 20～30 m。（ ）

32. 电焊钳过热可以在水中冷却后使用。（ ）

33. 有毒气体臭氧和高频电磁辐射是焊条电弧焊的主要有害因素。（ ）

34. 钨极氩弧焊采用钍钨电极时，存在着放射性伤害。（ ）

35. 电焊烟尘是氩弧焊的主要有害因素。（ ）

36. CO_2 焊会产生有毒气体一氧化碳。（ ）

37. 等离子弧焊接与切割会产生高强度噪声。（ ）

38. 气焊与气割的主要危险是火灾和爆炸。（ ）

39. 提高温度和压力会增加乙炔分解爆炸的危险性。（ ）

40. 乙炔与氮气或水蒸气混合会降低其爆炸危险性。（ ）

41. 乙炔气的工作压力不得超过 1.47 MPa。（ ）

42. 乙炔着火时严禁用四氯化碳灭火器扑救。（ ）

43. 电石（碳化钙）本身具有燃烧和爆炸的化学性质，所以属于危险品。（ ）

44. 电石桶着火时，可以用水进行灭火。（ ）

45. 将乙炔溶解在丙酮里称溶解乙炔。（ ）

46. 乙炔瓶属于液化气瓶，瓶里的乙炔在压力下变成液态乙炔。（ ）

47. 乙炔瓶的工作压力为 14.7 MPa。（ ）

48. 乙炔瓶在使用时应该直立，在贮存时可以卧放。（ ）

49. 乙炔瓶距离火源不得小于 10 m。（ ）

50. 乙炔发生器安装回火防止器的作用是为了防止发生回火。（ ）

51. 安全阀的作用是当乙炔发生器爆炸时起泄压作用。（ ）

52. 乙炔发生器应使用酒精温度计，不得使用水银温度计。（ ）

53. 氧气瓶属于压缩气瓶，其工作压力为 15 MPa。（ ）

54. 禁止氧气瓶与油脂接触，是为防止油脂发生自燃和引起氧气瓶的着火爆炸。（ ）

55. 氧气瓶距离乙炔发生器和乙炔瓶应 10 m 以上。（ ）

56. 液化石油气瓶为液化气瓶，其工作压力为 1.56 MPa。（ ）

57. 液化石油气对普通橡胶有腐蚀作用，因此应采用耐油胶管。（ ）

58. 液化石油气瓶外表涂成灰色，并标注蓝色的“液化石油气”字样。（ ）

59. 氧气瓶外表涂成蓝色，并用黑漆标注“氧气”字样。（ ）

60. 乙炔瓶外表涂成白色，并标注红色的“乙炔”和“火不可近”字样。（ ）

61. 根据《焊接安全》国标 GB 9448—1999 的规定，氧气胶管为黑色，乙炔胶管为红色。（ ）

62. 乙炔发生器可以安置在锻工车间。（ ）

63. 焊炬的焊嘴过热可在水中冷却后继续使用。（ ）

64. 各种气瓶的减压器可以互相换用。（ ）

65. 电光性眼炎是由红外线引起的。（ ）

66. 焊接烟尘的主要来源是液态金属过热。（ ）

67. 紫外线会引起电焊晃眼。（ ）

68. 带压不置换动火比置换动火的安全性稍差。（ ）

69. 登高焊割作业点下方 5 m 范围内为危险区。（ ）

70. 焊条电弧焊存在有高频电磁辐射伤害。（ ）

71. 钍钨棒是钨极氩弧焊理想的电极材料。（ ）

72. 焊条电弧焊采用碱性焊条时会产生有毒气体氟化氢。（ ）

73. 噪声的频率越高，对人的伤害越大。（ ）

74. 焊缝无缺陷则称为优良焊缝。 ( )

75. 钢材含碳的质量分数小于 4.5%。 ( )

76. Q235 表示钢材的屈服强度为 235 MPa。 ( )

77. CO_2 气体保护焊应采用交流电源。 ( )

78. CO_2 气体保护焊是明弧焊，因而操作方便。 ( )

79. 细丝 CO_2 气体保护焊可以进行全位置焊。 ( )

80. 按焊丝直径大小分，直径 0.8～1.2 mm 是属于细丝 CO_2 气体保护焊。 ( )

81. CO_2 气体保护焊必须用直流电源。 ( )

82. CO_2 气体密度大，隔绝空气，保护焊接区的效果十分良好。 ( )

83. CO_2 气体保护焊主要用于有色金属材料的焊接。( )

84. CO_2 气体保护焊的 CO_2 气体是一种惰性气体。 ( )

85. CO_2 气瓶颜色为铝白色。 ( )

86. CO_2 气体保护焊枪过热时，可以浸入水中冷却后使用。 ( )

87. CO_2 气瓶内装的全部都是气体。 ( )

88. CO_2 气瓶内气体压力降至 1 MPa 时，应停止使用。 ( )

89. 钨极氩弧焊采用直流反接时，有“阴极雾化”作用，能去除熔池表面致密难熔的氧化膜。 ( )

90. 交流钨极氩弧焊时，既能去除熔池表面的氧化膜，钨极烧损也不太严重。 ( )

91. 钨极氩弧焊的电极，目前广泛使用的是铈钨极。( )

92. 熔化极氩弧焊焊接任何金属材料，均采用直流反接。 ( )

93. 钨极氩弧焊时，如长期接触高频电磁场，会造成焊工的电磁场生理伤害。 ( )

94. 点焊过程中，电极工作表面不必经常清理和修整。（ ）

95. 电阻焊接前，为防止产生飞溅和焊件表面过烧，必须除去焊件表面的油脂、脏物和氧化膜。（ ）

96. 铝合金熔点低，因此电阻焊时可选择小功率焊机。（ ）

97. 使用闪光焊设备时，必须提供由耐火材料制成的闪光屏蔽并应采取适当的防火措施。（ ）

98. 钎焊时只是钎料熔化，焊件不熔化。（ ）

二、选择题（将正确答案的序号填入括号内）

1. 可燃物质受热升温，无需明火作用则发生燃烧的现象称为（ ）。

A. 闪燃　B. 自燃　C. 着火　D. 火灾

2. 凡超出有效范围的燃烧称为（ ）。

A. 着火　B. 自燃　C. 火灾　D. 爆炸

3. 可燃物质发生闪燃时，其燃烧持续时间少于（ ）。

A. 5 s　B. 8 s　C. 12 s　D. 15 s

4. 可燃物质的自燃点越低，则发生火灾的危险性（ ）。

A. 越小　B. 越大

C. 无影响　D. 无规律性变化

5. 发生电伤时，电流（ ）。

A. 通过人体　B. 不通过人体

C. 只通过表皮　D. 少量通过人体

6. 可燃性混合物的爆炸上限越高，则发生爆炸的危险性（ ）。

A. 越小　B. 越大

C. 无影响　D. 无规律性变化

7. 在潮湿的环境进行电焊时，安全电压应为（ ）。

A. 42 V　B. 36 V　C. 12 V　D. 2.5 V

8. 电流通过人体的持续时间越短，则对人体的伤害程度(　　)。

A. 越大　　B. 越小

C. 无影响　　D. 无规律性变化

9. 交流弧焊机的电流频率为(　　)。

A. 150 Hz　　B. 100 Hz　　C. 50 Hz　　D. 30 Hz

10. 焊条接直流弧焊机的正极，焊件接负极称为(　　)。

A. 正接　　B. 反接　　C. 对接　　D. 交接

11. 安全规程规定，确需延长焊机电源线时，应离地面 2.5 m，该措施属于(　　)。

A. 绝缘　　B. 屏护　　C. 间隙　　D. 个人防护

12. 焊条电弧焊电源的空载电压一般为(　　)。

A. 220～380 V　　B. 110～220 V

C. 60～90 V　　D. 16～45 V

13. 电弧电压与电弧长度成(　　)。

A. 正比　　B. 反比

C. 无比例关系　　D. 无规律变化

14. 焊接电源 AX—300 型中的“A”表示(　　)。

A. 弧焊变压器　　B. 旋转式直流弧焊机

C. 焊接整流器　　D. 变频弧焊机

15. 焊接电源 B. XI—330 型中的“X”表示该焊机的电压外特性具有(　　)。

A. 上升特性　　B. 平特性　　C. 下降特性　　D. 综合特性

16. 弧焊电源的一次线长度不得超过(　　)。

A. 20～30 m　　B. 10～20 m　　C. 5～10 m　　D. 2～3 m

17. 焊接电源与焊钳连接电缆，其接头不得超过(　　)。

A. 1 个　　B. 2 个　　C. 3 个　　D. 4 个

18. 水下电焊时，安全电压应采用(　　)。

A. 36 V　　B. 12 V　　C. 6 V　　D. 2.5 V

19. 登高焊割作业是指离地面（　　）。

A. 2 m　　B. 2 m 以上

C. 10 m 以上　　D. 2 m 或 2 m 以上

20. 气割过程是金属材料的（　　）。

A. 熔化过程　　B. 燃烧过程

C. 熔化和燃烧过程　　D. 气化过程

21. 黄铜气焊时宜采用（　　）。

A. 中性焰　B. 碳化焰　C. 氧化焰　D. 任意火焰

22. 碳化焰宜焊接（　　）。

A. 低碳钢　B. 中碳钢　C. 铸铁　D. 黄铜

23. 登高焊割作业的危险区是指作业点下方周围（　　）。

A. 5 m　B. 10 m　C. 15 m　D. 20 m

24. 氧气瓶与火源之间的水平距离应（　　）。

A. 5 m 以上　B. 10 m 以上　C. 15 m 以上　D. 20 m 以上

25. 乙炔瓶的瓶温不得超过（　　）。

A. 20℃　B. 30℃　C. 40℃　D. 60℃

26. 乙炔的工作压力为（　　）。

A. 14.7 MPa　　B. 1.47 MPa

C. 0.147 MPa　　D. 0.0147 MPa

27. 液化石油气瓶的胶管爆破压力应大于气瓶工作压力的（　　）。

A. 1 倍　B. 2 倍　C. 3 倍　D. 4 倍

28. 根据 GB 9448—1999 国标的规定，氧气胶管的颜色为（　　）。

A. 红色　B. 黑色　C. 蓝色　D. 绿色

29. 液化石油气瓶外表应涂成（　　）。

A. 蓝色　B. 灰色　C. 银灰色　D. 白色

30. 乙炔与氮气混合会使爆炸危险性（　　）。

A. 增加　B. 降低　C. 不变　D. 无规律变化

31. 乙炔瓶的工作压力为（　　）。

A. 0.147 MPa　　B. 1.47 MPa

C. 1.56 MPa　　D. 14.7 MPa

32. 运输时卧放的乙炔瓶，使用时应直立并静置后才能使用，其静置时间应为(　)。

A. 5 min　B. 10 min　C. 15 min　D. 20 min

33. 碳素钢气割时，应采用(　)。

A. 氧化焰　B. 碳化焰　C. 中性焰　D. 微氧化焰

34. 下列金属材料中，能采用气割方法的金属为(　　)。

A. 铜　B. 铝　C. 铸铁　D. 中碳钢

35. 氧气瓶外表涂成(　　)。

A. 蓝色　B. 白色　C. 天蓝色　D. 灰色

36. 弧光辐射造成电光性眼炎的光线是(　　)。

A. 紫外线　B. 红外线　C. 可见光　D. 紫光

37. 氩弧焊的工作服应采用(　　)。

A. 棉布　B. 帆布　C. 毛料　D. 有机纤维

38. 焊接烟尘的主要来源是液态金属(　　)。

A. 过热　B. 蒸发　C. 氧化　D. 冷凝

39. 臭氧为主要有毒气体的焊接工艺是(　　)。

A. 气焊　　B. 焊条电弧焊

C. 氩弧焊　　D. 埋弧焊

40. 产生高强度噪声有害因素的焊接工艺是(　　)。

A. 埋弧焊　　B. CO_2 焊

C. 氩弧焊　　D. 等离子弧焊

41. 噪声的频率越高，强度越大对人体的伤害程度(　　)。

A. 越小　　B. 越大

C. 无影响　　D. 无规律变化

42. 低碳钢的碳质量分数为(　　)。

A. $<0.25\%$　　B. $=0.25\%$

C. >0.25%　　　　　　　　　D. >0.6%

43. 弧焊机的额定负载持续率为(　　)。

A. 30%　　B. 50%　　C. 60%　　D. 80%

44. 焊条电弧焊产生氟化氢气体是由于采用(　　)。

A. 酸性焊条　　　　　　　　B. 碱性焊条

C. 中性焊条　　　　　　　　D. 酸碱性焊条

45. 乙炔与空气混合气的爆炸极限为（　　）。

A. 2.2%~61%　　　　　　　B. 15%~28%

C. 2.2%~81%　　　　　　　D. 4%~75%

46. 碳当量越高，钢材的焊接性(　　)。

A. 越好　　　　　　　　　　B. 越差

C. 不变　　　　　　　　　　D. 无规律变化

47. 焊机二次回路开路时，焊机两个输出端之间的电压称为(　　)。

A. 安全电压　B. 空载电压　C. 电弧电压　D. 工作电压

48. 电焊设备进行安装检修，应由(　　)。

A. 焊工　　　　　　　　　　B. 焊工班长

C. 电工　　　　　　　　　　D. 仪表工

49. CO_2 气瓶颜色是(　　)。

A. 铝白色　　B. 天蓝色　　C. 淡绿色　　D. 黄色

50. CO_2 气体保护焊用的 CO_2 气体的性质是(　　)。

A. 氧化性　　B. 惰性　　C. 中性　　D. 还原性

51. CO_2 气体保护焊时，电源极性应采用(　　)。

A. 交流　　　　　　　　　　B. 直流正接

C. 直流反接　　　　　　　　D. 交流或直流

52. 钨极氩弧焊焊低碳钢时，电源极性应采用(　　)。

A. 交流　　　　　　　　　　B. 直流正接

C. 直流反接　　　　　　　　D. 交流或直流

53. 钨极氩弧焊电源外特性应采用(　　)。

A. 水平　　B. 上升　　C. 缓降　　D. 陡降

54. 电阻焊电源变压器的特点是(　　)。

A. 电流大、电压低　　B. 电流大、电压高

C. 电流小、电压高　　D. 电流小、电压低

55. 电阻焊电源变压器容量一般都大于(　　)kVA。

A. 10　　B. 20　　C. 50　　D. 100

三、填空题

1. 国际焊接学会第八专业委员会的名称是____________________________。

2. 焊条电弧焊的两个电极是__________和__________。

3. 焊条电弧焊机空载电压一般为__________。

4. 电弧电压与__________成正比。

5. 直流正接时，焊件接焊机的__________，焊条接__________。

6. 气电焊是__________的简称。

7. 氩弧焊可分为__________和__________两种。

8. 国产焊机的输入电压为__________，交流焊机的电流频率为__________的工频交流电。

9. 电流对人体的伤害形式有__________、__________和__________三种。

10. 电击致死的主要原因是__________。

11. 流经人体的电流强度__________，电流通过人体的持续时间__________，对人的伤害越大。

12. 人体触电的方式有__________、__________和__________。

13. 电流通过人体的途径有__________、__________和__________。

14. 流经人体的电流强度取决于__________和__________。

15. 直接电击是指____________________；间接电

击是指＿＿＿＿＿＿＿＿。

16．预防触电通常采取的措施有＿＿＿＿＿＿、＿＿＿＿＿＿、＿＿＿＿＿＿、＿＿＿＿＿＿、＿＿＿＿＿＿和＿＿＿＿＿＿。

17．工作环境按触电危险分为＿＿＿＿＿＿、＿＿＿＿＿＿和＿＿＿＿＿＿。

18．焊机接地电阻不得＿＿＿＿＿＿。

19．＿＿＿＿＿＿管道、＿＿＿＿＿＿管道及＿＿＿＿＿＿管道等严禁作为自然接地体。

20．除焊机外壳必须接地或接零外，弧焊变压器二次绕组与＿＿＿＿＿＿亦必须接地或接零；但＿＿＿＿＿＿与＿＿＿＿＿＿不得同时接地或接零。

21．所有电焊设备的地线或零线不得＿＿＿＿＿＿接入接地体或零线干线。

22．连接地线或零线的顺序，应先接＿＿＿＿＿＿，后接＿＿＿＿＿＿；拆卸时应先拆＿＿＿＿＿＿，后拆＿＿＿＿＿＿。

23．在潮湿地、高空、水下和金属容器内等处的焊接作业，焊机必须安装＿＿＿＿＿＿保护装置。

24．规定焊机的暂载率是为了＿＿＿＿＿＿和＿＿＿＿＿＿。

25．焊机电源线（一次线或动力线）长度不得超过＿＿＿，如确需延长，应离地面＿＿＿，并延＿＿＿用＿＿＿布设。

26．焊机二次回路的电缆长度一般为＿＿＿，如需短线接长，接头不得超过＿＿＿。

27．严禁利用＿＿＿＿＿＿、＿＿＿＿＿＿、＿＿＿＿＿＿和＿＿＿＿＿＿等作为焊接电缆。

28．焊接电缆横穿马路时应＿＿＿＿＿＿。

29．电焊钳应具备良好的＿＿＿＿＿＿和＿＿＿＿＿＿。

30．等离子焊枪应保证＿＿＿＿＿＿、＿＿＿＿＿＿、＿＿＿＿＿＿。

31．焊机工作前应先检查＿＿＿＿＿＿、＿＿＿＿＿＿

__________等。

32. 焊工的手和身体不得随便接触焊机二次回路的________________。

33. 电焊设备的安装和检修必须由________进行。

34. 触电急救的首要措施是使触电者________；触电急救的有效方法是________和________。

35. 水下焊接的电源必须用________；禁止用________________。

36. 燃烧必须是________、________和________三个基本条件________并且________才能发生。

37. 燃烧可分为________、________和________等类型。

38. 闪点是________；自燃点是________。

39. 闪点________，自燃点________发生火灾爆炸的危险性越大。

40. 自燃可分为________和________。

41. 灭火的基本技术措施有________、________和________。

42. 防火技术的基本理论是____________或________________。

43. 爆炸可分为________和________。

44. 可燃物质的爆炸极限范围________，爆炸下限________，爆炸上限________，发生爆炸的危险性越大。

45. 可燃气体爆炸极限的单位是________；可燃粉尘爆炸极限的单位是________。

46. 可燃物质化学性爆炸的条件是________、________、________。

47. 防爆技术的基本理论是________________。

48. 乙炔气的工作压力为________。

49. 乙炔着火时禁止用________灭火。

50. 乙炔不得与________和________等金属长期接触。

51. 电石是属于________危险品。

52. 电石的粒度________，分解速度越快。

53. 乙炔发生器的安全装置有________、________和________三类。

54. 气焊操作中发生回火的原因主要有________、________、________、________和________。

55. 乙炔发生器与火源、高压线等的水平距离应________，与氧气瓶的距离应________。

56. 乙炔发生器不得安置在________、________和________等车间和________。

57. 乙炔发生器发气室的乙炔温度不得超过________，冷却水温不得超过________。

58. 氧气瓶外表涂________色，并用________色标注“氧气”字样；乙炔瓶外表涂________色，并用________色标注________和________字样；液化石油气瓶外表涂________色，以________色标明“液化石油气”字样。

59. 氧气瓶的工作压力为________，乙炔瓶的工作压力为________，液化石油气瓶的工作压力为________。

60. 氧气瓶应________进行一次水压试验。

61. 乙炔瓶的构造主要由________、________、________和________等组成。

62. 乙炔瓶在运输、贮存和使用时应保持________，不得________。

63. 氧气瓶距离火源应________，乙炔瓶应________，液化石油气瓶应________；液化石油气瓶与暖气片距离应________。

64. 减压器的作用是将气瓶内的________减压

到____________，并保持____________。

65. 用螺纹连接的减压器应拧足__________。

66. 各种气体的专用减压器，禁止________和________。

67. 按照 GB 9448—1999 的规定，氧气胶管为__________色，乙炔胶管为____________色。

68. 乙炔和氧气胶管不得互相__________和__________。

69. 焊炬在使用前必须先检验其__________和__________。

70. 燃料容器的焊补方法有__________及__________两种。

71. 置换动火常用的惰性介质有__________、__________、____________和____________。

72. 水下气割的可燃气体应采用______________或______________，禁止采用____________。

73. 金属材料在焊接过程中的主要有害因素有__________、____________、____________、____________、____________、____________和____________。

74. 弧光辐射的组成有______________、______________和____________三种光线，它们对人体________________。

75. 紫外线主要是对人体的____________和____________造成伤害，严重时会患____________和____________疾病。

76. 焊接烟尘的形成包括液态金属的________________、______________和_____________过程。其中主要来源是__________________。

77. 长期接触焊接烟尘而又防护不好会造成______________、____________和____________职业病。

78. 焊接区周围空间形成的有毒气体主要有______________、______________、_____________和_____________。

79. ______________________是消除焊接烟尘和有毒气体的有效措施。

80. 钨极氩弧焊的钍钨棒电极能辐射________________、

＿＿＿＿＿＿和＿＿＿＿＿＿三种射线。

81. 噪声的强度＿＿＿＿＿＿，频率＿＿＿＿＿＿，时间＿＿＿＿＿＿对人的危害越大。

82. 登高焊割作业必须采取＿＿＿＿＿＿、＿＿＿＿＿＿、＿＿＿＿＿＿和＿＿＿＿＿＿等方面的安全措施，防止发生工伤事故。

83. 登高焊割作业点下方＿＿＿＿＿＿内为危险区，应采用＿＿＿＿＿＿＿＿。

84. 焊接产生变形和应力的原因是＿＿＿＿＿＿＿＿和＿＿＿＿＿＿＿＿＿＿。

85. 焊件发生变形的种类有＿＿＿＿＿＿、＿＿＿＿＿＿、＿＿＿＿＿＿、＿＿＿＿＿＿和＿＿＿＿＿＿。

86. 优良焊缝是指包括＿＿＿＿＿和＿＿＿＿＿两方面。

87. 钢材按含碳量可分为＿＿＿＿＿＿、＿＿＿＿＿＿和＿＿＿＿＿＿。

88. 低碳钢碳的质量分数为＿＿＿＿＿＿，中碳钢为＿＿＿＿＿＿，高碳钢为＿＿＿＿＿＿。

89. 钢材牌号 Q235—A 的“Q”表示＿＿＿＿＿＿，“235”表示＿＿＿＿＿＿，“A”表示＿＿＿＿＿＿。

90. 常见的焊接缺陷有＿＿＿＿＿＿、＿＿＿＿＿＿、＿＿＿＿＿＿、＿＿＿＿＿＿、＿＿＿＿＿＿和＿＿＿＿＿＿。

91. 常见焊接接头的形式有＿＿＿＿＿＿、＿＿＿＿＿＿、＿＿＿＿＿＿和＿＿＿＿＿＿。

92. 常见焊接接头的坡口形式有＿＿＿＿＿＿、＿＿＿＿＿＿、＿＿＿＿＿＿和＿＿＿＿＿＿。

93. 焊缝在空间所处的位置称为＿＿＿＿＿＿。

94. 焊接位置有＿＿＿＿＿＿、＿＿＿＿＿＿、＿＿＿＿＿＿和＿＿＿＿＿＿。

95. 气焊是金属的＿＿＿＿＿＿＿＿过程，气割是金属的

__________过程。

96. 气割过程分为__________、__________和__________三个阶段。

97. 气焊火焰可分为__________、__________和__________。

98. 气焊粉按所起作用不同可分为__________和__________。

99. 焊条由__________和__________组成。

100. 焊条可分为__________和__________。

101. 焊条型号 E4303 的“E”表示__________，“43”表示__________，“0”表示__________，“03”表示__________、__________。

102. 焊条牌号 J422 的“J”表示__________，“42”表示__________，“2”表示__________、__________。

103. 按照焊条的分类，J422 属于__________焊条，J507 属于__________焊条。

104. 比较 J422 和 J507 焊条的性能，产生有毒气体较多的焊条是__________，对油、锈、水较敏感的焊条是__________，抗裂性较好的焊条是__________。

105. 气焊时焊炬和焊丝的运走方向都从左到右称__________；都从右到左称__________。

106. CO_2 气体保护焊电源应具有__________外特性。

107. CO_2 气体保护焊对 CO_2 气体纯度的要求是__________。

108. CO_2 气瓶的颜色是__________。

109. CO_2 气体保护焊的电源极性应采用__________。

110. 钨极氩弧焊理想的钨极材料是__________。

111. 常用的电阻焊方法有__________、__________、__________和__________等。

112. 对焊方法可分为＿＿＿＿＿＿和＿＿＿＿＿＿两大类。

113. 闪光对焊由＿＿＿＿＿＿＿＿、＿＿＿＿＿＿＿＿和＿＿＿＿＿＿三个过程组成。

114. 电阻焊机使用前应检查供水系统，焊机不得在＿＿＿＿＿＿情况下运行。

四、名词解释

1. 焊接	2. 电击	3. 安全电压
4. 火灾	5. 自燃	6. 爆炸极限
7. 自燃点	8. 爆炸上限	9. 气割
10. 置换动火	11. 电焊尘肺	12. 空载电压
13. 电伤	14. 直流反接	15. 爆炸
16. 着火	17. 闪点	18. 爆炸下限
19. 气焊	20. 回火	21. 登高焊割作业
22. 热切割		

五、问答题

1. 什么是职业安全技术？我国的安全生产方针是什么？
2. 什么是特种作业？
3. 金属焊接与切割作业为何属于特种作业？
4. 焊接发生的工伤事故主要有哪几类？
5. 什么是职业卫生？
6. 焊接操作中的主要有害因素有哪些？
7. 影响电击严重程度的因素有哪些？
8. 预防焊接触电的一般措施有哪些？
9. 什么是置换动火？应采取哪些方面的安全措施？
10. 预防水下焊割作业的触电事故应采取哪些安全措施？
11. 预防高处坠落的措施有哪些？
12. 登高焊割作业防止发生火灾应采取哪些安全措施？
13. 什么是防火技术的基本理论？并举例说明。
14. 灭火的基本技术措施有哪些？

15. 什么是防止可燃物质发生爆炸的基本理论？

16. 焊接烟尘是怎样形成的？它的主要来源是什么？

17. 焊接区周围空间有哪些有毒气体？

18. 防止焊接弧光的伤害应采取哪些防护措施？

19. 气焊与气割有哪些危险因素？

20. 什么是气焊工艺参数？

21. 乙炔瓶的结构由哪几部分组成？

22. 使用乙炔瓶有哪些安全要求？

23. 使用压缩纯氧应注意哪些安全要求？

24. 氧气瓶使用有哪些安全要求？

25. 使用液化石油气瓶有哪些安全要求？

26. 焊条电弧焊的工艺参数主要有哪些？

27. CO_2 气体保护焊的工艺参数主要有哪些？

28. 熔化极氩弧焊的工艺参数主要有哪些？

29. 点焊的工艺参数主要有哪些？

30. 氩弧焊有哪些危险因素和有害因素？

31. 二氧化碳焊接有哪些危险因素和有害因素？

32. 碳弧气刨有哪些危险因素？应注意哪些安全要求？

六、计算题

1. 某焊条电弧焊工更换焊条时，不慎触及电焊钳带电部位，由于阴雨天，手套、鞋袜、工作服、皮肤均潮湿、测定电阻为 1 600 Ω，该焊机空载电压为 70 V，试求流经人体的事故电流为多少 mA？

2. 低合金钢 150 MnV(15 锰钒)，其化学成分为：C=0.12%～0.18%，Mn=1.2%～1.60%，Si=0.20%～0.55%，S、P≤0.045%，V=0.04%～0.12%

请计算碳当量，并评价其焊接性如何？

3. 进行焊条电弧焊时，焊工在 5 min 内，清渣时间为 1.5 min，换焊条时间为 0.5 min，请计算焊机的负载持续率？

Ⅱ. 安全技术考核复习题答案

一、判断题

1. ×	2. ×	3. √	4. ×	5. ×
6. √	7. √	8. √	9. √	10. √
11. ×	12. ×	13. √	14. ×	15. √
16. √	17. √	18. ×	19. √	20. ×
21. ×	22. √	23. ×	24. √	25. ×
26. ×	27. ×	28. √	29. ×	30. ×
31. ×	32. ×	33. ×	34. ×	35. ×
36. √	37. √	38. √	39. √	40. √
41. ×	42. √	43. √	44. ×	45. √
46. ×	47. ×	48. ×	49. ×	50. ×
51. ×	52. √	53. √	54. ×	55. ×
56. √	57. √	58. ×	59. ×	60. √
61. ×	62. ×	63. ×	64. ×	65. ×
66. ×	67. ×	68. ×	69. ×	70. ×
71. ×	72. √	73. √	74. ×	75. ×
76. √	77. ×	78. √	79. √	80. √
81. √	82. ×	83. ×	84. ×	85. √
86. ×	87. ×	88. √	89. √	90. √
91. √	92. √	93. √	94. ×	95. √
96. ×	97. √	98. √		

二、选择题

1. B	2. C	3. A	4. B	5. B

6. B	7. C	8. B	9. C	10. B
11. C	12. C	13. A	14. B	15. C
16. D	17. B	18. D	19. D	20. B
21. C	22. C	23. B	24. A	25. C
26. C	27. D	28. C	29. C	30. B
31. B	32. D	33. C	34. D	35. C
36. A	37. C	38. B	39. C	40. D
41. B	42. A	43. C	44. B	45. C
46. B	47. B	48. C	49. A	50. A
51. C	52. B	53. D	54. A	55. C

三、填空题

1. 焊接安全与卫生专业委员会
2. 焊条；焊件
3. 60～90 V
4. 弧长
5. 正极；负极
6. 气体保护电弧熔焊
7. 熔化极氩弧焊；钨极氩弧焊
8. 220/380 V；50 Hz
9. 电击；电伤；电磁场生理伤害
10. 心室颤动
11. 越大；越长
12. 单相触电；双相触电；跨步电压触电
13. 手到脚；手到手；脚到脚
14. 外加电压；人体电阻
15. 人体触及正常工作时的带电体；人体触及意外带电体
16. 绝缘；屏护；间隔；焊机空载自动断电装置；个人防护；保护性接地或接零
17. 普通环境；危险环境；特别危险环境

18. 大于 4 Ω
19. 氧气；乙炔；其他可燃易爆物品的
20. 焊件连接端；二次绕组；焊件
21. 串联
22. 接地体；焊机外壳；焊机外壳一端；接地体一端
23. 空载自动断电
24. 避免焊机超载；安全使用
25. 2～3 m；2.5 m；墙或立柱；瓷瓶
26. 20～30 m；2 个
27. 管道；轨道；金属构件；暖气设施
28. 加保护套
29. 绝缘性能；隔热能力
30. 水冷系统密封；不漏气；不漏水
31. 焊机的接地（零）装置；绝缘防护
32. 导电体
33. 电工
34. 摆脱电源；人工呼吸法；心脏挤压法
35. 直流电源；交流电源
36. 可燃物；助燃物；着火源；同时存在；相互作用
37. 闪燃；着火；自燃
38. 发生闪燃的最低温度；引起自燃的最低温度
39. 越低；越低
40. 自热自燃；受热自燃
41. 窒息法；隔离法；冷却法
42. 防止燃烧三个基本条件同时存在；避免它们相互作用
43. 物理性爆炸；化学性爆炸
44. 越宽；越小；越高
45. 可燃气体的体积分数（%）；可燃粉尘的质量分数（g/m^3）

46. 可燃气体、蒸气或粉尘；形成爆炸性混合物；着火源

47. 防止化学性爆炸三个基本条件同时存在

48. 0.147 MPa

49. 四氯化碳灭火器

50. 铜；银

51. 遇水燃烧一级

52. 越小

53. 阻火装置；泄压装置；指示装置

54. 焊割嘴堵塞；过热；离焊件太近；焊割炬漏气；乙炔压力太低

55. 10 m 以上；5 m 以上

56. 锻工；铸工；热处理；正在运行的锅炉房

57. 90℃；60℃

58. 天蓝色；黑漆；白色；红色；乙炔；火不可近；银灰色；红色

59. 14.7 MPa；1.47 MPa；1.56 MPa

60. 三年

61. 瓶体；瓶帽；瓶阀；多孔性填料

62. 直立；横躺卧放

63. 5 m 以上；10 m 以上；5 m 以上；1.5 m 以上

64. 高压气体；工作压力；稳定

65. 5 个螺纹扣以上

66. 换用；替用

67. 蓝色；红色

68. 混用；代用

69. 射吸性能；气密性

70. 置换动火；带压不置换动火

71. 氮气；二氧化碳；水蒸气；水

72. 氢气；液化石油气；乙炔气

73. 焊接烟尘；弧光辐射；有毒气体；射线；高频电磁辐射；噪声；高温

74. 紫外线；可见光；红外线；都是有害的

75. 眼睛；皮肤；电光性眼炎；皮炎

76. 过热；蒸发；氧化；冷凝；液态金属的蒸发

77. 焊工尘肺；锰中毒；焊工金属热

78. 氟化氢；臭氧；氮氧化物；一氧化碳

79. 通风措施

80. α；β；γ

81. 越大；越高；越长

82. 坠落；防物体打击；防触电；防火

83. 10 m；栏杆挡隔

84. 对焊件的不均匀加热和冷却；焊缝金属从液态变为固态时体积缩小

85. 弯曲变形、角变形、扭曲变形、波浪变形、纵向或横向变形

86. 焊缝无缺陷；保证使用性能

87. 低碳钢；中碳钢；高碳钢

88. ＜0.25％；0.25％～0.6％；＞0.6％

89. 屈服点字母；屈服强度为 235 MPa；质量等级为“A”级

90. 裂纹；气孔；夹渣；咬边；未焊透；未熔合

91. 对接；角接；搭接；T 形接

92. I；V（Y）；X；U

93. 焊接位置

94. 平焊；立焊；横焊；仰焊

95. 熔化；燃烧

96. 预热；燃烧；吹渣

97. 中性焰；碳化焰；氧化焰

98. 化学作用气焊粉；物理溶解作用气焊粉

99. 焊芯；药皮

100. 酸性焊条；碱性焊条

101. 焊条；熔敷金属抗拉强度最小值 420 MPa；全位置焊接；钛钙型药皮；交直流两用

102. 结构钢焊条；焊缝抗拉强度 420 MPa；钛钙型药皮；交直流两用

103. 酸性；碱性

104. J507；J507；J507

105. 右焊法；左焊法

106. 水平

107. 不低于 99.5%

108. 铝白色

109. 直流反接

110. 铈钨

111. 点焊；对焊；缝焊；凸焊

112. 电阻对焊；闪光对焊

113. 预热；闪光；顶锻

114. 漏水

四、名词解释

1. 利用原子之间的相互扩散和结合，把两个零件连接成为一个整体的加工工艺。

2. 电流通过人体内部，破坏心脏、肺部和神经系统的正常功能造成的伤害。

3. 在一定的环境条件下，为防止触电事故而采用特定电源供电的电压。

4. 凡是超出有效范围的燃烧。

5. 可燃物质受热升温而无需明火作用即能自行燃烧的现象。

6. 可燃物质（可燃气体、蒸气或粉尘）与空气或氧气均匀混合，遇着火源能发生爆炸的浓度范围。

7. 能引起自燃的最低温度。

8. 可燃性混合物能发生爆炸的最高浓度。

9. 利用可燃气体与氧气混合燃烧的火焰，把金属预热到着火点，然后在氧气射流中剧烈燃烧而把金属切开的加工工艺。

10. 动火前实行严格的惰性介质置换，将原有的可燃物排出，使容器内的可燃物浓度大大低于爆炸下限，不能形成爆炸性混合物的焊补方法。

11. 由于长期吸入超过规定浓度的电焊烟尘所引起的肺组织弥漫性纤维化病症。

12. 焊接电路开路时，焊接电源两个输出端之间的电压。

13. 电流的热效应、化学效应或机械效应对人体的伤害。主要是电弧烧伤或熔化铁水溅出烫伤。

14. 焊件接直流弧焊机的负极，焊条接正极称直流反接。

15. 物质在瞬间以机械功的形式释放大量气体和能量的现象。

16. 可燃物质与火源接触而燃烧，并且在火源移去后仍能维持继续燃烧的现象。

17. 能出现闪燃的最低温度。

18. 可燃性混合物能发生爆炸的最低浓度。

19. 利用可燃气体与氧气混合燃烧的火焰对金属进行加热的熔焊。

20. 气体火焰进入焊割炬喷嘴而逆向燃烧的现象。

21. 离地面 2 m 或 2 m 以上的地点进行的焊割作业。

22. 利用热能使金属材料分离的工艺称为热切割。

五、问答题

1. 答：职业安全技术是用于预防伤亡事故发生，创造良好、安全劳动条件的各种技术措施的总称。

“安全第一，预防为主”是我国的安全生产方针。

2. 答：对操作者本人以及对他人和周围设施的安全有重大危害因素的作业，称特种作业。

3. 答：在焊接与切割操作中，焊工需要接触各种可燃易爆气体、氧气瓶和其他高压气瓶，需要用电和使用明火，而且有时需要焊补燃料容器和管道，需要登高或水下作业，或者需要在密闭金属容器、锅炉、船舱、地沟、管道等狭小空间内作业。因此，焊接作业有一定的危险性，容易发生火灾、爆炸、触电、高空坠落等灾难事故。此外，焊接作业还有弧光、有毒气体与烟尘等有害因素，会造成职业病。所以，焊接作业不但危害焊工安全与健康，也会伤害在场其他人员的安全和健康，而且，还会造成国家财产与生产巨大损失。因此，我国把焊接与气割作业定为特种作业。

4. 答：主要有火灾、爆炸、触电、灼烫、高处坠落、急性中毒和机械性伤害等。

5. 答：职业卫生是在生产中用于改善劳动条件，避免有毒有害物质的危害，预防职业病和职业中毒发生而采取的组织措施、技术措施和医疗保健措施的总称。

6. 答：在卫生防护不好的情况下，焊接的有害因素可能造成眼睛疾病（电光性眼炎、红外线白内障等）；皮肤疾病（皮炎、红斑、小水泡等）；呼吸系统疾病（电焊尘肺、肺水肿、气管炎等）；血液疾病和慢性中毒等。

7. 答：（1）流经人体的电流强度。电流强度越大，对人体伤害越严重。

（2）电流通过人体的持续时间。持续时间越长，对人体伤害越严重。

（3）电流通过人体的途径。有手到脚、手到手、脚到脚，其中手到脚的途径对人伤害最严重。

（4）电流的频率。

（5）人体的健康状况等。

8. 答：为了防止在电焊操作中发生触电事故，一般可采取绝缘、屏护、间隔、自动断电、个人防护和保护性接地或接零等措施。

9. 答：置换动火是在焊接动火前实行严格的惰性介质置换，将原有的可燃物排出，使设备管道内的可燃物含量达到安全要求，即可燃气体、蒸气或粉尘的含量大大小于爆炸下限，不会形成爆炸性混合物，才能动火焊补。

主要安全措施有：可靠隔离，严格控制可燃物含量，清洗工作，气体分析和监视，安全管理措施等。

10. 答：水下焊接电源必须采用直流电，禁止使用交流电。水下焊接设备和电源应具有良好的绝缘和防水性能，绝缘电阻不得小于 1 MΩ。更换焊条时，必须先发出拉闸信号，确认电路已经切断，始可去掉残余的焊条（电极）头。在任何时候都要注意不可使自身接入电路。

11. 答：安全网、脚手架、安全带、胶底鞋、梯子要符合要求；在 6 级以上大风、雨天、雪天、雾天，无措施时禁止登高焊割作业；要对工人进行健康检查；酒后不得登高焊割作业。

12. 答：（1）高空作业点下方，火星所及的范围内，应彻底清除易燃易爆物品。

（2）工作现场 10 m 以内为危险区，应设栏杆挡隔。

（3）工作过程中，设专人看火和监护。

（4）工作结束必须检查是否留下火种。

（5）作业现场必须备有消防器材。

13. 答：根据燃烧必须是可燃物、助燃物和火源这三个基本条件同时存在并相互作用才能发生的道理，采取措施，防止燃烧三个条件的同时存在或者避免它们的相互作用，则是防火技术的基本理论。所有防火的技术措施都是在这个基本理论的指导下采取的，或者可这样说，全部防火技术措施的实质，即是防止产生燃烧三个基本条件的同时存在或避免它们的相互作用。例如操作乙炔发生器时，由于有空气和可燃物（乙炔）存在，所以规定必须严禁烟火，这是防止燃烧条件火源的一种措施；又如安全规则规定气焊操作点（火焰）与乙炔发生器的距离必须在 10 m 以上；乙炔发生器与氧气瓶之间的距离必须在 5 m 以上，这是为了避免燃烧三个基本条件的相互作用。

14. 答：灭火的基本原理是火灾一旦发生，只要消除燃烧三个基本条件中的任何一条，火则熄灭。灭火的基本技术措施主要有：

（1）窒息法，即消除氧化剂。例如乙炔瓶或乙炔发生器着火，应用 CO_2 灭火器灭火，使燃烧物与空气隔绝开来。

（2）隔离法，即消除可燃物。例如乙炔瓶在灌瓶时，一旦乙炔瓶着火，应立即关闭灌气管路的截门，阻止乙炔气继续进入火场。

（3）冷却法，即消除着火源。例如用自来水冷却燃烧物，使温度降低至着火点以下。

15. 答：根据可燃物质（可燃气体、蒸气、粉尘）化学性爆炸的三个条件，防爆技术的基本理论就是防止化学性爆炸三个条件的同时存在。所有防爆技术措施都是在此理论指导下采取的，或者说，防爆技术措施的实质就是防止化学性爆炸三个条件的同时存在。

16. 答：由于液态的金属和药皮在高温过热状态下，蒸发出大量金属蒸气，遇空气氧化生成各种金属氧化物，并且冷凝成为粒径大小不同的尘和烟，从而形成焊接烟尘。焊接烟尘的形成过程是：过热—蒸发—氧化—冷凝。其主要来源是液态金属和药皮的蒸发。

17. 答：在焊接电弧的高温和强烈紫外线作用下，在电弧区周围形成多种有毒气体，其中主要有臭氧、氮氧化物、一氧化碳和氟化氢等。

18. 答：为防止弧光灼伤皮肤，焊工必须穿好工作服，戴好手套、鞋和鞋盖等。为保护眼睛和脸部皮肤不受弧光辐射的伤害，焊接时必须使用镶有特制护目镜片的面罩（或头盔）。为保护焊接工作地其他生产人员免受弧光辐射伤害，可采用防护屏。

19. 答：（1）火灾和爆炸是气焊与气割的主要危险。

（2）在气焊火焰的作用下，尤其是气割时切割氧射流的喷射，使火星、熔珠和熔渣四处飞溅，容易造成烧伤和灼伤事故。

（3）有色金属铅、铜、镁及其合金气焊时，在火焰高温作用下会蒸发成有毒的金属蒸气和金属烟尘，在通风不良的情况下造成急性中毒。

20. 答：气焊工艺参数包括焊丝直径、火焰能率、焊嘴与焊件的倾斜角、焊接速度和气体压力等。

21. 答：乙炔瓶由瓶体、瓶帽、瓶阀和多孔性填料等组成。瓶内装有丙酮，并浸满多孔性填料。

乙炔瓶的工作压力是 1.47 MPa，水压实验的压力为 6 MPa。

22. 答：使用乙炔瓶的安全要求是：

（1）乙炔瓶使用时必须配用合格的乙炔专用减压器和回火防止器。

（2）乙炔瓶距火源应 10 m 以上，夏季不得在烈日下暴晒，瓶温不得超过 40℃。

（3）乙炔瓶运输、存放和使用时，只能直立，不能横躺卧放，以防丙酮流出。如果需使用已卧放的乙炔瓶时，必须先直立并静置 20 min，再装上乙炔减压器后使用。

（4）特别要注意，乙炔瓶应轻装轻卸，用小车输送，严禁人抬、肩扛或在地上滚动。不得遭受剧烈震动或撞击，以免填料下沉形成净空间。

（5）瓶内气体严禁用尽，必须留有余气（0.1～0.2 MPa）。

23. 答：（1）压缩纯氧不得与油脂、有机物及其他可燃物质接触。

（2）禁止将压缩纯氧用于通风换气等。

（3）不得用压缩纯氧代替压缩空气作为气动工具的动力源。

（4）严禁用压缩纯氧吹除乙炔发生器、乙炔管道的堵塞物。

（5）严禁利用压缩纯氧吹扫工作服上的尘屑。

24. 答：氧气瓶使用时的安全要求有：

（1）应轻装轻卸，搬运时必须用小车推，不得肩背手扛。禁止直接使用钢丝绳、链条、电磁吸盘等吊运氧气瓶。

（2）氧气瓶与高温、明火和熔融金属飞溅物等的水平距离应5 m以上，距离乙炔发生器、乙炔瓶和液化石油气瓶应 5 m 以上。不得在烈日下暴晒。

（3）开气必须缓慢，防止静电放电和绝热压缩。

（4）氧气瓶不能全部用尽，应留有余气（0.1～0.2 MPa）。

（5）必须按照安全规则的规定，每三年进行一次技术检验。

（6）瓶阀和减压器发生霜冻现象时，只能用热水或蒸汽解冻。

（7）氧气瓶阀不得沾染油脂，不得用沾有油脂的工具、手套或油污工作服等接触瓶阀和减压器。

25. 答：使用液化石油气瓶时，应注意如下安全要求：

（1）应轻装轻卸，防止碰撞震动。

（2）气瓶充灌必须按规定留出气化空间，不能充灌过满。

（3）必须采用耐油性强的橡胶，不得随意更换衬垫和胶管，以防腐蚀漏气。

（4）冬季使用石油气瓶，可在用气过程中以低于 40℃的温水加热，但严禁用火烤或沸水加热。气瓶距火源应 5 m 以上，距暖气片应 1.5 m 以上。

（5）车间和库房的下水道排出口，应设置安全水封，电缆沟进出口应填装砂土，暖气沟进出口应砌砖抹灰，防止石油气窜入其中发生火灾爆炸，室内应通风换气良好。

（6）不得自行倒出石油气残液，以防遇火成灾。

26. 答：焊条电弧焊的工艺参数包括焊条直径、焊接电流、焊接速度、电弧电压和焊接层数等。

27. 答：CO_2 气体保护焊工艺参数主要有：焊丝直径，焊接电流，电弧电压，焊接速度，焊丝伸出长度和气体流量等。

28. 答：熔化极氩弧焊工艺参数主要有焊丝直径，焊接电流、电弧电压、焊接速度、焊丝伸出长度和气体流量。

29. 答：点焊的工艺参数主要有：焊接电流，通电时间，电极压力，电极的形状和尺寸。

30. 答：触电是氩弧焊的主要危险。氩气瓶满罐压力为 14.7 MPa，属于高压容器，直接受热或撞击有发生爆炸的危险；钨极氩弧焊采用高频高压引弧，脉冲高频电流对人有危害，尤其在登高电焊时会发生"麻电"现象，能造成高处坠落事故等。强烈的紫外线辐射、有毒气体臭氧、氮氧化物和高频电磁辐射是氩弧焊的主要有害因素。采用钍钨电极时，还存在放射性伤害。

31. 答：触电是 CO_2 焊接的主要危险。焊接过程中熔化金属飞溅较多，特别是粗丝 CO_2 焊更会产生液态金属的大颗粒飞溅，易造成灼烫事故。CO_2 气瓶属于液化气瓶，当直接受热时，液体的迅速蒸发会使瓶内压力升高，有发生气瓶爆炸的危险。CO_2 气体在电弧高温作用下分解产生的 CO，以及强烈的弧光辐射是 CO_2 焊的主要有害因素。

32. 答：触电是主要危险。碳弧气刨操作时火花剧烈飞溅，金属熔渣易造成灼烫和火灾；产生烟尘较多，工作电流大，焊机易过载。

应注意下列安全要求：

（1）露天作业应在上风侧操作，防止飞溅的金属熔渣造成灼烫事故。

（2）作业点周围应彻底清除易燃易爆物质，注意防火。

（3）在容器或舱室内作业时，应采取局部通风措施，并设专人监护。

（4）不得过长时间连续工作，防止焊机超载发热。

(5) 其他防触电措施等与焊条电弧焊相同。

六、计算题

1. 解：空载电压 $U_0=70$ V，人体电阻 $R=1\ 600\ \Omega$。

$$流经人体的事故电流\ I_{人}=\frac{U_0（外加电压）}{R（人体电阻）}=\frac{70\ \text{V}}{1\ 600\ \Omega}=0.044\ \text{A}=44\ \text{mA}$$

答：流经人体事故电流为 44 mA，极不安全（因为致命电流为 50 mA）。

2. 解：
$$C_E=\left[C+\frac{Mn}{6}+\frac{Cr+Mo+V}{5}+\frac{Ni+Cu}{15}\right]\%=\left[0.18+\frac{1.60}{6}+\frac{0.12}{5}\right]\%=0.47\%$$

答：15 MnV 合金钢碳当量为 0.47%，焊接性一般。（$C_E\leqslant$ 0.4%时，焊接性良好）。

3. 解：
$$负载持续率=\frac{工作周期内弧焊电源负载时间}{规定的工作周期}\times 100\%=\frac{5-(1.5+0.5)}{5}\times 100\%=60\%$$

答：此状态下焊机的负载持续率为 60%。

Ⅲ. 焊工安全技术考核试卷实例

试　　卷（Ⅰ）

单位__________　姓名__________　成绩__________

一、判断题（每题 1 分，共 20 分）（对的画√，错的画×）

1. 焊机电源线的长度不得超过 20～30 m。（　）
2. 焊条接直流弧焊机的正极，焊件接负极称正接法。（　）
3. 淬火是为了提高钢材的硬度和耐磨性。（　）
4. 流经人体的事故电流大小取决于外加电压和人体电阻。（　）
5. 可燃物质发生着火的最低温度称为着火点。（　）
6. 电焊烟尘是氩弧焊的主要有害因素。（　）
7. 乙炔气的工作压力不得超过 1.47 MPa。（　）
8. 焊炬的焊嘴过热可在水中冷却后继续使用。（　）
9. 电光性眼炎是由红外线引起的。（　）
10. CO_2 气瓶颜色为铝白色。（　）
11. 焊条电弧焊采用碱性焊条时会产生有毒气体氟化氢。（　）
12. 钍钨棒是钨极氩弧焊理想的电极材料。（　）
13. 噪声的频率越高，对人的伤害越大。（　）
14. 焊接烟尘的主要来源是液态金属过热。（　）

15. CO_2 气瓶内装的全部都是气体。 （ ）

16. 点焊过程中，电极工作表面不必经常清理和修整。 （ ）

17. 钎焊时只是钎料熔化，焊件不熔化。 （ ）

18. 使用闪光焊设备时，必须提供由耐火材料制成的闪光屏蔽，并应采取适当的防火措施。 （ ）

19. 电焊烟尘是氩弧焊的主要有害因素。 （ ）

20. Q235 表示钢材的屈服强度为 235 MPa。 （ ）

二、选择题（每题 1 分，共 15 分）

1. 凡超出有效范围的燃烧称为（ ）。

A. 着火 B. 自燃 C. 火灾 D. 爆炸

2. 可燃性混合物的爆炸上限越高，则发生爆炸的危险性（ ）。

A. 越小 B. 越大

C. 无影响 D. 无规律性变化

3. 安全规程规定，确需延长焊机电源线时，应离地面 2.5 m，该措施属于（ ）。

A. 绝缘 B. 屏护 C. 间隙 D. 个人防护

4. 焊接电源 BXI—330 型中的“X”表示该焊机的电压外特性具有（ ）。

A. 上升特性 B. 平特性

C. 下降特性 D. 综合特性

5. 登高焊割作业是指离地面（ ）。

A. 2 m B. 2 m 以上

C. 10 m 以上 D. 2 m 或 2 m 以上

6. 水下电焊时，安全电压应采用（ ）。

A. 36 V B. 12 V C. 6 V D. 2.5 V

7. 气割过程是金属材料的（ ）。

A. 熔化过程 B. 燃烧过程

C. 熔化和燃烧过程　　　　　D. 气化过程

8. 登高焊割作业的危险区是指作业点下方周围(　　)。

A. 5 m　　　B. 10 m　　　C. 15 m　　　D. 20 m

9. 乙炔瓶的瓶温不得超过(　　)。

A. 20℃　　　B. 30℃　　　C. 40℃　　　D. 60℃

10. 产生高强度噪声有害因素的焊接工艺是(　　)。

A. 埋弧焊　　　B. CO_2 焊　　　C. 氩弧焊　　　D. 等离子弧焊

11. 低碳钢的碳质量分数为(　　)。

A. ＜0.25%　　　　　B. ＝0.25%

C. ＞0.25%　　　　　D. ＞0.6%

12. 焊机二次回路开路时，焊机两个输出端之间的电压称为(　　)。

A. 安全电压　B. 空载电压　C. 电弧电压　D. 工作电压

13. 钨极氩弧焊电源外特性应采用(　　)。

A. 水平　　　B. 上升　　　C. 缓降　　　D. 陡降

14. 碳素钢气割时，应采用(　　)。

A. 氧化焰　　　B. 碳化焰　　　C. 中性焰　　　D. 微氧化焰

15. 焊条电弧焊产生氟化氢气体是由于采用(　　)。

A. 酸性焊条　B. 碱性焊条　C. 中性焊条　D. 酸碱性焊条

三、填空题（每空 1 分，共 30 分）

1. 电流对人体的伤害形式有__________、__________和__________三种。

2. __________管道、__________管道及__________管道等严禁作为自然接地体。

3. 焊机二次回路的电缆长度一般为__________，如需短线接长，接头不得超过__________。

4. 闪点__________，自燃点__________发生火灾爆炸的危险性越大。

5. 灭火的基本技术措施有__________、__________和

________________________。

6. 乙炔发生器的安全装置有________、________、指示装置三类。

7. 对焊方法可分为________和________两大类。

8. 焊接烟尘的形成包括液态金属的过热________、________和冷凝过程。

9. 弧光辐射的组成有________、________和________三种光线。

10. 登高焊割作业必须采取________、________、________和________等方面的安全措施。

11. 燃料容器的焊补方法有________及________两种。

12. 氩弧焊可分为________和________两种。

四、名词解释（每个名词 2 分，共 10 分）

1. 电击
2. 火灾
3. 热切割
4. 爆炸下限
5. 登高焊割作业

五、问答题（每题 5 分，共 25 分）

1. 金属焊接与切割作业为何属于特种作业？
2. 影响电击严重程度的因素有哪些？
3. 使用乙炔瓶有哪些安全要求？
4. 氩弧焊有哪些主要的危险因素和有害因素？
5. 某焊条电弧焊工更换焊条时，不慎触及电焊钳带电部分。由于阴雨天，手套、鞋袜、工作服、皮肤均潮湿，测定电阻为 1 600 Ω，该焊机空载电压为 70 V，试求流经人体的事故电流为多少 mA？

试　　卷（Ⅱ）

单位＿＿＿＿＿＿　　姓名＿＿＿＿＿＿　　成绩＿＿＿＿＿＿

一、判断题（每题1分，共20分）（对的画√，错的画×）

1. 氧气瓶阀接触油脂引起油脂的燃烧称为自热自燃。（　）

2. 采用窒息法灭火是为了消除助燃物。（　）

3. 可燃性混合物的爆炸下限越小，发生爆炸的危险性越小。（　）

4. 电流通过人体的途径为手到手时，对人的伤害最大。（　）

5. 钨极氩弧焊采用钍钨电极时，存在着放射性伤害。（　）

6. 在外力作用下，使钢材开始产生屈服现象的应力称为屈服强度。（　）

7. 提高温度和压力会增加乙炔分解爆炸的危险性。（　）

8. CO_2 焊会产生有毒气体一氧化碳。（　）

9. 人体触电方式有电击、电伤和电磁场生理伤害。（　）

10. 氧气瓶外表涂成蓝色，并用黑漆标注“氧气”字样。（　）

11. 紫外线会引起电焊晃眼。（　）

12. CO_2 气体保护焊的 CO_2 气体是一种惰性气体。（　）

13. 进行电阻焊接前，为防止产生飞溅和焊件表面过烧，必须除去焊件表面的油脂、脏物和氧化膜。（　）

14. 人体触及意外带电体而发生的触电事故称为直接电击。（　）

15. 焊条电弧焊采用碱性焊条时会产生有毒气体氟化氢。（　）

16. 液化石油气对普通橡胶有腐蚀作用，因此应采用耐油胶管。（ ）

17. CO_2 气体保护焊焊枪过热时，可以浸入水中冷却后使用。（ ）

18. 钨极氩弧焊的理想电极是铈钨极。（ ）

19. 可燃性混合物的含氧量越高，则爆炸极限范围变宽。（ ）

20. 登高焊割作业点下方 5 m 范围内为危险区。（ ）

二、选择题（每题 1 分，共 15 分）

1. 可燃物质的自燃点越低，则发生火灾的危险性（ ）。

A. 越小　　B. 越大

C. 无影响　　D. 无规律性变化

2. 黄铜气焊时宜采用（ ）。

A. 中性焰　B. 碳化焰　C. 氧化焰　D. 任意火焰

3. 焊条电弧焊电源的空载电压一般为（ ）。

A. 220～380 V　　B. 110～220 V

C. 60～90 V　　D. 16～45 V

4. 低碳钢的含碳量为（ ）。

A. <0.25%　B. =0.25%　C. <0.4%　D. =0.4%

5. 在潮湿的环境进行电焊时，安全电压应为（ ）。

A. 42 V　B. 36 V　C. 12 V　D. 2.5 V

6. 焊条接直流弧焊机的正极，焊件接负极称为（ ）。

A. 正接　B. 反接　C. 对接　D. 交接

7. 弧焊电源的一次线长度不得超过（ ）。

A. 20～30 m　B. 10～20 m　C. 5～10 m　D. 2～3 m

8. 乙炔与空气混合气的爆炸极限为（ ）。

A. 2.2%～61%　　B. 15%～28%

C. 2.2%～81%　　D. 4%～75%

9. CO_2 气体保护焊用的 CO_2 气体的性质是（ ）。

A. 氧化性　B. 惰性　C. 中性　D. 还原性

10. 臭氧为主要有毒气体的焊接工艺是(　　)。

A. 气焊　B. 焊条电弧焊

C. 氩弧焊　D. 埋弧焊

11. 碳当量越高，钢材的焊接性(　　)。

A. 越好　B. 越差　C. 不变　D. 无规律变化

12. 电阻焊电源变压器的特点是(　　)。

A. 电流大、电压低　B. 电流大、电压高

C. 电流小、电压高　D. 电流小、电压低

13. 焊接电源 AX—300 型中的“A”表示(　　)。

A. 弧焊变压器　B. 旋转式直流弧焊机

C. 焊接整流器　D. 变频弧焊机

14. 碳化焰宜焊接(　　)。

A. 低碳钢　B. 中碳钢　C. 铸铁　D. 黄铜

15. 钨极氩弧焊焊低碳钢时，电源极性应采用(　　)。

A. 交流　B. 直流正接　C. 直流反接　D. 交流或直流

三、填空题（每空 1 分，共 30 分）

1. 人体触电的方式有__________、__________和__________。

2. 电击致死的主要原因是________________。

3. 直流正接时，焊件接焊机的__________，焊条接__________。

4. 可燃物质的爆炸极限范围__________，爆炸下限________，爆炸上限________，发生爆炸的危险性越大。

5. 严禁利用__________、__________、__________和__________等作为焊接电缆。

6. 常用的电阻焊方法有__________、__________、__________和__________等。

7. 长期接触电焊烟尘而又防护不好会造成__________、

__________和__________职业病。

8. 焊炬在使用前必须先检验其__________和__________。

9. CO_2 气体保护焊的电源极性应采用____。

10. 闪光对焊由__________、__________和__________三个过程组成。

11. 电源烟尘的主要来源是____________________。

12. 可燃物质化学性爆炸的条件是____________________，____________________，____________________。

四、名词解释（每个名词 2 分，共 10 分）

1. 安全电压
2. 回火
3. 气割
4. 自燃点
5. 爆炸极限

五、问答题（每题 5 分，共 25 分）

1. 什么是特种作业？
2. 预防焊接触电的一般措施有哪些？
3. 登高焊割作业防止发生火灾应采取哪些方面的安全措施？
4. 焊接区周围空间有哪些有毒气体？
5. 低合金钢 15MnV（15 锰钒），其化学成分为：

C＝0.12%～0.18%，Mn＝1.2%～1.60%，Si＝0.2%～0.55%，S、P≤0.045%，V＝0.04%～0.12%

请计算碳当量，并评价其焊接性如何？

附录一

金属焊接与切割作业人员
安全技术培训大纲

本大纲规定了金属焊接与切割作业人员的安全技术理论和实际操作培训的目的、要求和内容。

1. 适用对象

拟取得金属焊接与切割作业的《特种作业操作证》，并具备金属焊接与切割作业上岗基本条件的劳动者。

2. 培训目的

通过培训，使培训对象掌握金属焊接与切割作业的安全技术理论知识与安全操作技能，达到独立上岗的工作能力。

3. 培训要求

3.1 理论与实际相结合，突出安全操作技能的培训。

3.2 实际操作训练中，应采取相应的安全防范措施。

3.3 注重职业道德、安全意识、基本理论和实际操作能力的综合培养。

3.4 由具备资格的教师任教，并应有足够的教学场地、设备和器材等条件。

3.5 采用国家统一编写的培训教材。复审的培训教材由各培训单位根据培训对象和当时的具体情况自行制定。

4. 培训内容

4.1 通用部分

指所有培训对象都应接受培训的内容。

4.1.1 安全技术理论培训

4.1.1.1 焊接与切割基础知识：

4.1.1.1.1 焊接与切割概述。

4.1.1.1.2 金属学及热处理基本知识。

4.1.1.1.3 常用金属材料的一般知识。

4.1.1.1.4 焊接与切割工艺基础。

4.1.1.2 焊接与切割安全用电：

4.1.1.2.1 焊接与切割作业用电基本知识。

4.1.1.2.2 焊接与切割设备的安全用电要求。

4.1.1.2.3 常见焊接与切割操作中发生触电事故的原因及其防范措施。

4.1.1.2.4 触电急救方法。

4.1.1.3 焊接和切割防火防爆：

4.1.1.3.1 燃烧与爆炸的基础知识。

4.1.1.3.2 焊接与切割作业中发生火灾、爆炸事故的原因及其防范措施。

4.1.1.3.3 火灾、爆炸事故的紧急处理方法。

4.1.1.3.4 灭火技术。

4.1.1.4 焊接与切割作业劳动卫生防护：

4.1.1.4.1 焊接与切割作业中有害因素的来源及其危害。

4.1.1.4.2 焊接与切割作业劳动卫生防护措施。

4.1.1.4.3 补焊化工设备作业中的防中毒措施。

4.1.1.5 特殊焊接与切割作业安全技术：

4.1.1.5.1 化工及燃料容器、管道的焊补安全技术。

4.1.1.5.2 登高焊接与切割的安全措施。

4.1.1.5.3 水下焊接与切割作业安全技术。

4.1.2 实际操作训练

4.1.2.1 个人防护用品的佩戴和使用。

4.1.2.2　对焊接与切割设备保护性接零（地）的检查。

4.1.2.3　安全操作焊接与切割及其辅助设备。

4.1.2.4　触电急救。

4.1.2.5　火灾、爆炸事故紧急处理。

4.1.2.6　消防器材的选择和使用。

4.1.2.7　焊接与切割作业现场烟尘、有毒气体、射线等防护操作。

4.1.2.8　焊接与切割作业前后工作场地及周围环境的安全性检查与不安全因素的排除。

4.2　气焊气割

拟从事气焊气割的作业人员除4.1通用部分外，还应接受以下内容的培训：

4.2.1　安全技术理论培训

4.2.1.1　气焊气割的基本原理和适用范围及其安全特点。

4.2.1.2　气焊气割火焰及主要工艺参数选择。

4.2.1.3　气焊气割常用气体的性质及其使用安全要求。

4.2.1.4　乙炔发生器的使用安全要求。

4.2.1.5　常用气瓶的结构和常见爆炸事故的原因及其在运输、储存、使用过程中的安全措施。

4.2.1.6　输气管道常见燃烧爆炸的原因及其安全技术要求。

4.2.1.7　焊炬、割炬、阻火装置及附件的结构、工作原理及其安全使用要求。

4.2.2　实际操作训练

4.2.2.1　常用气瓶的识别及现场安全使用。

4.2.2.2　乙炔发生器的安全操作、正确管理和维护。

4.2.2.3　焊炬、割炬、阻火装置、减压器、胶管等附件的安全使用。

4.2.2.4　对气焊、气割中有关爆炸、火灾、烧伤与烫伤和中毒事故的相应预防措施。

4.2.2.5　对常用金属材料进行安全焊接操作，根据工作情况选用焊炬或割炬，并对气体火焰及有关参数进行调整。

4.3　焊条电弧焊与碳弧气刨

拟从事焊条电弧焊与碳弧气刨的作业人员除 4.1 通用部分外，还应接受以下内容的培训：

4.3.1　安全技术理论培训

4.3.1.1　焊条电弧焊与碳弧气刨的基本原理和适用范围。

4.3.1.2　焊条电弧焊与碳弧气刨的安全特点。

4.3.1.3　焊条和焊接参数的选用方法。

4.3.1.4　焊条电弧焊与碳弧气刨设备的基本结构和工作原理。

4.3.1.5　焊条电弧焊与碳弧气刨的操作规范和安全要求。

4.3.2　实际操作训练

4.3.2.1　焊条电弧焊与碳弧气刨设备的操作使用和维护保养方法。

4.3.2.2　焊条及其他焊接参数的选用。

4.3.2.3　焊条电弧焊的基本操作。

4.3.2.4　碳弧气刨的基本操作。

4.3.2.5　对焊条电弧焊与碳弧气刨中有关触电、烧伤、烫伤、中毒、爆炸及火灾事故采取的相应预防措施。

4.4　埋弧焊

拟从事埋弧焊的作业人员除 4.1 通用部分外，还应接受以下内容的培训：

4.4.1　安全技术理论培训

4.4.1.1　埋弧焊工作原理及特点。

4.4.1.2　埋弧焊设备的基本结构和工作原理。

4.4.1.3　常用焊接材料（焊丝、焊剂）的分类和型号，焊接材料和焊接参数的选择。

4.4.1.4　埋弧焊的基本操作规范和安全要求。

4.4.2 实际操作训练

4.4.2.1 辨识埋弧焊设备的主要组成部分。

4.4.2.2 焊接设备的操作使用和维护保养。

4.4.2.3 对埋弧焊中的触电、机械伤害等事故的发生采取的相应预防措施。

4.4.2.4 常用低合金钢板—板对接埋弧焊操作，其中包括对焊接参数及设备进行调整。

4.4.2.5 常用低合金钢管—管对接水平固定焊条电弧焊的安全操作。

4.5 气体保护电弧焊

拟从事气体保护电弧焊的作业人员除4.1通用部分外，还应接受以下内容的培训：

4.5.1 安全技术理论培训

4.5.1.1 气体保护电弧焊的原理、分类、适用范围及其安全特点。

4.5.1.2 常用保护气体及其性质。

4.5.1.3 常用气瓶的安全使用要求。

4.5.1.4 常用焊接材料的型号和用途，焊接材料和焊接参数的选择。

4.5.1.5 钨极氩弧焊、二氧化碳气体保护焊、混合气体保护焊设备的基本结构和工作原理。

4.5.1.6 钨极氩弧焊、二氧化碳气体保护焊、混合气体保护焊的操作规范和安全要求。

4.5.2 实际操作训练

4.5.2.1 辨识钨极氩弧焊、二氧化碳气体保护焊、混合气体保护焊所用设备的主要组成部分。

4.5.2.2 所用设备的操作使用和维护保养。

4.5.2.3 对气体保护电弧焊中有关触电、弧光灼伤、高频损伤及放射性损伤等伤害采取的相应预防措施。

4.5.2.4 低合金钢板—板及管—管的钨极氩弧焊打底与焊接操作。

4.5.2.5 低合金钢板—板及管—管的二氧化碳气体保护焊或富氩混合气体保护焊的操作。

4.6 电阻焊

拟从事电阻焊的作业人员除4.1通用部分外，还应接受以下内容的培训：

4.6.1 安全技术理论培训

4.6.1.1 电阻焊的基本原理和分类。

4.6.1.2 点焊、凸焊、缝焊、对焊的特点和应用范围及焊接参数的选择。

4.6.1.3 所用设备的基本结构和工作原理。

4.6.1.4 电阻焊的操作规范和安全要求。

4.6.2 实际操作训练

4.6.2.1 辨识点焊、凸焊、缝焊、对焊设备的主要组成部分。

4.6.2.2 焊接设备的操作使用和维护保养。

4.6.2.3 对电阻焊中有关触电、机械伤害采取的预防措施。

4.6.2.4 点焊、凸焊、缝焊、对焊基本操作。

4.7 钎焊

拟从事钎焊的作业人员除4.1通用部分外，还应接受以下内容的培训：

4.7.1 安全技术理论培训

4.7.1.1 钎焊的基本原理和应用范围。

4.7.1.2 钎焊生产工艺。

4.7.1.3 钎焊方法的分类及其安全特点。

4.7.1.4 钎料的分类、特性、用途及选择方法。

4.7.1.5 钎剂的分类、特性、用途及选择方法。

4.7.1.6 常用钎焊设备的基本结构和工作原理。

4.7.1.7 常用钎焊操作中的安全与防护。

4.7.2 实际操作训练

4.7.2.1 辨识火焰钎焊、炉中钎焊、感应钎焊及浸沾钎焊的主要组成部分。

4.7.2.2 焊接设备的操作使用和维护保养。

4.7.2.3 对钎焊中有关触电、烧伤、中毒、爆炸及火灾事故采取的相应预防措施。

4.7.2.4 火焰钎焊、炉中钎焊、感应钎焊及浸沾钎焊的基本操作。

4.8 其他焊接与切割

对高频焊、摩擦焊、扩散焊、爆炸焊、冷压焊、超声波焊、旋转电弧焊、电渣焊、铝热焊、激光焊接与切割、电子束焊、等离子焊接与切割等其他焊接与切割作业人员，为满足本大纲2规定之目的，在保证总学时数的前提下，培训内容除4.1通用部分外，还应结合本操作项目实际，增加选学内容。

5. 复审培训内容

5.1 典型事故案例分析。

5.2 有关法律、法规、标准、规范。

5.3 有关焊接与切割方面的新技术、新工艺、新材料。

5.4 对取证后或上次复审后个人安全生产情况和经验教训进行回顾总结。

6. 课时安排

6.1 每一操作项目的培训时间不少于100学时，其中实际操作训练时间不少于40学时。具体章节课时安排参考见附表。

6.2 复审培训时间不少于24学时。

附表　　　　金属焊接与切割作业人员培训课时安排

项目	培训内容	学时		
		安全理论培训	实际操作训练	合计
通用部分（共74～90学时）	焊接与切割基础知识	12	8	20
	焊接与切割安全用电	16	10	26
	焊接与切割防火防爆	12	8	20
	焊接与切割作业劳动卫生防护	8	6	14
	特殊焊接与切割作业安全技术	4～12	0～8	4～20
	合计	52～60	22～30	74～90
选学部分（共40学时）	气焊气割	24	16	40
	焊条电弧焊与碳弧气刨	24	16	40
	埋弧焊	24	16	40
	气体保护电弧焊	24	16	40
	电阻焊	24	16	40
	钎焊	24	16	40

附录二

金属焊接与切割作业人员安全技术考核标准

1. 适用范围

本标准规定了金属焊接与切割作业人员的基本条件、安全技术理论和实际操作考核的内容及方法。

本标准适用于中华人民共和国境内从事金属焊接与切割的作业人员。

2. 引用标准

下列标准所包含的条文，通过在本标准中引用而构成为本标准的条文，本标准出版时，所示版本均为有效。所有标准都会被修订，使用本标准的各方应探讨使用下列标准最新版本的可能性。

GB 9448—1999　焊接与切割安全

GB/T 3375—1994　焊接术语

3. 定　　义

金属焊接与切割作业包括气焊与气割、焊条电弧焊与碳弧气刨、埋弧焊、气体保护电弧焊、电阻焊、钎焊及其他焊接与切割等准操作项目。

3.1　气焊与气割（用 O 表示）

3.1.1　气焊 oxyfuel gas welding

利用气体火焰作为热源的焊接法，最常用的是氧乙炔焊，近来也有利用液化气或丙烷燃气的焊接。

3.1.2 气割 oxyfuel cutting

利用气体火焰的热能将工件切割处预热到一定温度后，喷出高速切割氧流，使其燃烧并放出热量实现切割的方法。

3.2 焊条电弧焊与碳弧气刨（用 Sc 表示）

3.2.1 焊条电弧焊 shielded metal arc welding

用手工操纵焊条进行电弧焊接。

3.2.2 碳弧气刨 carbon arc cutting

使用石墨棒或碳棒与工件间产生的电弧将金属熔化，并用压缩空气将其吹掉，实现在金属表面上加工沟槽的方法。

3.3 埋弧焊 submerged arc welding（用 Su 表示）

电弧在焊剂层下燃烧进行焊接的方法。

3.4 气体保护电弧焊 gas shielded arc welding（用 G 表示）

用外加气体作为电弧介质并保护电弧和焊接区的电弧焊（如氩弧焊、二氧化碳保护焊、混合气体保护焊等）。

3.5 电阻焊 resistance welding（用 R 表示）

工件组合后通过电极施加压力，利用电流通过接头的接触面及临近区域产生的电阻热进行焊接的方法。

3.6 钎焊（无对应英文词，用 B 表示）

硬钎焊（brazing）和软钎焊（soldering）的总称，是指采用比母材熔点低的金属材料作为钎料，将焊件和钎料加热到高于钎料熔点，低于母材熔化温度，利用液态钎料润湿母材，填充接头间隙并与母材相互扩散实现连接焊件的焊接方法。

3.7 其他焊接与切割（用字母 E 加表示具体作业项目的英文字母小写，并用下标表示）

除上述焊接与切割方法以外的所有焊接与切割方法。

4. 基本条件

4.1 年龄满 18 周岁。

4.2 具有初中以上文化程度。

4.3 身体健康，双目裸眼视力在 4.8 以上，且矫正视力在 5.0 以上，无高血压、心脏病、癫痫病、眩晕症等妨碍本作业的其他疾病及生理缺陷。

5. 考核方法

5.1 考核分安全技术理论和实际操作两部分，经安全技术理论考核合格后，方可进行实际操作考核。

5.2 安全技术理论考核方式为笔试，时间为 2 h。

5.3 实际操作考核方式包括模拟操作、口试等方式，考核题目不少于 4 题。

5.4 安全技术理论考核和实际操作考核均采用百分制，各 60 分为及格。考试不及格者，允许补考 2 次，补考仍不及格者需重新培训。

6. 安全技术考核内容及要求

6.1 安全技术理论通用部分

指所有从事焊接与切割的作业人员都应考核的安全技术理论知识。

6.1.1 焊接与切割基础知识

6.1.1.1 了解焊接与切割技术的应用和发展概况，熟悉焊接与切割的方法和分类。

6.1.1.2 了解金属学及热处理一般知识。

6.1.1.3 了解金属材料的性能及常用金属材料的分类、编号。

6.1.1.4 掌握焊接与切割工艺基础知识。

6.1.2 焊接与切割安全用电

6.1.2.1 了解焊接与切割安全用电基本知识。

6.1.2.2 掌握焊接与切割设备安全用电要求。

6.1.2.3　了解常见焊接与切割操作中发生触电事故的原因，熟练掌握其防范措施。

6.1.2.4　掌握触电急救方法。

6.1.3　焊接与切割作业防火防爆

6.1.3.1　掌握燃烧与爆炸基础知识。

6.1.3.2　了解焊接与切割作业中发生火灾、爆炸事故的原因，熟练掌握其防火防爆措施。

6.1.3.3　掌握火灾、爆炸事故的紧急处理方法。

6.1.3.4　掌握灭火技术。

6.1.4　焊接与切割劳动卫生防护

6.1.4.1　了解焊接与切割作业环境中有害因素及其来源，认识其危害。

6.1.4.2　熟练掌握焊接与切割作业中的劳动卫生防护技术。

6.1.4.3　熟练掌握焊补化工设备作业中的防中毒措施。

6.1.5　特殊焊接与切割作业安全技术

（本章内容要求应根据所从事作业的实际情况而定，直接从事其作业的人员应熟练掌握，其他人员了解即可。）

6.1.5.1　燃料容器、管道的焊补安全技术。

6.1.5.2　登高焊接与切割作业安全措施。

6.1.5.3　水下焊接与切割作业安全技术。

6.2　实际操作通用部分

指所有从事焊接与切割的作业人员都应考核的实际操作技能。

6.2.1　能够正确佩戴和使用个人劳动防护用品。

6.2.2　熟练检查焊接与切割设备保护性接零（地）线。

6.2.3　熟练操作焊接及其辅助设备。

6.2.4　熟练进行焊接与切割作业烟尘、有毒气体、射线等的现场防护操作。

6.2.5　能够在焊接与切割作业前后对工作场地及周围环境

进行安全性检查并排除不安全因素。

6.2.6 熟练选择和使用消防器材。

6.3 气焊与气割作业

拟从事气焊与气割的作业人员除 6.1 安全技术理论通用部分和 6.2 实际操作通用部分外，还应考核以下内容：

6.3.1 气焊与气割安全技术理论

6.3.1.1 了解气焊与气割基本原理和适用范围，掌握其安全特点。

6.3.1.2 掌握气焊与气割火焰及主要工艺参数选择。

6.3.1.3 了解常用气体的性质，熟练掌握其使用安全要求。

6.3.1.4 掌握乙炔发生器安全使用要求。

6.3.1.5 了解常用气瓶结构，熟练掌握其搬运、储存、使用安全技术。

6.3.1.6 掌握输气管道的安全检查方法。

6.3.1.7 掌握焊炬、割炬、阻火装置及附件的结构，熟练掌握其安全使用要求。

6.3.2 气焊与气割实际操作

6.3.2.1 熟练操作氧气瓶、溶解乙炔瓶和液化石油气瓶。

6.3.2.2 能够安全操作、正确维护乙炔发生器。

6.3.2.3 熟练使用焊炬、割炬、回火防止器、减压器、胶管等附件。

6.3.2.4 能够对气焊、气割中有关爆炸、火灾、烧伤与烫伤和中毒事故采取相应的预防措施。

6.3.2.5 能够用氧—乙炔或液化石油气对常用金属材料进行安全焊接操作，能根据工作情况选用焊炬或割炬并会对气体火焰及有关参数进行调整。

6.4 焊条电弧焊与碳弧气刨作业

拟从事焊条电弧焊与碳弧气刨的作业人员除 6.1 安全技术理论通用部分和 6.2 实际操作通用部分外，还应考核以下内容：

6.4.1 焊条电弧焊与碳弧气刨安全技术理论

6.4.1.1 了解焊条电弧焊与碳弧气刨的基本原理和适用范围。

6.4.1.2 熟练掌握焊条电弧焊与碳弧气刨的安全特点。

6.4.1.3 了解焊条的型号及焊条和焊接参数的正确选用方法。

6.4.1.4 了解焊条电弧焊与碳弧气刨设备的基本结构和工作原理。

6.4.1.5 熟练掌握焊条电弧焊与碳弧气刨的操作规范和安全要求。

6.4.2 焊条电弧焊接与碳弧气刨实际操作

6.4.2.1 熟练操作常用的交流与直流焊条电弧焊设备和碳弧气刨设备。

6.4.2.2 能够对焊条电弧焊与碳弧气刨中有关触电、烧伤、烫伤、中毒、爆炸及火灾事故采取相应的预防措施。

6.4.2.3 熟练操作主要板—板、管—管或管—板等不同接头形式和V形、U形等不同坡口形式及平焊、立焊、横焊等不同位置的焊条电弧焊。

6.4.2.4 熟练操作碳弧气刨。

6.5 埋弧焊作业

拟从事埋弧焊的作业人员除6.1安全技术理论通用部分和6.2实际操作通用部分外，还应考核以下内容：

6.5.1 埋弧焊安全技术理论

6.5.1.1 了解埋弧焊基本原理及特点。

6.5.1.2 了解常用埋弧焊的焊接材料（焊丝、焊剂等）的分类、型号及焊接材料和焊接参数的正确选择。

6.5.1.3 了解常用埋弧焊设备的基本结构和工作原理。

6.5.1.4 熟练掌握埋弧焊基本操作规范及安全要求。

6.5.2 埋弧焊实际操作

6.5.2.1　能够辨识埋弧焊设备的主要组成部分。

6.5.2.2　能够对埋弧焊中的触电、机械伤害等事故的发生采取相应的预防措施。

6.5.2.3　熟练进行常用低合金钢板—板对接埋弧焊操作，其中包括对焊接参数及设备进行调整。

6.5.2.4　熟练进行常用低合金钢管—管对接水平固定焊条电弧焊操作。

6.6　气体保护电弧焊作业

拟从事气体保护电弧焊的作业人员，除6.1安全技术理论通用部分和6.2实际操作通用部分外，还应考核以下内容：

6.6.1　气体保护电弧焊安全技术理论

6.6.1.1　了解气体保护电弧焊的原理、分类及适用范围，掌握其安全特点。

6.6.1.2　掌握常用保护气体及其性质。

6.6.1.3　熟练掌握常用气瓶的安全使用要求。

6.6.1.4　了解常用气体保护焊的焊接材料型号和用途及焊接材料和焊接参数的正确选择方法。

6.6.1.5　了解钨极氩弧焊、二氧化碳气体保护焊、混合气体保护焊设备的基本结构和工作原理。

6.6.1.6　熟练掌握钨极氩弧焊、二氧化碳气体保护焊、混合气体保护焊操作规范和安全要求。

6.6.2　气体保护电弧焊实际操作

6.6.2.1　能够辨识钨极氩弧焊、二氧化碳气体保护焊、富氩混合气体保护焊所用设备的主要组成部分。

6.6.2.2　能够对气体保护电弧焊中有关触电、弧光灼伤、高频损伤及放射性损伤等伤害采取相应的预防措施。

6.6.2.3　熟练进行低合金钢板—板及管—管的钨极氩弧焊打底与焊接操作或熟练进行低合金钢板—板及管—管的二氧化碳气体保护焊或富氩混合气体保护焊。

6.7 电阻焊作业

拟从事电阻焊的作业人员除 6.1 安全技术理论通用部分和 6.2 实际操作通用部分外，还应考核以下内容：

6.7.1 电阻焊作业安全技术理论

6.7.1.1 了解电阻焊的基本原理和分类。

6.7.1.2 了解点焊、凸焊、缝焊、对焊的特点及应用范围及焊接参数的选择方法。

6.7.1.3 了解常用电阻焊设备的基本结构和工作原理。

6.7.1.4 熟练掌握电阻焊的操作规范和安全要求。

6.7.2 电阻焊实际操作

6.7.2.1 能够辨识点焊、凸焊、缝焊、对焊所用设备的主要组成部分。

6.7.2.2 能够对电阻焊中有关触电、机械伤害采取相应的预防措施。

6.7.2.3 熟练进行点焊、凸焊、缝焊、对焊操作。

6.8 钎焊作业

拟从事钎焊作业的人员，除 6.1 安全技术理论通用部分和 6.2 实际操作通用部分外，还应考核以下内容：

6.8.1 钎焊安全技术理论

6.8.1.1 了解钎焊的基本原理和适用范围。

6.8.1.2 了解钎焊的生产工艺。

6.8.1.3 了解钎焊方法的分类，掌握其安全特点。

6.8.1.4 掌握常用钎料、钎剂的分类、用途和选择方法。

6.8.1.5 了解常用钎焊设备的基本结构和工作原理。

6.8.1.6 熟练掌握常用钎焊操作中的安全与防护。

6.8.2 钎焊实际操作

6.8.2.1 能够辨识火焰钎焊、炉中钎焊、感应钎焊及浸蘸钎焊所用设备的主要组成部分。

6.8.2.2 能够对钎焊中有关触电、烧伤、中毒、爆炸及火灾事故采取相应的预防措施。

6.8.2.3　熟练进行火焰钎焊、炉中钎焊、感应钎焊及浸蘸钎焊操作。

6.9　其他焊接与切割作业

对于高频焊、摩擦焊、扩散焊、爆炸焊、冷压焊、超声波焊、旋转电弧焊、电渣焊、铝热焊、激光焊接与切割、电子束焊、等离子焊接与切割等其他项目的焊接与切割作业人员，除6.1安全技术理论通用部分和6.2实际操作通用部分外，还应结合本岗位情况，增加与准操作项目相应的考核内容。具体内容由各省、自治区、直辖市安全生产监督管理部门确定。

7. 复审考核内容

7.1　检索违章情况，没有严重违章记录。

7.2　体检合格。

7.3　安全技术理论及实际操作考核合格。

除了考核与准操作项目有关的基本安全技术理论知识和实际操作技能外，还应考核以下内容：

7.3.1　了解典型金属焊接与切割作业事故发生的原因，掌握避免同类事故发生的安全措施和方法。

7.3.2　了解有关金属焊接与切割作业方面的新法律、法规、标准和规范。

7.3.3　了解有关金属焊接与切割作业方面的新产品、新技术、新工艺。

参考文献

1. 中国机械工程学会焊接学会．焊接手册（第二版）．北京：机械工业出版社，2001 年
2. 中国机械工程学会焊接学会．焊接词典．北京：机械工业出版社，1985 年
3. 焊工手册编写小组．焊工手册．北京：机械工业出版社，1984 年
4. 中国机械工程学会焊接学会第Ⅷ专业委员会．焊接卫生与安全．北京：机械工业出版社，1987 年
5. 清华大学金属工艺学教研室严绍华、张学政主编．金属工艺学实习．北京：清华大学出版社，1993 年
6. 杨泗霖主编．安全技术工程．北京：机械工业出版社，1991 年
7. 北京劳动保护科学研究所．安全技术手册．北京：电力工业出版社，1982 年